高职高专"工作过程导向"新理念教材

——计算机系列

中小型路由网络项目实训教程

褚建立　邵慧莹　主　编
路俊维　陈　婧　副主编

清华大学出版社

北京

内 容 简 介

本书根据网络工程实际项目实施过程中所需要的知识和技能,以工作过程为导向,并按照学习领域的课程教学改革思路进行编写,是为高职高专院校学生量身定做的网络技术专业课程教材。

本书共分 4 个教学模块,14 个项目。通过路由器的基本配置、路由器的 IP 协议配置、静态路由选择的实现、动态路由协议 RIP 的配置、动态路由协议 EIGRP 的配置、动态路由协议 OSPF 的配置、广域网 PPP 协议封装、广域网帧中继连接、使用访问控制列表管理数据流、私有局域网接入互联网、DHCP 动态分配地址的应用、虚拟专用网配置、网络设备的安全保护、管理网络设备的 IOS 映像和配置文件这 14 个项目完成组建中小型路由互联的职业能力训练。

本书可以作为高职高专院校网络技术及相关专业理论与实践一体化教材使用,也可以作为社会培训教材和网络技术实训指导书使用。

图书在版编目(CIP)数据

中小型路由网络项目实训教程/褚建立,邵慧莹主编. --北京:清华大学出版社,2013

高职高专"工作过程导向"新理念教材.计算机系列

ISBN 978-7-302-32611-3

Ⅰ.①中…　Ⅱ.①褚…②邵…　Ⅲ.①计算机网络-路由器-高等职业教育-教材　Ⅳ.①TN915.05

中国版本图书馆 CIP 数据核字(2013)第 122416 号

责任编辑:刘　青
封面设计:傅瑞学
责任校对:袁　芳
责任印制:宋　林

出版发行:清华大学出版社
　　　网　　　址:http://www.tup.com.cn,http://www.wqbook.com
　　　地　　　址:北京清华大学学研大厦 A 座　　　邮　　　编:100084
　　　社 总 机:010-62770175　　　邮　　　购:010-62786544
　　　投稿与读者服务:010-62776969,c-service@tup.tsinghua.edu.cn
　　　质 量 反 馈:010-62772015,zhiliang@tup.tsinghua.edu.cn
　　　课 件 下 载:http://www.tup.com.cn,010-62795764
印 装 者:北京国马印刷厂
经　　　销:全国新华书店
开　　　本:185mm×260mm　　　印　　　张:20.75　　　字　　　数:499 千字
版　　　次:2013 年 11 月第 1 版　　　印　　　次:2013 年 11 月第 1 次印刷
印　　　数:1~2000
定　　　价:39.00 元

产品编号:049543-01

高职高专"工作过程导向"新理念教材
丛书编写委员会

高职高专"工作过程导向"新理念教材
计算机分系列丛书编写委员会

学科体系的解构与行动体系的重构

——"工作过程导向"新理念教材代序

职业教育作为一种教育类型,其课程也必须有自己的类型特征。从教育学的观点来看,当且仅当课程内容的选择以及所选内容的序化都符合职业教育的特色和要求之时,职业教育的课程改革才能成功。这里,改革的成功与否有两个决定性的因素:一个是课程内容的选择;一个是课程内容的序化。这也是职业教育教材编写的基础。

首先,课程内容的选择涉及的是课程内容选择的标准问题。

个体所具有的智力类型大致分为两大类:一是抽象思维;一是形象思维。职业教育的教育对象,依据多元智能理论分析,其逻辑数理方面的能力相对较差,而空间视觉、身体动觉以及音乐节奏等方面的能力则较强。故职业教育的教育对象是具有形象思维特点的个体。

一般来说,课程内容涉及两大类知识:一类是涉及事实、概念以及规律、原理方面的"陈述性知识";一类是涉及经验以及策略方面的"过程性知识"。"事实与概念"解答的是"是什么"的问题,"规律与原理"回答的是"为什么"的问题;而"经验"指的是"怎么做"的问题,"策略"强调的则是"怎样做更好"的问题。

由专业学科构成的以结构逻辑为中心的学科体系,侧重于传授实际存在的显性知识即理论性知识,主要解决"是什么"(事实、概念等)和"为什么"(规律、原理等)的问题,这是培养科学型人才的一条主要途径。

由实践情境构成的以过程逻辑为中心的行动体系,强调的是获取自我建构的隐性知识即过程性知识,主要解决"怎么做"(经验)和"怎样做更好"(策略)的问题,这是培养职业型人才的一条主要途径。

因此,职业教育课程内容选择的标准应该以职业实际应用的经验和策略的习得为主,以适度够用的概念和原理的理解为辅,即以过程性知识为主、陈述性知识为辅。

其次,课程内容的序化涉及的是课程内容序化的标准问题。

知识只有在序化的情况下才能被传递,而序化意味着确立知识内容的框架和顺序。职业教育课程所选取的内容,由于既涉及过程性知识,又涉及陈述性知识,因此,寻求这两类知识的有机融合,就需要一个恰当的参照系,以便能以此为基础对知识实施"序化"。

按照学科体系对知识内容序化,课程内容的编排呈现出一种"平行结构"的形式。学科体系的课程结构常会导致陈述性知识与过程性知识的分割、理论知识与实践知识的分割,以及知识排序方式与知识习得方式的分割。这不仅与职业教育的培养目标相悖,而且与职业教育追求的整体性学习的教学目标相悖。

按照行动体系对知识内容序化,课程内容的编排则呈现一种"串行结构"的形式。在学习过程中,学生认知的心理顺序与专业所对应的典型职业工作顺序,或是对多个职业工作过程加以归纳整合后的职业工作顺序,即行动顺序,都是串行的。这样,针对行动顺序的每一个工作过程环节来传授相关的课程内容,实现实践技能与理论知识的整合,将收到事半功倍的效果。鉴于每一行动顺序都是一种自然形成的过程序列,而学生认知的心理顺序也是循序渐进自然形成的过程序列,这表明,认知的心理顺序与工作过程顺序在一定程度上是吻合的。

需要特别强调的是,按照工作过程来序化知识,即以工作过程为参照系,将陈述性知识与过程性知识整合、理论知识与实践知识整合,其所呈现的知识从学科体系来看是离散的、跳跃的和不连续的,但从工作过程来看,却是不离散的、非跳跃的和连续的了。因此,参照系在发挥着关键的作用。课程不再关注建筑在静态学科体系之上的显性理论知识的复制与再现,而更多的是着眼于蕴含在动态行动体系之中的隐性实践知识的生成与构建。这意味着,**知识的总量未变,知识排序的方式发生变化,正是对这一全新的职业教育课程开发方案中所蕴含的革命性变化的本质概括**。

由此,我们可以得出这样的结论:如果"工作过程导向的序化"获得成功,那么传统的学科课程序列就将"出局",通过对其保持适当的"有距离观察",就有可能解放与扩展传统的课程视野,寻求现代的知识关联与分离的路线,确立全新的内容定位与支点,从而凸显课程的职业教育特色。因此,"工作过程导向的序化"是一个与已知的序列范畴进行的对话,也是与课程开发者的立场和观点进行对话的创造性行动。这一行动并不是简单地排斥学科体系,而是通过"有距离观察",在一个全新的架构中获得对职业教育课程论的元层次认知。所以,**"工作过程导向的课程"的开发过程,实际上是一个伴随学科体系的解构而凸显行动体系的重构的过程**。然而,学科体系的解构并不意味着学科体系的"肢解",而是依据职业情境对知识实施行动性重构,进而实现新的体系——行动体系的构建过程。不破不立,学科体系解构之后,在工作过程基础上的系统化和结构化的产物——行动体系也就"立在其中"了。

非常高兴,作为中国"学科体系"最高殿堂的清华大学,开始关注占人类大多数的具有形象思维这一智力特点的人群成才的教育——职业教育。坚信清华大学出版社的睿智之举,将会在中国教育界掀起一股新风。我为母校感到自豪!

2006 年 8 月 8 日

前言

21 世纪人类已步入信息社会。信息产业正成为全球性的主导产业,网络技术更是信息社会发展的推动力,随着互联网技术的普及和推广,人们日常学习和工作越来越依赖于网络。在这种情况下,无论是机关、公司、企业,还是团体组织、个人,都认识到网络对政策宣传、生产经营、个人学习和生活的重要性。各企事业单位都组建了自己的内部网络,从而实现网上办公和生产管理,或者将自己的内部网与因特网互联。在各行各业进行局域网建设的过程中,对网络技能型人才的需求也与日俱增。

本书总结了编者多年的计算机网络工程实践及高职教学的经验,并根据网络工程实际工作过程所需要的知识和技能抽象出若干个教学项目,较复杂的项目还包括几个工作任务,形成了符合高职高专院校教学特点的网络技术专业课程教材。

本书共分 4 个教学模块,14 个项目,建议教学课时数为 64 课时,具体内容安排如下:

模块一　路由器的基本管理与配置,包括两个项目:路由器的基本配置、路由器的 IP 协议配置。

模块二　构建多区域互联网络,包括 4 个项目:静态路由选择的实现、动态路由协议 RIP 的配置、动态路由协议 EIGRP 的配置、动态路由协议 OSPF 的配置。

模块三　分支机构的宽带 Internet 接入,包括 6 个项目:广域网 PPP 协议封装、广域网帧中继连接、使用访问控制列表管理数据流、私有局域网接入互联网、DHCP 动态分配地址的应用、虚拟专用网配置。

模块四　管理网络环境,包括两个项目:网络设备的安全保护、管理网络设备的 IOS 映像和配置文件。

本书具有以下特色。

在指导思想上,始终本着"做中学"、"项目导向"、"任务驱动"的指导思想,强调通过动手、总结来提高综合能力。

在组织方式上,按照学习领域的课程改革思路进行教材的组织编写,以工作过程为导向,按照项目的实际实施过程来完成。在每个教学项目中,先提出工作任务,然后提供完成工作任务所应掌握的相关知识和操作技能,在学习知识的前提下进行方案分析,从而实施完成任务并进行测试。

在目标上,以适应高职高专教学改革的需要为目标,充分体现高职特色,有所创新和突破,全书的 14 个项目均来自企业工程实际。

在内容选取上,坚持集先进性、科学性和实用性为一体,尽可能选取最新、最实用的技术,与当前企业实际需要的网络技术接轨。

　　在内容深浅程度上,把握理论够用、侧重实践、由浅入深的原则,以使学生分层、分步骤掌握所学的知识。

　　在项目实施上,既可以采用真实的网络设备组建网络来完成,也可以采用思科公司Packet Trace 来实现,使得实践教学条件不足的院校也能按照教材完成教学内容,锻炼学生的专业职业能力。

　　本书由邢台职业技术学院褚建立、邵慧莹任主编,路俊维、陈婧任副主编。其中项目1、项目6由邵慧莹编写,项目3~项目5、附录由褚建立编写,项目2由陈婧编写,项目7由张静编写,项目8由董会国编写,项目9由李军编写,项目10由路俊维编写,项目11由钱孟杰编写,项目12由王沛编写,项目13由郗君浦编写,项目14由李惠琼、马志强编写。本书的编写过程中得到了思科(系统)中国网络技术有限公司的大力支持,在此表示深深的谢意。

　　由于编者水平有限,书中难免有不妥和疏漏之处,恳请广大读者指正。

编　者

2013 年 9 月

目录

模块二　构建多区域互联网络

模块三 分支机构的宽带 Internet 接入

模块四　管理网络环境

模块一

路由器的基本管理与配置

如今,计算机网络在人们的生活中扮演着重要的角色,计算机网络正不断改变人们的生活、工作和娱乐方式。计算机网络以及范围更广泛的 Internet 让人们能够以前所未有的方式进行通信、合作以及交互。人们可以通过各种形式使用网络,其中包括 Web 应用程序、IP 电话、视频会议、互动游戏、电子商务、教育以及其他形式。

计算机网络的核心设备是路由器。简而言之,路由器的作用就是将各个网络彼此连接起来。因此,路由器需要负责不同网络之间的数据包传送。IP 数据包的目的地可以是国外的 Web 服务器,也可以是局域网中的电子邮件服务器,这些数据包都是由路由器来负责及时传送的。在很大程度上,网际通信的效率取决于路由器的性能,即取决于路由器是否能以最有效的方式转发数据包。

为了理解路由器的工作原理,掌握对路由器进行基本配置和管理,下面通过两个项目的实践来实现。

项目 1 路由器的基本配置

项目 2 路由器的 IP 协议配置

路由器的基本配置

1.1 用 户 需 求

目前,当各企事业单位组建自己的局域网并连接到 Internet 时,都需要用到网络互联的核心设备——路由器。为了方便对这些路由器进行配置管理,就需要掌握路由器的配置与管理。

1.2 相 关 知 识

以路由器为基础构建的网络被称为网间网,例如企业与其分支机构之间构建的网络,甚至城域网络等都属于网间网的范畴。

1.2.1 路由器功能

路由器是一种智能选择数据传输路由的设备,它的主要功能包括以下几个。

1. 连接网络

路由器可以将两个或多个局域网连接在一起,组建成为规模更大、范围更广的网络,并在每个局域网出口对数据进行筛选和处理,以选择最为恰当的路由,从而将数据逐次传递到目的地。

局域网的类型有以太网、ATM 网、FDDI 网络等。由于这些异构网络分别采用不同的数据封装方式,因此彼此之间无法直接进行通信,即使其都采用同一种网络协议(如 TCP/IP 协议)。而路由器能够将不同类型网络之间的数据信息进行"翻译",以使它们能够相互"读"懂对方的数据,因此要实现异构网络间的通信,就必须借助路由器。

2. 隔离广播域

路由器可以将广播域隔离在局域网内(路由器的一个端口均可视为一个局域网),不会将广播包向外转发。大中型局域网都会被人为地划分为若干虚拟局域网,并使用路由设备实现彼此之间的通信,以达到分隔广播域、提高传输效率的目的。

3. 路由选择

路由器能够按照预先指定的策略,智能选择到达远程目的地的路由。为了实现这一功能,路由器要按照某种路由协议,维护和查找路由表。路由器使用路由表来查找数据包的目的 IP 与路由表中网络地址之间的最佳匹配。路由表最后会确定用于转发数据包的送出接口,然后路由器会将数据包封装为适合该送出接口的数据链路帧。

4. 网络安全

路由器作为整个局域网络与外界网络连接的唯一出口,还担当着保护内部用户和数据安全的重要角色。路由器的安全功能主要是通过地址转换和访问控制列表来实现的。

1.2.2　路由器组成

路由器其实也是计算机,它的组成结构类似于 PC。路由器中含有许多其他计算机中常见的硬件和软件组件。

1. 路由器的硬件构成

尽管路由器类型和型号多种多样,但每种路由器都具有相同的通用硬件组件。根据型号的不同,这些组件在路由器内部的位置有所差异。要查看路由器的内部组件,必须拧开路由器金属盖板上的螺钉,然后将盖板拆下。一般而言,除非要升级存储器,否则不必打开路由器。与 PC 一样,路由器也包含 CPU、RAM、ROM、闪存和 NVRAM。

图 1.1 所示为一台 Cisco 1841 路由器的硬件组成部分示意图。

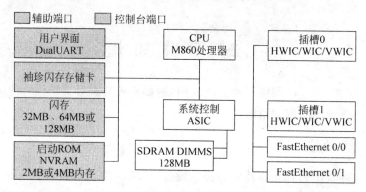

图 1.1　路由器的硬件组成

(1) 中央处理器(CPU)

中央处理器(CPU)负责执行路由器操作系统(IOS)的指令,包括系统初始化、路由功能以及网络接口控制等功能。因此,路由器处理数据包的速度在很大程度上取决于 CPU 的类型。某些高端的路由器上会拥有多个 CPU 并行工作。

(2) 内存

与 PC 类似,内存存储 CPU 所需执行的指令和数据。内存用于存储以下组件。

① 操作系统(Cisco IOS):当启动时,操作系统会将 IOS 复制到内存中。

② 运行配置文件(running-config):这是存储路由器 IOS 当前所用的配置命令的配置文件。路由器上配置的所有命令均存储于运行配置文件,此文件也称为 running-config。

③ IP 路由表:此文件存储着直连网络以及远程网络的相关信息,用于确定转发数据包的最佳路径。

④ ARP 缓存:此缓存包含 IPv4 地址到 MAC 地址的映射,类似于 PC 上的 ARP 缓存。ARP 缓存用在有 LAN 接口(如以太网接口)的路由器上。

⑤ 数据包缓存区:数据包到达接口之后以及从接口送出之前,都会暂时存储在缓冲区中。

RAM 是易失性存储器,如果路由器断电或重新启动,则 RAM 中的内容就会丢失。但是,路由器也具有永久性存储区域,如 ROM、闪存和 NVRAM。

（3）ROM

ROM 是一种永久性存储器。Cisco 设备使用 ROM 来存储 bootstrap 指令、基本诊断软件和精简版 IOS。

ROM 使用的是固件，即内嵌于集成电路中的软件。固件包含一般不需要修改或升级的软件，如启动指令。即使路由器断电或重新启动，ROM 中的内容也不会丢失。

（4）闪存

闪存是非易失性计算机存储器，可以电子的方式存储和擦除。闪存用作操作系统 Cisco IOS 的永久性存储器。在大多数 Cisco 路由器型号中，IOS 是永久性存储在闪存中的，在启动过程中才复制到 RAM，然后再由 CPU 执行。某些较早的 Cisco 路由器型号则直接从闪存运行 IOS。闪存由 SIMM 卡或 PCMCIA 卡担当，可以通过升级这些卡来增加闪存的容量。即使路由器断电或重新启动，闪存中的内容也不会丢失。

（5）NVRAM

NVRAM（非易失性 RAM）在电源关闭后不会丢失信息。这与大多数普通 RAM（如 DRAM）不同，后者需要持续的电源才能保持信息。NVRAM 被 Cisco IOS 用作存储启动配置文件（startup-config）的永久性存储器。所有配置更改都存储于 RAM 的 running-config 文件中（有几个特例除外），并由 IOS 立即执行。要保存这些更改以防路由器重新启动或断电，必须将 running-config 文件复制到 NVRAM，并在其中存储为 startup-config 文件。即使路由器重新启动或断电，NVRAM 也不会丢失其内容。

2. 互联网操作系统

如同 PC 一样，路由器也需要操作系统才能运行。Cisco 公司将所有重要的软件性能都集合到一个大的操作系统中，被称为网络互联操作系统 IOS（Internetwork Operating System）。IOS 提供路由器所有的核心功能，主要包括以下几方面。

- 控制路由器物理接口发送和接收数据包。
- 出口转发数据包前在 RAM 中存储该数据包。
- 路由（发送）数据包。
- 使用路由协议动态学习路由。

（1）Cisco 的特性和文件名

由于路由器的平台不同、功能不同，故运行的 Cisco IOS 映像（即包含完整 IOS 的文件）也不尽相同。Cisco 公司提供不同的 IOS 映像文件基于如下考虑。

① Cisco 公司生产不同型号的路由器硬件，每种型号归属不同的平台、系列或家族。同一平台的路由器是类似的，有相同的芯片。由于不同平台的路由器使用不同的 CPU 芯片，所以需要使用不同的 IOS 映像。代表不同路由器平台或家族的数字将被包含在 IOS 的名字中。

② 一些 IOS 映像提供不同的特性集以满足灵活的定价策略。

③ Cisco 公司对软件进行更新，包括增加新的特性和缺陷修复。对每一个新的 IOS 版本产生一个映像文件。

④ 有些 IOS 映像是被压缩的。

当网络工程师需要为路由器下载新的 IOS 映像时，必须考虑所有以上因素，以下载正确的用在特定路由器上的 IOS。

Cisco 公司将整个 IOS 存成一个文件,并将其称为 IOS 映像。IOS 映像存储在路由器的闪存中。为了区分不同的 IOS 映像,Cisco 公司有一套标准的 IOS 映像文件命名方法。根据映像文件的名字,就可以判断出它适用的路由器平台、它的特性集、版本号、在哪里运行和是否有压缩等。

映像文件名由三部分组成,中间用点号分开,如 c3825-ipbase-mz. 124-3a. bin 和 c7300-is-mz. 122-20. S6. bin。第一部分细分为 3 个小部分,中间用短横线连接:第一小部分(c3825,c7300)指出使用的路由器平台,c3825 表示思科的 3825 路由器,c7300 表示思科的 7300 系列路由器;第二小部分(ipbase,is,js)指出特性集,j 表示企业特性集,i 表示 IP 特性集,s 表示在标准的特性集中加入了一些扩展功能;第三小部分表明映像文件在哪里运行、是否有压缩等,l 表示映像文件既可以在 RAM 中运行,也可以在 Flash 中运行,m 表示只能在 RAM 中运行,z 表示映像文件采用了 ZIP 压缩格式。第二部分反映了映像文件的版本信息,124-3a 表示 IOS 版本号是 12.4(3a),122-20. S6 表示 IOS 的版本号是 12.2(20)。第三部分即 bin 表示这是一个二进制文件。

(2) Cisco 另外两个操作系统

在 Cisco 路由器上所运行的 IOS 除了正常的 IOS 外,还有两种操作系统或称为运行环境,即 ROM Monitor(ROMMON)和 Boot ROM。

① ROMMON。ROMMON 是一种用于特殊目的的运行环境,主要用途如下:

a. 提供一种在闪存被擦除或被损坏的情况下的低级别的调试工具。

b. 提供一种在闪存被擦除或被损坏的情况下重装 IOS 的方法。

c. 提供口令恢复的方法。

ROMMON 是一种原始的操作系统,它提供基本的、有时有些令人迷惑的用户接口。ROMMON 不是 IOS,它不能接受 IOS 命令,也不能路由 IP 数据包。ROMMON 软件存储在 ROM 芯片中而不是闪存中,所以它总是存在的,即使工程师删除了闪存中所有内容。

ROMMON 只能通过控制台访问,也就是说口令恢复也只能通过控制台完成。

② Boot ROM。其有时也叫作 RX-BOOT 模式,存储在 ROM 芯片中。Boot ROM 是 IOS 映像,是一个基本的 IOS,可以使工程师在闪存中的 IOS 由于某种原因而不能加载时,安装新的 IOS。

RXBOOT 模式并非一种真正的 IOS 模式,它更像一种假如 IOS 没有运行时路由器所拥有的一种模式。如果路由器试图引导,但却找不到一个合适的 IOS 映像可以运行时,就会自动进入 RXBOOT 模式。在 RXBOOT 模式中,路由器不能完成正常的功能,只能进行软件升级和手工引导。

此外,也可以有意使路由器进入 RXBOOT 模式。在出现忘记了路由器口令等问题时,有时可以用 RXBOOT 模式来解决。有两种方式可以进入 RXBOOT 模式。

方法 1:在路由器加电 60s 内,在 Windows 操作系统的超级终端下,同时按 Ctrl＋Break 组合键 3～5s 就进入 RXBOOT 模式。

方法 2:在全局配置模式下,执行 config-register 0x1 命令。

然后,关电源重启动,或在超级权限下,输入 reload 则进入 RXBOOT 模式。

RXBOOT 模式的提示符为

　　　＞

当路由器启动时,NVRAM 中的 startup-config 文件会复制到 RAM,并存储为 running-config 文件。接着,IOS 会执行 running-config 中的配置命令。网络管理员输入的任何更改均存储于 running-config 中,并由 IOS 立即执行。

1.2.3　路由器端口和接口

当"端口"用在路由器上时,正常情况下它是指用来管理访问的一个管理端口;而"接口"一般是指有能力发送和接收用户流量的口。

1. 管理端口

路由器上有一个用于管理路由器的物理接口,也称为管理端。与以太网接口和串行接口不同,管理端口不用于转发数据包。最常见的管理端口是控制台端口,其用于连接终端(多数情况是运行终端模拟器软件的 PC),从而在无须通过网络访问路由器的情况下配置路由器。当对路由器进行初始配置时,必须使用控制台端口。

另一种管理端口是辅助端口,但是并非所有路由器都有辅助端口。有时,辅助端口的使用方式与控制台端口类似。此外,此端口也可用于连接调制解调器。图 1.2 所示显示了路由器上的控制台端口和 AUX(辅助)端口。

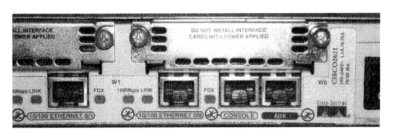

图 1.2　路由器的端口

2. 路由器接口

接口在 Cisco 路由器中表示主要负责接收和转发数据包的路由器物理接口。路由器有多个接口,用于连接多个网络。通常,这些接口连接到多种类型的网络,也就是说需要各种不同类型的介质和接口。路由器一般需要具备不同类型的接口。路由器接口主要有以下两种。

(1) LAN 接口:如以太网接口、快速以太网接口和吉比特以太网接口,用于将路由器连接到 LAN。路由器以太网接口也有第 2 层 MAC 地址,且其加入以太网 LAN 的方式与该 LAN 中任何其他主机相同。例如,路由器以太网接口会参与该 LAN 的 ARP 过程。路由器会为对应接口提供 ARP 缓存、在需要时发送 ARP 请求以及根据要求以 ARP 回复作为响应。

(2) WAN 接口:如串行接口、ISDN 接口和帧中继接口,用于连接路由器与外部网络,这些网络通常分布在距离较为遥远的地方。WAN 接口的第 2 层封装可以是不同的类型,如 PPP、帧中继和 HDLC(高级数据链路控制)。与 LAN 接口一样,每个 WAN 接口都有自己的 IP 地址和子网掩码,这些可将接口标识为特定网络的成员。

每个接口都有第 3 层 IP 地址和子网掩码,表示该接口属于特定的网络。以太网接口还会有第 2 层以太网 MAC 地址。

详细内容参见项目 2。

1.2.4 路由器的启动过程

路由器是特殊用途的计算机,也有一个启动过程。这其中包括了硬件检测、加载操作系统以及执行所有的在启动配置文件中保存的配置命令。如图 1.3 所示,路由器启动过程有 4 个主要阶段。

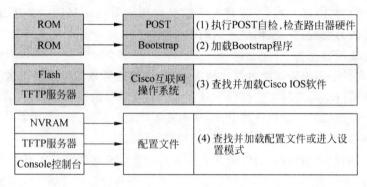

图 1.3　路由器启动过程

(1) 执行 POST 自检,检查路由器硬件。

(2) 加载 Bootstrap(自举)程序。

(3) 查找并加载 Cisco IOS 软件。

(4) 查找并加载启动配置文件,或进入设置模式。

1. 执行 POST 自检

加电自检(POST)几乎是每台路由器启动过程中必经的一个过程。POST 过程用于检测路由器硬件。当路由器加电时,ROM 芯片上的软件便会执行 POST。在自检过程中,路由器会通过 ROM 执行诊断,主要针对包括 CPU、RAM 和 NVRAM 在内的几种硬件组件。当 POST 完成后,路由器将执行 Bootstrap 程序。

2. 加载 Bootstrap 程序

当 POST 完成后,Bootstrap 程序将从 ROM 复制到 RAM。当进入 RAM 后,CPU 会执行 Bootstrap 程序中的指令。Bootstrap 程序的主要任务是查找 Cisco IOS 并将其加载到 RAM。

注意:此时,如果有连接到路由器的控制台,则会看到屏幕上开始出现输出内容。详细内容见项目的实施。

这些输出的内容信息主要包括以下几个。

(1) 所加载的 IOS 版本。

(2) 接口数量。

(3) 接口类型。

(4) NVRAM 的大小。

(5) 闪存的大小。

3. 查找并加载 Cisco IOS 软件

(1) 查找 Cisco IOS 软件。IOS 通常存储在闪存中,但也可能存储在其他位置,如 TFTP(简单文件传输协议)服务器上。

如果不能找到完整的 IOS 映像,则会从 ROM 将精简版的 IOS 复制到 RAM 中。这种

版本的 IOS 一般用于帮助诊断问题,也可用于将完整版的 IOS 加载到 RAM。

注意:TFTP 服务器通常用作 IOS 的备份服务器,但也可充当存储和加载 IOS 的中心点。

(2) 加载 IOS。有些较早的 Cisco 路由器可直接从闪存运行 IOS,但现今的路由器会将 IOS 复制到 RAM 后由 CPU 执行。

注意:一旦 IOS 开始加载,通过超级终端就可在超级终端窗口看到映像解压缩过程中一串 # 号。

4. 查找并加载启动配置文件,或进入设置模式

(1) 查找启动配置文件。IOS 加载后,Bootstrap 程序会搜索 NVRAM 中的启动配置文件(也称为 startup-config)。此文件含有先前保存的配置命令以及参数,其中包括以下几方面。

① 接口地址。

② 路由信息。

③ 口令。

④ 网络管理员保存的其他配置。

如果启动配置文件 startup-config 位于 NVRAM,则会将其复制到 RAM 作为运行配置文件 running-config。

注意:如果 NVRAM 中不存在启动配置文件,则路由器可能会搜索 TFTP 服务器。如果路由器检测到有活动链路连接到已配置路由器,则会通过活动链路发送广播,以搜索配置文件。这种情况会导致路由器暂停,但是最终会看到如下所示的控制台消息。

<router pauses here while it broadcasts for a configuration file across an active link>
%Error opening tftp://255.255.255.255/network-confg (Timed out)
%Error opening tftp://255.255.255.255/cisconet.cfg (Timed out)

(2) 执行配置文件。如果在 NVRAM 中找到启动配置文件,则 IOS 会将其加载到 RAM 作为 running-config 文件,并以一次一行的方式执行文件中的命令。running-config 文件包含接口地址,并可启动路由过程以及配置路由器的口令和其他特性。

(3) 进入设置模式(可选)。如果不能找到启动配置文件,则路由器会提示用户进入设置模式。设置模式包含一系列问题,提示用户一些基本的配置信息。设置模式不适于复杂的路由器配置,故网络管理员一般不会使用该模式。

当启动不含启动配置文件的路由器时,会在 IOS 加载后看到以下问题。

Would you like to enter the initial configuration dialog?[yes/no]:no

当不使用设置模式时,IOS 会创建默认的 running-config 文件。默认 running-config 文件是基本配置文件,其中包括路由器接口、管理端口以及特定的默认信息。默认 running-config 文件不包含任何接口地址、路由信息、口令或其他特定配置信息。

1.2.5 路由器的基本配置模式

一般来说,Cisco 路由器可以通过以下几种方式来进行配置。

1. 通过 Console 口访问路由器

新路由器在进行第一次配置时必须通过 Console 口访问路由器。计算机的串口和路由器的 Console 口是通过反转线(Roll Over)进行连接的,反转线的一端接在路由器的 Console口上,另一端接到一个 DB-9/RJ-45 的转接头上,DB9 则接到计算机的串口上,如图 1.4 所示。所谓的反转线,就是线两端的 RJ-45 接头上的线序是反的。当计算机和路由器连接好后,就可以使用各种各样的终端软件配置路由器了。

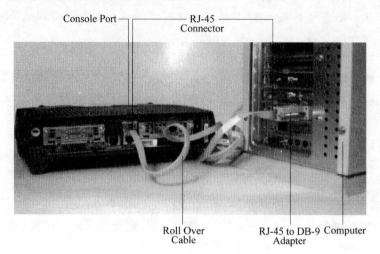

图 1.4　计算机和路由器通过反转线进行连接

2. 通过 Telnet 访问路由器

如果管理员不在路由器跟前,则可以通过 Telnet 远程配置路由器,当然这需要预先在路由器上配置好 IP 地址和密码,并保证管理员的计算机和路由器之间是 IP 可达的(简单讲就是能 ping 通)。Cisco 路由器通常支持多人同时 Telnet,每一个用户被称为一个虚拟终端(VTY)。第一个用户为 vty 0,第二个用户为 vty 1,以此类推,路由器通常可达 vty 4。

3. 终端访问服务器

终端访问服务器实际上就是有 8 个或者 16 个异步口的路由器,从它引出多条连接线到各个路由器上的 Console 口。当使用时,首先登录到终端访问服务器,然后从终端访问服务器再登录到各个路由器,如图 1.5 所示。

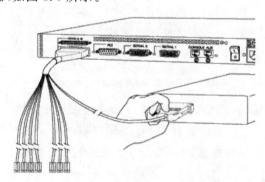

图 1.5　终端访问服务器

4. 通过 AUX 接口接 Modem 进行远程配置

AUX 接口接 Modem,通过电话线与远程的终端或运行终端仿真软件的计算机相连。

5. 通过 Ethernet 上的 SNMP 网管工作站

通过网管工作站进行配置,这就需要在网络中有至少一台运行 Ciscoworks 及 CiscoView 等的网管工作站,还需要另外购买网管软件。

1.2.6 Cisco IOS 软件的操作

1. 配置文件

路由器依靠操作系统(IOS)映像和配置文件才能运行。配置文件包含 Cisco IOS 软件命令,这些命令用于自定义 Cisco 设备的功能。网络管理员通过创建配置文件来定义所需的 Cisco 设备功能。配置文件的典型大小为几百到几千字节。

每台 Cisco 网络设备包含以下两个配置文件。

- 启动配置文件:用作备份配置,在设备启动时加载。
- 运行配置文件:用于设备的当前工作过程中。

配置文件还可以存储在远程服务器上进行备份。启动配置文件和运行配置文件均以 ASCII 文本格式显示,能够很方便地阅读和操作。图 1.6 所示显示了两个配置文件之间的关系。

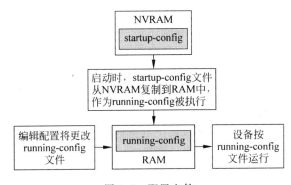

图 1.6　配置文件

(1) 启动配置文件。启动配置文件(startup-config)用于在系统启动过程中配置设备。启动配置文件存储在非易失性 RAM(NVRAM)。因为 NVRAM 具有非易失性,所以当 Cisco 设备关闭后,文件仍保持完好。每次当路由器启动或重新加载时,都会将 startup-config 文件加载到内存中。该配置文件一旦加载到内存中,就被视为运行配置(running-config)。

(2) 运行配置文件。此配置文件一旦加载到内存中,即被用于操作网络设备。当网络管理员配置设备时,运行配置文件即被修改,修改运行配置文件会立即影响 Cisco 设备的运行。当修改后,管理员可以选择将更改保存到 startup-config 文件中,则在下次重启设备时将会使用修改后的配置。

因为运行配置文件存储在内存中,所以当关闭设备电源或重新启动设备时,该配置文件会丢失。如果在设备关闭前,没有把对 running-config 文件的更改保存到 startup-config 文件中,则更改也将会丢失。

2. Cisco IOS 模式

Cisco IOS 操作系统具有多种工作模式,每种模式有各自的工作领域。对于这些模式,

CLI 采用了层次结构。

当使用 CLI 时，每种模式由该模式独有的命令提示符来标识。命令提示符位于命令行输入区的左侧，由词语和符号组成。

在默认情况下，每个提示符都以设备名称开头。命令提示符中设备名称后的部分用于表明状态。当执行完命令且模式改变后，提示符会相应改变以反映出当前上下文。

Cisco IOS 主要的模式有以下几种。

- 用户执行模式：一种受限模式，仅允许一些基本的类似查看的 IOS 命令。其提示符为 router＞。
- 特权执行模式：类似于 Linux 中的"root"，或 Windows 中的 administrator 模式，允许登录到特权执行模式以访问整个 IOS 命令，并可以进行路由器的详细检查，即调试和测试、进行文件处理、远程访问。其提示符为 router♯。
- 全局配置模式：此模式下的命令可影响整台路由器，可以使用全局配置命令。其提示符为 router(config)♯。
- 其他特定配置模式：特定的服务和接口配置。例如，在接口配置模式下执行的命令将仅影响特定的接口。在接口配置模式下提示符为 router(config-if)♯。

每种模式用于完成特定任务，并具有可在该模式下使用的特定命令集。某些命令可供所有用户使用，还有些命令仅在用户进入提供该命令的模式后才可执行。每种模式都具有独特的提示符，且只有适用于相应模式的命令才能执行。

在上述模式中主要有以下两种工作模式。

- 用户执行模式。
- 特权执行模式。

作为一项安全功能，Cisco IOS 软件将执行会话分为两种权限模式，这两种主要的权限模式用在 Cisco CLI 层次结构中。两种模式具有相似的命令，只不过特权执行模式具有更高的执行权限级别。

(1) 用户执行模式

用户执行模式（简称用户执行）功能有限，但可用于有效执行某些基本操作。用户执行模式处于模式化层次结构的顶部，是 IOS 路由器 CLI 的第一个入口。

用户执行模式仅允许数量有限的基本监控命令，它常被称为仅查看模式。用户执行级别不允许执行任何可能改变设备配置的命令。

在默认情况下，从控制台访问用户执行模式时无须身份验证。在通常情况下，在初始配置期间配置了身份验证。

用户执行模式由采用"＞"符号结尾的 CLI 提示符标识。

(2) 特权执行模式

特权执行模式有时被称为使能模式。管理员若要执行配置和管理命令，则需要使用特权执行模式或处于其下级的特定模式。特权执行模式由采用"♯"符号结尾的提示符标识。

在默认情况下，特权执行不要求身份验证。在通常情况下，应确保配置身份验证。

enable 命令和 disable 命令用于使 CLI 在用户执行模式和特权执行模式间转换。要访问特权执行模式，使用 enable 命令。用于输入 enable 命令的语法为

router＞**enable**

此命令无须参数或关键字,一旦按 Enter 键,路由器提示符即变为

router ♯

提示符结尾处的"♯"表明该路由器现在处于特权执行模式。

如果为特权执行模式配置了身份验证口令,则 IOS 会提示用户输入口令。例如:

router＞**enable**
Password:
router ♯

disable 命令用于从特权执行模式返回到用户执行模式。例如:

router ♯ **disable**
router＞

(3) 全局配置模式

主配置模式也被称为全局配置模式。在全局配置模式中,进行 CLI 配置更改会影响设备的整体工作情况。

下列 CLI 命令用于将设备从特权执行模式转换到全局配置模式,并使用户可以从终端输入配置命令。

router ♯ **configure** *terminal*

一旦该命令执行完成,提示符会发生变化,以表明路由器处于全局配置模式。

router (config)♯

只有进入到路由器的特权模式下才能进行路由器的配置,才可以进入全局配置模式(Global Configuration Mode)和各种特定配置模式(Specific Configuration Mode)。全局配置模式用作访问各种具体配置模式的跳板。图 1.7 所示为路由器的不同工作模式以及各模式之间的关系。

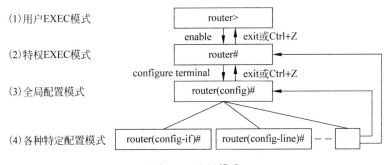

图 1.7　配置模式

从全局配置模式可进入多种不同的配置模式。其中的每种模式可以用于配置 IOS 设备的特定部分或特定功能。

① 接口配置模式。在全局配置模式下,使用 interface 命令进入该模式。要返回全局配置模式,输入 exit 命令或按 Ctrl＋Z 组合键。要返回特权模式,使用 end 命令。

在 interface 命令中,必须指明要进入哪一个接口配置子模式。使用该命令可以配置路

由器的各种接口。

② 线程配置模式。在全局配置模式下,执行 Line VTY 或 Line Console 命令,将进入 Line 配置模式。该模式主要用于对虚拟终端(VTY)和控制台接口进行配置,其配置主要是设置虚拟终端和控制台的用户级登录密码。

Line 配置模式的命令行提示符为

switch(config-line)#

路由器有一个控制端口(Console),其编号为 0,通常利用该端口进行本地登录,以实现对路由器的配置和管理。

在某个接口或进程中,进行配置更改只会影响该接口或进程。

退出过程和上述一样。

③ 路由配置子模式(Router Configuration)。进入该模式的方式如下:在全局配置模式下,用 router protocol 命令指定具体的路由协议。

router(config)# **router** *protocol* [*option*]

其提示符为

router(config-router)#

退出过程和上述一样。

一旦在全局配置模式下做出了更改,应防止所做的更改在电源故障或蓄意重新启动时丢失。通常是将更改保存到存储在 NVRAM 内的启动配置文件中。用于将运行配置文件保存到启动配置文件的命令为

switch# **copy** *running-config startup-config*

3. 基本 Cisco IOS 命令结构

(1) 基本 IOS 命令结构

每个 IOS 命令都具有特定的格式或语法,并在相应的提示符下执行。命令是在命令行中输入的初始字词,不区分大小写。命令后接一个或多个关键字和参数,关键字和参数可提供额外功能,关键字用于向命令解释程序描述特定参数。图 1.8 所示为基本 IOS 命令结构。

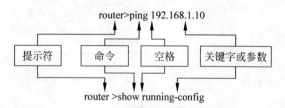

图 1.8   基本 IOS 命令结构

例如,show 命令用于显示设备相关的信息。它有多个关键字,这些关键字可以用于定义要显示的特定输出。例如:

router # **show** *running-config*

show 命令后接 running-config 关键字,该关键字指定要将运行配置作为输出结果显示。

一条命令可能需要一个或多个参数。参数一般不是预定义的词,这一点与关键字不同。参数是由用户定义的值或变量。例如,要使用 description 命令为接口应用描述,可输入类似下列的命令行。

router (config-if) # **description** *link-to-center*

在上述命令行中,命令为 description,参数为 link-to-center,且该参数由用户定义。对于此命令,参数可以是长度不超出 80 个字符的任意文本字符串。

当输入包括关键字和参数在内的完整命令后,按 Enter 键将该命令提交给命令解释程序。

(2) IOS 约定

表 1.1 列出了 IOS 约定。

表 1.1　IOS 约定

约　　定	说　　明
黑体字	表示命令和关键字,精确显示输入内容
斜体字	斜体字表示参数由用户输入值
[x]	方括号中包含可选内容(关键字或参数)
|	垂直线表示在可选的或必填的关键字或参数中进行选择
[x|y]	方括号中以垂直线分割关键字或参数表示可选的内容
{x|y}	大括号中以垂直线分割关键字或参数表示必填的内容

对于 ping 命令,有如下说明。

① 格式:router>**ping** *IP 地址*。

② 带有值的例子:router>**ping** *10.10.10.5*。

在此例中,命令为 ping,参数则为 IP 地址。

4. 在 CLI 中获取帮助信息

Cisco IOS 软件提供了广泛的有关命令行输入的帮助工具,其中包括以下几方面。

(1) 对上下文相关帮助。Cisco IOS CLI 提供了上下文相关单词帮助和命令语法帮助。

① 要获取单词帮助,可在一个或多个字符后面输入问号(?)。这将显示一个命令列表,其中包含所有以指定字符序列打头的命令。

② 要获取命令语法帮助,可在关键字或参数的地方使用问号(?),并在其前面加上空格,系统会立即响应,无须按 Enter 键。

例如,要列出用户执行级别下可用的命令,可在 router>提示符后输入一个问号(?)。

例如,输入 sh? 可获取一个命令列表,该列表中的命令都以字符序列 sh 开头。

(2) 使用 Ctrl、Esc、Tab、上下箭头键可简化命令输入工作。

① Tab:填写命令或关键字的剩下部分。

② Ctrl+R:重新显示一行。

③ Ctrl+Z:退出配置模式并返回到执行模式。

④ 向下箭头:用于在前面用过的命令的列表中向前滚动。

⑤ 向上箭头：用于在前面用过的命令的列表中向后滚动。

⑥ Ctrl＋Shift＋6：用于中断诸如 ping 命令或 traceroute 命令之类的 IOS 进程。

⑦ Ctrl＋C：放弃当前命令并退出配置模式。

例如，在输入命令时，可以输入只属于该命令的起始字符串，然后按 Tab 键，这样 Exec 就会完成命令行。

（3）Cisco IOS 软件支持使用多个命令和按键从历史缓冲区提取命令，该缓冲区存储了用户最后输入的多个命令。在合适的情况下，用户可重用这些命令，无须再次输入。

（4）控制台错误消息让用户能够知道错误命令存在的问题。通过解释这些消息，可以知道应如何修改命令行条目，以修复问题。

5. 缩写命令或缩写参数

命令和关键字可缩写为可唯一确定该命令或关键字的最短字符数。例如，configure 命令可缩写为 conf，因为 configure 是唯一一个以 conf 开头的命令。不能缩写为 con，因为以 con 开头的命令不止一个。

另外，关键字也可缩写。

例如，show interfaces 可以缩写为

router ♯ **show interfaces**
router ♯ **show int**

此外，还可以同时缩写命令和关键字，例如：

router ♯ **conf t**

在本书中，为了便于理解，均使用全称。

1.2.7　路由器基本管理配置

1. 命名设备

CLI 提示符中会使用主机名。如果未明确配置主机名，则路由器会使用出厂时默认的主机名"router"。

作为设备配置的一部分，应该为每台设备配置一个独有的主机名。要采用一致有效的方式命名设备，需要在整个公司（或至少在整个机房内）建立统一的命名约定。通常，在建立编址方案的同时建立命名约定，以在整个组织内保持良好的可续性。

针对路由器名称的有关命名约定包括以下几方面。

（1）以字母开头。

（2）不包含空格。

（3）以字母或数字结尾。

（4）仅由字母、数字和短画线组成。

（5）长度不超过 63 个字符。

IOS 设备中所用的主机名会保留字母的大小写状态。

注意：设备主机名仅供管理员在使用 CLI 配置和监控设备时使用。在没有明确配置的情况下，各个设备之间互相发现和交互操作时不会使用这些名称。

从特权执行模式中输入 configure terminal 命令访问全局配置模式。

router # **configure terminal**

当执行命令后,提示符会变为

router(config) #

在全局配置模式下,输入主机名。

router(config) # **hostname** *center*

当执行命令后,提示符会变为

center(config) #

注意：该主机名出现在提示符中。要退出全局配置模式,使用 exit 命令。

要消除命令的影响,则在该命令前面添加 no 关键字。例如,要删除某设备的名称,使用如下命令。

center(config) # **no hostname**
router(config) #

可以看到,no hostname 命令使该路由器恢复到其默认主机名"router"。

2. 限制路由器访问：配置口令和标语

使用机柜和上锁的机架限制人员实际接触网络设备是不错的做法,但口令仍是防范未经授权的人员访问网络设备的主要手段,必须从本地为每台设备配置口令以限制访问。

IOS 使用分层模式来提高设备安全性,并可以通过不同的口令来提供不同的设备访问权限。

路由器的口令有以下几种。

- 控制台口令：用于限制人员通过控制台连接访问设备。
- 使能口令：用于限制人员访问特权执行模式。
- 使能加密口令：经加密,用于限制人员访问特权执行模式。
- VTY 口令：用于限制人员通过 Telnet 访问设备。

在通常情况下,应该为这些权限级别分别采用不同的身份验证口令。尽管使用多个不同的口令登录不太方便,但这是防范未经授权的人员访问网络基础设施的必要预防措施。

此外,应使用不容易猜到的强口令。使用弱口令或容易猜到的口令一直是安全隐患。

选择口令时请考虑下列关键因素。

- 口令长度应大于 8 个字符。
- 在口令中组合使用小写字母、大写字母和数字序列。
- 避免为所有设备使用同一个口令。
- 避免使用常用单词,例如 password 或 administrator,因为这些单词容易被猜到。

当设备提示用户输入口令时,不会将用户输入的口令显示出来。换句话说,当输入口令时,口令字符不会出现。这么做是出于安全考虑,很多口令都是因遭偷窥而泄露的。

(1) 控制台口令

Cisco IOS 设备的控制台端口具有特别权限。作为最低限度的安全措施,必须为所有网络设备的控制台端口配置强口令,这可降低未经授权的人员将电缆插入实际设备来访问设备的风险。

在全局配置模式下,使用下列命令来为控制台线路设置口令。

router(config)♯**line console** 0 　　　　　　//line console 0 命令用于从全局配置模式进入控制台
　　　　　　　　　　　　　　　　　　　　　　线路配置模式,零(0)代表路由器的第一个(在大多
　　　　　　　　　　　　　　　　　　　　　　数情况下也是唯一的一个)控制台接口
router(config-line)♯**password** *password* 　　//**password** *password* 命令用于为一条线路指定口令
router(config-line)♯**login** 　　　　　　　　//login 命令用于将路由器配置为在用户登录时要求身
　　　　　　　　　　　　　　　　　　　　　　份验证,当启用了登录且设置了口令后,设备将提示
　　　　　　　　　　　　　　　　　　　　　　用户输入口令

一旦这 3 个命令执行完成后,则当每次用户尝试访问控制台端口时,都会出现要求输入口令的提示。

(2) 使能口令和使能加密口令

为提供更好的安全性,使用 enable password 命令或 enable secret 命令。这两个口令都可用于在用户访问特权执行模式(使能模式)前进行身份验证。

enable secret 命令可提供更强的安全性,因为使用此命令设置的口令会被加密。enable password 命令仅在尚未使用 enable secret 命令设置口令时才能使用。

以下命令用于设置口令。

router(config)♯**enable password** *password*
router(config)♯**enable secret** *password*

注意:如果使能口令或使能加密口令均未设置,则 IOS 将不允许用户通过 Telnet 会话访问特权执行模式。

若未设置使能口令,则 Telnet 会话将做出如下响应。

router>**enable**
％No password set
router>

如果只设置了其中一个口令(**enable password** 或 **enable secret**),则路由器 IOS 期待用户输入的就是在那个命令中设置的口令。

如果两个命令都设置了,则路由器 IOS 期待用户输入的是在 **enable secret** 命令中设置的口令,也就是说路由器将忽略 **enable password** 中设置的命令。

如果两个命令都没有设置,情况会有所不同。如果用户是在控制台端口,则路由器自动允许进入特权模式;如果不是在控制台端口,则路由器拒绝用户进入特权模式。

(3) VTY 口令

VTY 线路使用户可通过 Telnet 访问路由器。许多 Cisco 设备默认支持 5 条 VTY 线路,这些线路编号为 0~4。所有可用的 VTY 线路均需要设置口令,且可为所有连接设置同一个口令。通常为其中的一条线路设置不同的口令,这样可以为管理员提供一条保留通道,当其他连接均被使用时,管理员可以通过此保留通道访问设备以进行管理工作。

下列命令用于为 VTY 线路设置口令。

router(config)♯**line vty** *0 4*
router(config-line)♯**password** *password*

router(config-line)# **login**

在默认情况下,IOS 自动为 VTY 线路执行 login 命令,这可防止设备在用户通过 Telnet 访问设备时不事先要求其进行身份验证。如果用户错误地使用了 no login 命令,则会取消身份验证要求,这样未经授权的人员就可通过 Telnet 连接到该线路。

（4）加密显示口令

此外,还有一个很有用的命令,可在显示配置文件时防止将口令显示为明文。

router(config)# **service password-encryption**

它可在用户配置口令后使口令加密显示。service password-encryption 命令对所有未加密的口令进行弱加密。当通过介质发送口令时,此加密手段不适用,它仅适用于配置文件中的口令。此命令的用途在于防止未经授权的人员查看配置文件中的口令。

如果在尚未执行 service password-encryption 命令时执行 show running-config 或 show startup-config 命令,则可在配置输出中看到未加密的口令。然后,可执行 service password-encryption 命令,当执行完成后,口令即被加密。口令一旦加密,即使取消加密服务,也不会消除加密效果。

（5）标语消息

尽管要求用户输入口令是防止未经授权的人员进入网络的有效方法,但同时必须向试图访问设备的人员声明仅授权人员才可访问设备。出于此目的,可向设备输出中加入一条标语。

当控告某人侵入设备时,标语可在诉讼程序中起到重要作用。某些法律体系规定,若不事先通知用户,则不允许起诉该用户,甚至连对该用户进行监控都不允许。

标语的确切内容或措辞取决于当地法律和企业政策。下面列举几例可用在标语中的信息。

① 仅授权人员才可使用设备(Use of the device is specifically for authorized personnel)。

② 活动可能被监控(Activity may be monitored)。

③ 未经授权擅自使用设备将招致诉讼(Legal action will be pursued for any unauthorized use)。

因为任何试图登录的人员均可看到标语,因此标语消息应该谨慎措辞。任何暗含"欢迎登录"或"邀请登录"意味的词语都不合适。如果标语有邀请意味,则当某人未经授权进入网络并进行破坏后,将很难举证。

IOS 提供多种类型的标语,当日消息(MOTD)就是其中常用的一种。它常用于发布法律通知,因为它会向连接的所有终端显示。

MOTD 可在全局配置模式下通过 banner motd 命令来配置。

banner motd 命令需要采用定界符来界定标语消息的内容。banner motd 命令后接一个空格和一个定界字符,随后输入代表标语消息的一行或多行文本。当该定界符再次出现时,即表明消息结束。定界符可以是未出现在消息中的任意字符,因此经常使用"#"之类的字符。

要配置 MOTD,从全局配置模式输入 banner motd 命令。

router(config)# **banner motd** #message#

一旦命令执行完毕,系统将向之后访问设备的所有用户显示该标语,直到该标语被删除为止。例如,在路由器配置为显示 MOTD 标语"Device maintenance will be occurring on Friday!"。

router(config)＃**banner motd** "*Device maintenance will be occurring on Friday!*"

要移除 MOTD 标语,则在全局配置模式下输入此命令的 no 格式。

router(config)＃**no banner motd**.

3. 设置空闲时间

如果用户登录到一台路由器以后,没有进行任何键盘操作或者空闲超过 10min,则路由器自动注销此次登录,这就是空闲时间。如果用户没有注销登录而终端机处于无人看守状态,则该功能可以阻止其他人通过终端机对路由器的未授权访问。默认空闲时间是 10min,该值可以通过控制台端口命令进行修改。

router(config)＃**line console** *0*
router(config-line)＃**exec-timeout** *minutes*   //minutes 的值为 0～35791,默认值为 10

4. HTTP 访问

现代 Cisco 路由器有很多基于 Web 的配置工具,这些工具需要路由器配置为 HTTP 服务器。这些应用程序包括 Cisco Web 浏览器用户界面、Cisco 路由器和 Security Device Manage (SDM)。要控制哪些用户可以访问路由器上的 HTTP 服务,可以配置身份验证(可选配置)。

router＃**config terminal**
router(config)＃**ip http** *authenticationenable*
router(config)＃**ip http** *Server*
router(config-if)＃**end**
router＃**copy** *running-configstartup-config*

5. IOS 检查命令

当需要验证路由器的配置时,show 命令非常有用。可使用 show 命令来获得可在当前上下文或模式下使用的命令的列表。

图 1.9 中显示了典型 show 命令可以提供的关于 Cisco 路由器各部分的配置、运行和状态信息。

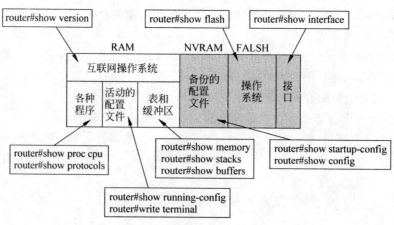

图 1.9　检查路由器状态命令

1.3 方案设计

当对路由器进行第一次配置时,必须通过控制台端口(Console)进行。通过反转线将路由器的控制台端口和计算机的串口连接起来,在计算机上启动超级终端,然后才能对路由器进行各种配置。

1.4 项目实施

1.4.1 项目目标

通过本项目的完成,使学生掌握以下技能。

(1) 能够更改路由器的名称。

(2) 能够通过控制台端口对路由器进行初始配置。

(3) 能够配置路由器的各种口令。

(4) 能够删除路由器的口令。

(5) 能够利用 show 命令查看路由器的各种状态。

1.4.2 实训任务

在实训室或 Packet Trace 中构建图 1.10 所示的网络拓扑来模拟实现本项目。通过反转线将路由器的 Console 口和计算机 PC1 的 COM 口连接起来。

(1) 配置路由器的名称、口令。

(2) 删除路由器的口令。

(3) 查看路由器的各种状态。

(4) 清除路由器配置。

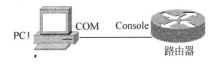

图 1.10 路由器初始配置

1.4.3 设备清单

为了搭建图 1.10 所示的网络环境,需要如下设备。

(1) Cisco 2811 路由器(1 台)。

(2) PC(1 台)。

(3) 反转电缆一根。

1.4.4 实施过程

步骤 1:规划设计。

规划要配置的路由器的名称、各种口令,见表 1.2。

表 1.2 路由器的名称、口令

	名称	mk1xm1	Console 口令	cisco
路由器	Enable secret 口令	cisco	VTY 口令	cisco
	标语			

步骤 2：硬件连接。

按照图 1.10 通过反转线将路由器的 Console 口和计算机的 COM 口连接起来，路由器开机。

步骤 3：使用超级终端。

如果准备用来进行 IOS 配置的终端就是一台 PC，那么必须运行终端仿真软件，以便输入 IOS 命令，并查看 IOS 信息。终端仿真软件包括 HyperTerminal(HHgraeve 公司制作)、Procomm Plus(DataStorm Technologies 公司制作)以及 Tera Term 等。

下面以 Microsoft 操作系统中自带的终端应用程序"超级终端"来连接到终端服务器的控制台接口。

（1）选择"开始"→"程序"→"附件"→"通信"→"超级终端"选项，弹出图 1.11 所示的对话框，并设置新连接的名称，如 cisco。

单击"确定"按钮，弹出图 1.12 所示的对话框。在"连接时使用"列表框中，选择终端 PC 的连接接口。在本例中，连接到 COM1，并单击"确定"按钮。

（2）设置通信参数。通常当路由器出厂时，波特率为 9600bps，因此在图 1.13 所示的对话框中，单击"还原为默认值"按钮设置超级终端的通信参数，再单击"确定"按钮。查看超级终端窗口上是否出现路由器提示符或其他字符，如果出现提示符或者其他字符，则说明计算机已经连接到路由器了，这时就可以开始配置路由器了。

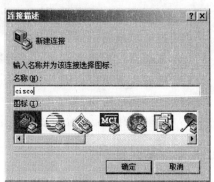

图 1.11　新建连接名称对话框

图 1.12　设置连接端口对话框

图 1.13　连接端口属性设置

（3）关闭路由器电源，稍后重新打开电源，观察路由器的开机过程如下：

System Bootstrap, Version 12.1(3r)T2, RELEASE SOFTWARE (fc1)
Copyright (c) 2000 by cisco Systems, Inc.
cisco 2811 (MPC860) processor (revision 0x200) with 60416K/5120K bytes of memory
Self decompressing the image :

```
###############################################################
########## [OK]
...
M860 processor: part number 0, mask 49
2 FastEthernet/IEEE 802.3 interface(s)
239K bytes of non-volatile configuration memory.
62720K bytes of ATA CompactFlash (Read/Write)
Cisco IOS Software, 2800 Software (C2800NM-ADVIPSERVICESK9-M), Version 12.4(15)T1,
RELEASE SOFTWARE (fc2)
Technical Support: http://www.cisco.com/techsupport
Copyright (c) 1986-2007 by Cisco Systems, Inc.
Compiled Wed 18-Jul-07 06:21 by pt_rel_team
        ---System Configuration Dialog ---
Continue with configuration dialog? [yes/no]:
```

步骤 4：更改路由器的主机名。

```
router>
router>en
router# configure terminal
Enter configuration commands, one per line. End with CNTL/Z.
router(config)# hostname mk1xm1
mk1xm1 (config)# no hostname mk1xm1
router(config)#
```

步骤 5：设置路由器的登录口令。

在下面每一步执行前后，都退回到特权模式下，使用 show running-config 命令查看路由器配置文件，并观察其区别。

（1）设置路由器的控制台保护口令。

```
router(config)# line console 0
router(config-line)# password cisco
router(config-line)# login
router(config-line)# exit
```

（2）设置路由器远程终端访问口令。

```
router(config)# line vty 0 4
router(config-line)# password cisco
router(config-line)# login
router(config-line)# exit
```

（3）设置路由器的特权口令。

```
router(config)# enable password cisco123
router(config)# exit
```

（4）设置路由器的特权加密口令。

```
router(config)# enable secret cisco
router(config)# exit
router#
```

（5）设置控制台空闲时间。

router(config) # **line console** *0*
router(config-line) # **exec-timeout** *10*
router(config-line) # **login**
router(config-line) #

（6）配置加密口令。

router(config) # **service** *password-encryption*
router(config) # **exit**
router # **write**

步骤 6：取消路由器的登录口令。

（1）路由器重新启动。

router # **reload**

重新使用超级终端登录路由器，使用刚刚配置的口令登录到路由器特权模式。

（2）取消路由器的控制台口令。

router(config) # **line console** *0*
router(config-line) # **no password** *cisco*
router(config-line) # **end**
router # **exit**

（3）取消路由器的特权口令。

router(config) # **no enable password**
router(config) # **exit**

（4）设置路由器的特权加密口令。

router(config) # **no enable secret**
router(config) # **exit**
router #

（5）取消路由器远程终端访问口令。

router(config) # **line vty** *0 4*
router(config-line) # **no password** *cisco*
router(config-line) # **end**
router # **exit**

步骤 7：查看路由器的状态信息。

（1）show version 命令

该命令用于显示与当前加载的软件版本以及硬件和设备相关的信息，此命令显示的部分信息如下。

① 软件版本：IOS 软件版本（*存储在闪存中*）。

② Bootstrap 版本：Bootstrap 版本（*存储在引导 ROM 中*）。

③ 系统持续运行时间：自上次重新启动以来的时间。

④ 系统重新启动信息：重新启动方法（例如，重新通电或崩溃）。

⑤ 软件映像名称：存储在闪存中的 IOS 文件名。

⑥ 路由器类型和处理器类型：型号和处理器类型。

⑦ 存储器类型和分配情况（共享/主）：主处理器内存和共享数据包输入/输出缓冲区。

⑧ 软件功能：支持的协议/功能集。

⑨ 硬件接口：路由器上提供的接口。

⑩ 配置寄存器：用于确定启动规范、控制台速度设置和相关参数。

具体示例如下：

router＃**show version**
Cisco IOS Software, 2800 Software (C2800NM-ADVENTERPRISEK9-M), Version 12.4(11)T1,
RELEASE SOFTWARE (fc5)
Technical Support：http://www.cisco.com/techsupport
Copyright (c) 1986-2007 by Cisco Systems, Inc.
Compiled Thu 25-Jan-07 12:50 by prod_rel_team
//以上是 IOS 的版本信息
ROM: System Bootstrap, Version 12.4(1r) [hqluong 1r], RELEASE SOFTWARE (fc1)
//以上是 ROM 的版本信息
R2 uptime is 4 hours, 10 minutes //路由器的开机时间
System returned to ROM by power-on //路由器是如何启动的，例如通电或者热启动
System image file is "flash:c2800nm-adventerprisek9-mz.124-11.T1.bin"
//以上是当前正在使用的 IOS 文件名
（此处省略）
If you require further assistance please contact us by sending email to export@cisco.com.
Cisco 2821 (revision 53.50) with 249856K/12288K bytes of memory.
//以上是路由器型号、RAM 大小（249856KB＋12288KB）
Processor board ID FHK1039F1FG //主板系列号
2 Gigabit Ethernet interfaces
4 Low-speed serial(sync/async) interfaces
1 Virtual Private Network (VPN) Module
//以上是各种接口的数量
DRAM configuration is 64 bits wide with parity enabled.
239K bytes of non-volatile configuration memory.
62720K bytes of ATA CompactFlash (Read/Write)
//以上是 NVRAM、Flash 的大小情况
Configuration register is 0x2142
//以上是配置寄存器的值

（2）show running-config 命令

router＃**show running-config**
Building configuration...
Current configuration : 1238 bytes
!
version 12.4
service timestamps debug datetime msec
service timestamps log datetime msec
no service password-encryption
!

hostname Router

…（此处省略）

//以上显示路由器正在使用的配置文件(存放在 RAM 中)，通常配置文件为几百到几千字节

（3）show startup-config 命令

router♯show startup-config

Building configuration…

Current configuration : 1238 bytes

!

version 12.4

//以上显示路由器 NVRAM 中的配置文件

（4）show flash 命令

router♯**show flash**

CompactFlash directory：

File Length Name/status

1 41205996 c2800nm-adventerprisek9-mz.124-11.T1.bin

[41206060 bytes used, 23019216 available, 64225276 total]

62720K bytes of ATA CompactFlash (Read/Write)

//显示 Flash 中存放的 IOS 情况，Flash 的总大小，可用空间

步骤 8：保存路由器配置文件。

通常，有以下两种方法。

（1）在全局配置模式下输入 write。

router♯**write**

Building configuration…

[OK]

（2）在全局配置模式下，输入 copy running-config startup-config 命令。

router♯copy **running-config startup-config**

Destination filename [startup-config]？

Building configuration…

[OK]

Router♯

步骤 9：清除路由器配置。

router（config）♯**hostname** *aaa*

aaa（config）♯**exit**

aaa♯**write**

Building configuration…

[OK]

aaa♯**erase** *startup-config*

Erasing the nvram filesystem will remove all configuration files! Continue? [confirm]

[OK]

Erase of nvram: complete

%SYS-7-NV_BLOCK_INIT：Initialized the geometry of nvram

aaa♯reload

Proceed with reload? [confirm]

%SYS-5-RELOAD: Reload requested by console. Reload Reason: Reload Command
...
Press RETURN to get started!
router>

1.5 扩展知识

1.5.1 路由器的分类

路由器在互联网各种级别的网络中随处都可见,按照路由器的功能来分通常有以下几种。

1. 接入路由器

接入路由器连接家庭或 ISP 内的小型企业客户。接入路由器已经开始不只是提供 SLIP 或 PPP 连接,还支持诸如 PPTP 和 IPSec 等虚拟私有网络协议,这些协议要能在每个端口上运行。例如,ADSL 等技术将很快提高各家庭的可用带宽,这将进一步增加接入路由器的负担。由于这些趋势,故接入路由器将来会支持许多异构和高速端口,并在各个端口能够运行多种协议,同时还要避开电话交换网。

2. 企业级路由器

企业或校园级路由器连接许多终端系统,其主要目标是以尽量便宜的方法实现尽可能多的端点互联,并且进一步要求支持不同的服务质量。企业路由器的成败就在于是否提供大量端口且每端口的造价很低、是否容易配置、是否支持 QoS。另外,还要求企业级路由器有效地支持广播和组播。企业网络还要处理历史遗留的各种 LAN 技术,支持多种协议,包括 IP、IPX。它们还要支持防火墙、包过滤,以及大量的管理和安全策略与 VLAN。

3. 骨干级路由器

骨干级路由器实现企业级网络的互联。骨干 IP 路由器的主要性能瓶颈是在转发表中查找某个路由所耗的时间。当收到一个包时,输入端口在转发表中查找该包的目的地址以确定其目的端口,而当包越短或者当包要发往许多目的端口时,势必增加路由查找的代价。

4. 太比特路由器

在未来核心互联网使用的 3 种主要技术中,光纤和 DWDM(Dense Wavelength Division Multiplexing,密集波分复用)都已经是很成熟的,并且是现成的。如果没有与现有的光纤技术和 DWDM 技术提供的原始带宽对应的路由器,则新的网络基础设施将无法从根本上得到性能的改善,因此开发高性能的骨干交换机/路由器(太比特路由器)已经成为一项迫切的要求。现在,太比特路由器技术还主要处于开发实验阶段。

1.5.2 路由器的性能指标

1. 路由器接口种类

路由器能支持的接口种类体现路由器的通用性。常见的接口种类有通用串行接口(通过电缆转换成 RS-232 DTE/DCE 接口、V.35 DTE/DCE 接口、X.21 DTE/DCE 接口、RS-449 DTE/DCE 接口和 EIA-530 DTE 接口等)、10Mbps 以太网接口、快速以太网接口、10/100Mbps 自适应以太网接口、千兆以太网接口、ATM 接口(2Mbps、25Mbps、155Mbps、633Mbps

等）、POS 接口（155Mbps、622Mbps 等）、令牌环接口、FDDI 接口、E1/T1 接口、E3/T3 接口、ISDN 接口等。

2. 用户可用槽数

该指标指模块化路由器中除 CPU 板、时钟板等必要系统板或系统板专用槽位外，用户可以使用的插槽数。根据该指标以及用户板端口密度，可以计算该路由器所支持的最大端口数。

3. CPU

无论在中低端路由器还是在高端路由器中，CPU 都是路由器的心脏。通常，在中低端路由器中，CPU 负责交换路由信息、路由表查找以及转发数据包，而 CPU 的能力直接影响路由器的吞吐量（路由表查找时间）和路由计算能力（影响网络路由收敛时间）。在高端路由器中，通常包转发和查表由 ASIC 芯片完成，CPU 只实现路由协议、计算路由以及分发路由表。由于技术的发展，路由器中许多工作都可以由硬件实现（专用芯片）。CPU 性能并不完全反映路由器性能，而路由器性能由路由器吞吐量、时延和路由计算能力等指标体现。

4. 内存

路由器中可能有多种内存，例如 Flash、DRAM 等。

5. 端口密度

该指标体现路由器制作的集成度。由于路由器体积不同，故该指标应当折合成机架内每英寸端口数。但是，出于直观和方便，通常可以使用路由器对每种端口支持的最大数量来替代。

6. 路由协议支持

其包括路由信息协议（RIP）、路由信息协议版本 2（RIPv2）、开放的最短路径优先协议版本 2（OSPFv2）、"中间系统-中间系统"协议（ISIS）、边缘网关协议（BGP4）、802.3、对 802.1Q 的支持、对 IPv6 的支持、对 IP 以外协议（IPX、DECNet、AppleTalk 等协议）的支持、源地址路由支持、透明桥接、策略路由方式、PPP、MLPPP、PPPoE 支持。

7. 组播支持（列举协议）

其包括互联网组管理协议（IGMP）、距离矢量组播路由协议（DVMRP）、VPN 支持、加密方式、MPLS。

8. 路由器性能

路由器的性能主要表现在以下方面。

（1）全双工线速转发能力：路由器最基本且最重要的功能是数据包转发。在同样端口速率下，转发小包是对路由器包转发能力最大的考验。全双工线速转发能力是指以最小包长（以太网 64B、POS 口 40B）和最小包间隔（符合协议规定）在路由器端口上双向传输同时不引起丢包。该指标是路由器性能重要指标。

（2）设备吞吐量：设备整机包转发能力，是设备性能的重要指标。路由器的工作在于根据 IP 包头或者 MPLS 标记选路，所以性能指标是转发包数量每秒。设备吞吐量通常小于路由器所有端口吞吐量之和。

（3）端口吞吐量：端口包转发能力，通常使用 pps（包每秒）来衡量，它是路由器在某端口上的包转发能力。通常，采用两个相同速率接口测试。但是，测试接口可能与接口位置及关系相关。例如，同一插卡上端口间测试的吞吐量可能与不同插卡上端口间吞吐量值不同。

（4）背靠背帧数：以最小帧间隔发送最多数据包不引起丢包时的数据包数量。该指标用于测试路由器缓存能力。有线速全双工转发能力的路由器该指标值无限大。

（5）路由表能力：路由表内所容纳路由表项数量的极限。路由器通常依靠所建立及维护的路由表来决定如何转发。由于 Internet 上执行 BGP 协议的路由器通常拥有数十万条路由表项，所以该项目也是路由器能力的重要体现。

（6）背板能力：路由器的内部实现。背板能力能够体现在路由器吞吐量上，通常大于依据吞吐量和测试包场所计算的值。但是，背板能力只能在设计中体现，一般无法测试。

（7）丢包率：测试中所丢失数据包数量占所发送数据包的比率，通常在吞吐量范围内测试。丢包率与数据包长度以及包发送频率相关。在一些环境下，可以加上路由抖动、大量路由后测试。

（8）时延：数据包第一个比特进入路由器到最后一比特从路由器输出的时间间隔。

（9）时延抖动：时延变化。由于数据业务对时延抖动不敏感，所以该指标没有出现在 Benchmarking 测试中。由于 IP 上多业务，包括语音、视频业务的出现，故该指标才有测试的必要性。

（10）VPN 支持能力：通常路由器都能支持 VPN。其性能差别一般体现在所支持 VPN 数量上。专用路由器一般支持 VPN 数量较多。

（11）内部时钟精度：拥有 ATM 端口做电路仿真或者 POS 口的路由器互联通常需要同步。如果使用内部时钟，则其精度会影响误码率。内部时钟精度级别定义以及测试方法可参见相应同步标准。

9. QoS 能力

其主要包括队列管理机制、端口硬件队列数、分类业务带宽保证、RSVP、IP Diff Serv、CAR 支持、冗余、热插拔组件、路由器冗余协议、网管、基于 Web 的管理、带外网管支持、网管粒度、计费能力/协议等。

10. 分组语音能力

（1）分组语音支持方式。在企业中，路由器分组语音承载能力非常重要。在远程办公室与总部间，支持分组语音的路由器可以使电话通信和数据通信一体化，有效地节省长途话费。

在当前技术环境下，分组语音可以分为 3 种：使用 IP 承载分组语音、使用 ATM 承载语音以及使用帧中继承载语音。

（2）协议支持。在 IP 承载语音中，H.323 是 ITU 标准，是当前 IP Phone 网络最常用的协议栈。

（3）语音压缩能力。语音压缩是 IP 电话节约成本的关键之一，通常可以使用 G.723 和 G.729。

（4）端口密度。它指路由器支持 IP 电话的能力。通常以 E1 计算，一般一个 E1 支持 30 路电话。

（5）信令支持。路由器 E1 端口上可能支持多种信令：ISUP、TUP、中国 1 号信令以及 DSS1。支持 ISUP、TUP 或者 DSS1 信令的路由器可以有效地减少接续时间。

1.5.3 Cisco 路由器系列产品

目前，在路由器市场上 Cisco 生产的路由器占有最大的市场份额，Cisco 生产的路由器产品系列如下：

(1) 思科 XR 12000 系列路由器。

(2) 思科 12400 系列路由器。

(3) 思科 12000 系列路由器。

(4) 思科 10000 系列路由器。

(5) 思科 7600 系列路由器。

(6) 思科 7500 系列路由器。

(7) 思科 7300 系列路由器。

(8) 思科 7201 系列路由器。

(9) 思科 7200 系列路由器。

(10) 思科 3800 系列路由器。

(11) 思科 3700 系列路由器。

(12) 思科 3600 系列路由器。

(13) 思科 3200 系列路由器。

(14) 思科 2800 系列路由器。

(15) 思科 2600 系列路由器。

(16) 思科 1800 系列路由器。

(17) 思科 800 系列路由器。

限于篇幅在这里不再详细介绍，具体参看 Cisco 中文网站：http://www.cisco.com/web/CN/products/products_netsol/routers/index.html。

习　　题

一、填空题

1. 路由器的硬件组成包括_____、_____、_____、NVRAM 和闪存。

2. 路由器的配置文件有_____和_____两种。

3. 路由器上的 IOS 通常有_____、_____和_____ 3 种。

4. 填写表 1.3，列出路由器的工作模式

表 1.3　路由器工作模式

工作模式		提示符	启动方式
用户模式			开机自动进入
特权模式			
配置模式	全局配置模式		
	接口配置模式		
	路由模式		
	线程模式		

二、选择题

1. 访问一台新的路由器可以（　　）进行访问。

   A. 通过计算机的串口连接路由器的控制台端口

   B. 通过 Telnet 程序远程访问路由器

   C. 通过浏览器访问指定 IP 地址的路由器

   D. 通过运行 SNMP 协议的网管软件访问路由器

2. 下面哪些路由器的组成和它的功能是匹配的？（　　）

   A. Flash：永久地存储 Bootstrap 程序　　　B. ROM：永久地存储启动配置文件

   C. NVRAM：永久地存储操作系统映像　　　D. RAM：存储路由表和 ARP 缓存

3. 下面哪条命令可以设置特权模式口令为"cisco"？（　　）

   A. router(config)♯enable secret cisco

   B. router(config)♯password secret cisco

   C. router(config)♯enable password secret cisco

   D. router(config)♯enable secret password cisco

4. 下面哪种 CLI 提示符表明当前处于特权 Exec 模式？（　　）

   A. hostname＞　　　　　　　　　　　B. hostname♯

   C. hostname-exec＞　　　　　　　　　D. hostname-config

5. 在特权 Exec 模式下，输入（　　）命令可显示命令选项列表。

   A. ?　　　　　　　　　　　　　　　　B. init

   C. help　　　　　　　　　　　　　　　D. login

6. 在 Cisco 路由器中，可使用下面哪个命令来显示以字母 C 打头的命令列表？（　　）

   A. C?　　　　　　　　　　　　　　　　B. C ?

   C. help c　　　　　　　　　　　　　　D. help c *

7. show running-config 命令显示有关 Cisco 路由器的什么信息？（　　）

   A. RAM 中的当前（运行）配置　　　　　B. 系统硬件和配置文件的名称

   C. 用于存储配置的 NVRAM　　　　　　D. 路由器中运行的 IOS 软件的版本

8. 路由器有下面哪两种端口？（　　）

   A. 打印机端口　　　　　　　　　　　　B. 控制台端口

   C. 网络端口　　　　　　　　　　　　　D. CD-ROM 端口

9. 下面哪 3 种部件是路由器、交换机和计算机都有的？（　　）

   A. RAM　　　　　　　　　　　　　　　B. CPU

   C. 主板　　　　　　　　　　　　　　　D. 键盘

10. 下面哪两项正确地描述了路由器的功能？（　　）

    A. 路由器维护路由表并确保其他路由器知道网络中发生的变化

    B. 路由器使用路由表来确定将分组转发到哪里

    C. 路由器将信号放大，以便在网络中传输更远的距离

    D. 路由器导致冲突域更大

三、简答题

1. 路由器硬件是由哪几部分组成的？各有什么功能？

2. 路由器通常包含哪些接口？

3. 简述路由器的启动过程。

4. enable password 命令和 enable secret 命令有何区别？

5. 路由器的口令通常包含有哪几种？各有何用途？

6. 路由器有哪两种配置文件？各存储在何处？各自的作用是什么？

四、实训题

在实训室或 Packet Trace 中，分别选用不同型号的路由器，如 Cisco 2811、1841 等。用配置线把路由器的 Console 口和计算机的 COM 口连接起来，如图 1.10 所示。分别进行下述操作，并观察其有何区别。

（1）按照图 1.10 所示进行物理连接。

（2）在计算机上配置超级终端，并启动路由器进行配置。

（3）配置路由器的名称、口令（终端口令、远程登录口令、特权用户口令，并进行加密）。

（4）查看各种信息（版本信息、配置信息、端口信息、CPU 状态等）。

（5）保存路由器的配置文件。

路由器的 IP 协议配置

2.1 用户需求

路由器上有各种类型的接口,而路由器也是通过各种类型的接口把各种类型的网络连接起来的。路由器的接口是网络管理员首先要进行配置的。

2.2 相关知识

路由器的主要功能就是实现网络互联。路由器的硬件连接包括三部分:路由器与局域网设备之间的连接、路由器与广域网设备之间的连接以及路由器与配置设备之间的连接。

2.2.1 路由器端口和接口

当"端口"用在路由器上时,正常情况下它是指用来管理访问的一个管理端口;而"接口"一般是指有能力发送和接收用户流量的口。

1. 管理端口

路由器上有一个用于管理路由器的物理接口,也称为管理端口。与以太网接口和串行接口不同,管理端口不用于转发数据包。最常见的管理端口是控制台端口。

另一种管理端口是辅助端口,并非所有路由器都有辅助端口。有时,辅助端口的使用方式与控制台端口类似。此外,此端口也可用于连接调制解调器。图 2.1 所示显示了路由器上的控制台端口和 AUX(辅助)端口。

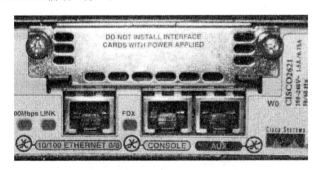

图 2.1　路由器的端口

2. 路由器接口

接口是 Cisco 路由器中主要负责接收和转发数据包的路由器物理接口。路由器有多个接口,用于连接多个网络。通常,这些接口连接到多种类型的网络,也就是说需要各种不同类型的介质和接口。路由器一般需要具备不同类型的接口,每个接口都有第三层 IP 地址和子网掩码,表示该接口属于特定的网络。路由器接口主要有以下两种。

(1) LAN 接口。如以太网接口、快速以太网接口和吉比特以太网接口,用于将路由器连接到 LAN。路由器以太网接口也有第二层 MAC 地址,且其加入以太网 LAN 的方式与该 LAN 中任何其他主机相同。

路由器局域网接口主要用于与网络中的核心交换机连接,通常有 RJ-45 接口(有10Base-T、100Base-TX、1000Base-TX 和 10GBase-TX 4 种)、GBIC/SFP 插槽等。

(2) WAN 接口。局域网接入广域网的方式多种多样,如 DDN 接入、ADSL 接入以及光纤接入等。为了满足用户的多种需求,路由器通常需要配备多种广域网接口。

① T1/E1 接口。T1 和 E1 接口用于实现远程网络连接,传输介质可以是同轴电缆或者光纤,如图 2.2 所示。T1/E1 表示该连接具有高质量的通话和数据传送界面。其中,T1 是美国标准,为 1.544Mbps;E1 是欧洲标准,为 2.048Mbps。我国专线标准一般执行欧洲标准 E1,并根据用户的需要再划信道分配(以 64Kbps 为单位)。

图 2.2　T1/E1 接口

一个 T1/E1 接口可以同时有多个并发信道,而每个信道又都是一个独立的连接。

T1 提供 23 个 B 信道和 1 个 D 信道,即 23B+D=1.544Mbps。

E1 提供 30 个 B 信道和 1 个 D 信道,即 30B+D=2.048Mbps。

② 高速同步串口。高速同步串口(Serial)是典型的广域网端口,在广域网连接中应用比较广泛,如图 2.3 所示,如连接 DDN、帧中继、X.25、PSTN(模拟电话线路)等网络连接模式。有时,在企业网之间也要通过 DDN 或者 X.25 等广域网技术进行专线连接。

图 2.3　高速同步串口 WIC-1T

③ ADSL 接口。ADSL 接口用于连接 ADSL Modem,实现与远程路由设备的宽带连接。ADSL 接口往往被应用于 SOHO 路由器,标识为"ADSL",如图 2.4 所示。

④ AUX 接口。AUX 接口也被应用于连接广域网,在 Cisco 2600 系列路由器上,AUX 接口通常与 RJ-45 接口作为一个接口使用,用户可以根据自己的需要选择适当的类型,如图 2.3 所示。

⑤ 异步串口。异步串口(ASYNC)通常使用专用电缆连接至 Modem 或 Modem 池,用于实现远程计算机通过公用电话网拨入网络,如图 2.5 所示。

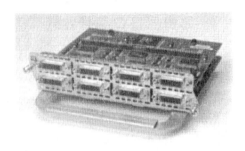

图 2.4　ADSL 接口　　　　　　　　　　图 2.5　异步串口

⑥ ISDN BRI 接口。ISDN BRI 接口用于通过 ISDN 线路实现与 Internet 或其他远程网络的连接,可实现 128Kbps 的通信速率,如图 2.6 所示。ISDN BRI 接口采用 RJ-45 标准,与 ISDN NT1 的连接使用直通线。

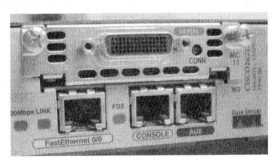

图 2.6　ISDN BRI 接口

3. 路由器的逻辑接口

路由器的逻辑接口并不是实际的硬件接口,它是一种虚拟接口,是用路由器的操作系统 IOS 的一系列软件命令创建的。这些虚拟接口可被网络设备当成物理的接口(如串行接口)来使用,以提供路由器与特定类型的网络介质之间的连接。在路由器上可配置不同的逻辑接口,主要有 Loopback 接口、Null 接口以及 Tunnel 接口。

(1) Loopback 接口。Loopback 接口又称回馈接口,一般配置在使用外部网关协议,对两个独立的网络进行路由的核心级路由器上。当某个物理接口出现故障时,核心级路由器中的 Loopback 接口被作为 BGP(边界网关协议)的结束地址,将数据包放在路由器内部处理,并保证这些包到达最终目的地。

(2) Null 接口。Null 接口主要用来阻挡某些网络数据。如果不想某一网络的数据通过某个特定的路由器,则可配置一个 Null 接口,扔掉所有由该网络传送过来的数据包。

(3) Tunnel 接口。Tunnel 接口也称为隧道或通道接口,它也是一种逻辑接口,用于传输某些接口本来不能支持的数据包。

（4）子接口。子接口是一种特殊的逻辑接口，它绑定在物理接口上，但却作为一个独立的接口来引用。子接口是一个混合接口，究竟是 LAN 接口还是 WAN 接口，取决于绑定它的物理接口。子接口有自己的第三层属性，例如 IP 地址和 IPX 编号。

子接口名由其物理接口的类型、编号、小数点和另一个编号所组成。例如，Serial 0/0/0.1 是 Serial 0/0/0 的一个子接口。

2.2.2 路由器接口编号方式

不同系列路由器，其插槽和接口编号也各不相同，因此在对接口进行配置时，必须对相应接口进行正确的描述。

路由器接口的编号与交换机类似，但在路由器中，通常编号是从 0 开始的，因此任何给定类型的起始接口都是 0 接口。

1. Cisco 1800 系列

在 Cisco 1800 系列路由器中，每个单独的接口都由一组数字来进行标识。当配置某个接口时，所使用的编号格式为"接口类型 插槽号/接口号"。表 2.1 所示为 Cisco 1800 系列路由器的接口编号方式。这里列出的接口仅为示例，并未列出所有可能的接口类型。

表 2.1　Cisco 1800 系列路由器的接口编号方式

插槽编号	插槽类型	插槽编号范围	示　　例
固定接口	FastEthernet	0/0 和 0/1	Interface Fastethernet 0/0
插槽 0	WIC、VWIC 和 HWIC	0/0/0 至 0/0/3	Interface Serial 0/0/0 Line Async 0/0/0
插槽 1	WIC、VWIC 和 HWIC	0/1/0 至 0/1/3	Interface Serial 0/1/0 Line Async 0/1/0

2. Cisco 2800 系列

在 Cisco 2801 系列路由器中，配置接口的编号格式为"接口类型 0 插槽号/接口号"，其中"0"表示路由器固定的插槽。另外，由于所有插槽都内置于机箱中，因此其配置接口的编号格式均以"0"开头。

在 Cisco 2811、2821、2851 路由器中，固定接口号码以"0"开头，但有些插槽属于网络模块或某些扩展语音模块的一部分，这些插槽的号码就会分别以"1"或"2"开头。

3. Cisco 3800 系列

Cisco 3800 系列路由器使用"/"可以分隔每个固定网络接口、网络模块以及模块上的每个接口。

（1）固定接口。Cisco 3800 系列路由器的固定接口均是千兆以太网接口，这些固定接口均设计在路由器的背面板上，其千兆以太网接口的编号分别为 0/0 和 0/1。在 Cisco IOS 命令中使用 Gigabitethernet 0/0 和 Gigabitethernet 0/1 标识这些接口。

（2）网络模块接口。Cisco 3825 路由器有两个网络模块插槽，较低位置处的插槽编号为 1，较高位置处的插槽编号为 2。Cisco 3845 路由器有 4 个网络模块插槽，其插槽编号分别如下：右下角为 1，左下角为 2，右上角为 3，左上角为 4。Cisco 3800 路由器各接口编号见表 2.2。

表 2.2　Cisco 3800 路由器各接口编号

接口位置	接口编号方式	示　　例
机箱背面板	接口类型 0/接口	Interface Gigabitethernet 0/1
直接插在机箱插槽中的接口	接口类型 0/接口卡插槽 2/接口	Interface Serial 0/1/1
插在网络模块插槽中的接口	接口类型 网络模块插槽 3/接口卡插槽/接口	Voice-port 1/1/0
网络模块的组成部分	接口类型 网络模块插槽/接口	Interface Gigabitethernet 1/0

（3）接口卡接口。可以将接口卡直接插入到路由器插槽或网络模块插槽中。

① 路由器中的接口卡。插入到路由器插槽中的接口卡编号为 0/HWIC-插槽/接口。HWIC 插槽是 0、1、2 或 3，标识在路由器背面板上，但双宽接口卡使用插槽编号 1 和 3。

② 网络模块中的接口卡。在 Cisco 系列产品中，某些网络模块为接口卡提供插槽。这些接口卡中的接口编号格式为路由器插槽/接口，其中路由器插槽使用 1、2、3 或 4，但双宽或扩充的双宽网络模块使用插槽编号 2 和 4。

网络模块中的接口卡通常按从右至左的顺序对插槽进行编号，即接口卡中的接口按照从右至左、从上到下的顺序，从 0 开始编号。

4. Cisco 7200VXR

Cisco 7200 系列路由器的最低端的长插槽用于安装管理引擎，插槽编号为 0；其余插槽为短插槽，用于安装各种网络模块，从下至上、从左至右开始编号，分别为 1～6。

提示：如果不清楚路由器有哪些接口及如何编号，那么在实际工作中，首先在没有进行配置前，使用超级终端登录到路由器的特权模式，然后使用 show running-config 命令查看路由器的配置文件，显示会列出路由器的各个接口以及标识方法，对快速学习路由器的接口编号有帮助。例如显示一款 Cisco 2811 路由器的配置文件如下：

```
router#show running-config
Building configuration...
Current configuration : 908 bytes
version 12.4
no service timestamps log datetime msec
no service timestamps debug datetime msec
no service password-encryption
hostname Router
interface FastEthernet 0/0
   no ip address
   duplex auto
   speed auto
interface FastEthernet 0/1
   no ip address
   duplex auto
   speed auto
   shutdown
interface Serial 0/0/0
   no ip address
   shutdown
interface Serial 0/0/1
```

```
        no ip address
        shutdown
    interface Ethernet 0/1/0
        no ip address
        duplex auto
    interface Modem 0/2/0
        no ip address
        shutdown
    interface Modem 0/2/1
        no ip address
        shutdown
    interface Serial 1/0
        no ip address
        shutdown
    interface Serial 1/1
        no ip address
        shutdown
    interface Serial 1/2
        no ip address
        shutdown
    interface Serial 1/3
        no ip address
        shutdown
    interface Vlan 1
        no ip address
        shutdown
    ...
    router#
```

2.2.3 路由器的连接

1. 路由器的连接策略

一般情况下,路由器的连接应当遵循以下策略。

(1) 将路由器放置于最频繁访问外网的位置。

(2) 在保障某些特别设备(如 Web 服务器)特殊需要的同时,要求网络内所有的计算机都享有同等访问路由器的机会。

(3) 如果没有特殊要求,则路由器应当直接连接在中心交换机上,或连接在与中心交换机直接连接的骨干交换机上。当路由器与骨干交换机连接时,该交换机的工作负载不应太大。也就是说,不能连接太多的频繁访问或被访问的计算机,否则将影响整个网络对 Internet 连接的共享。

2. 路由器连接

Cisco 路由器支持多种不同类型的接口。

(1) 串行连接器

Cisco 路由器支持 EIA/TIA-232、EIA/TIA-449、V.35、X.21 和 EIA/TIA-530 等串行连接标准,如图 2.7 所示。能否记住这些连接类型并不重要,只要了解路由器的 DB-60 接口可支持 5 种不同的接线标准即可。由于该接口支持 5 种不同的电缆类型,故有时人们也将该接口称为五合一串行接口,如图2.8所示。串行电缆的另一端接有一个符合上述5项标准之一的连接器。

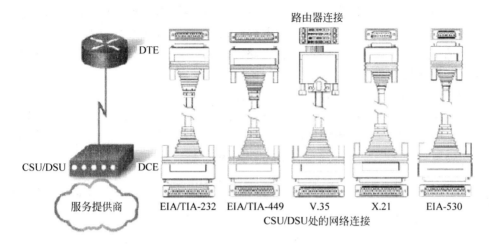

图 2.7 Cisco 路由器串行连接

较新的路由器支持 Smart 串行接口,如图2.9所示,该接口允许使用更少的电缆引脚来传送更多的数据。智能串行电缆的串行端为26针接口,该接口的体积远比用于连接五合一串行接口的 DB-60 接口小。这些传输电缆支持同样的5项串行标准,且 DTE 或 DCE 配置中均可使用。

图 2.8 DTE 串行 DB-60 电缆

图 2.9 Smart 串行接口

(2) 以太网连接

路由器支持以太网、快速以太网、吉比特以太网等,接口采用 RJ-45。以太网 LAN 接口可使用两种类型的电缆,这两种电缆的使用见表2.3。直通电缆(又称跳线电缆)两端的彩色引脚的顺序完全一致;交叉电缆的引脚1与引脚3连接,引脚2与引脚6连接。

表 2.3 以太网电缆的应用场所

直 通 电 缆		交 叉 电 缆	
交换机	路由器	交换机	交换机
交换机	计算机	计算机	计算机
集线器	计算机	交换机	集线器
集线器	服务器	集线器	集线器
		路由器	路由器
		路由器	路由器

2.2.4　路由器接口 IP 协议配置原则

路由器的每个接口都连着一个具体的网络。从具体网络的角度来看,在网络上的所有设备都应有一个 IP 地址,所以连接到该网络的路由器端就应该有一个 IP 地址。由于连接到该网络的路由器接口位于该网络上,因此路由器这个接口的 IP 地址的网络号和所连接网络的网络号应该相同。

如图 2.10 所示,对于路由器 A、B 来说,它们互为相邻的路由器,其中路由器 A 的 S 0/0 与路由器 B 的 S 0/1 为相邻路由器的相邻接口,但路由器 A 的 S 0/1 口与路由器 B 的 S 0/1 口并不是相邻接口,路由器 A 与 D 不是相邻路由器。要使 Cisco 路由器在 IP 网络中正常工作,一般必须为路由器的接口设置 IP 地址。

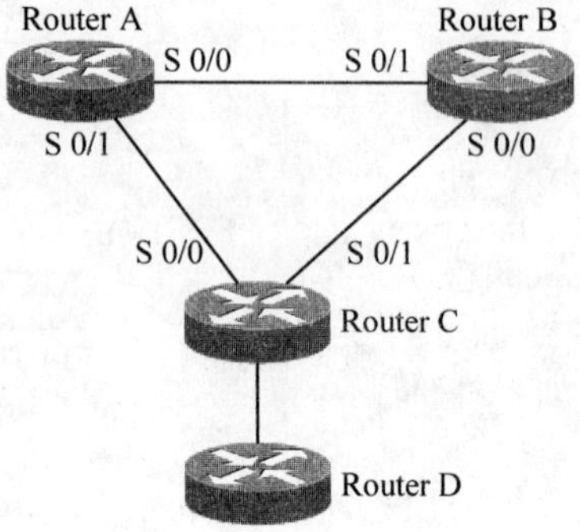

路由器接口 IP 协议配置原则如下:

(1) 一般的,路由器的物理网络接口通常要有一个 IP 地址。

图 2.10　相邻路由器及相邻路由器的接口

(2) 相邻路由器的相邻接口 IP 地址必须在同一 IP 网络上。

(3) 同一路由器的不同接口的 IP 地址必须在不同 IP 网段上。

(4) 除了相邻路由器的相邻接口外,所有网络中路由器所连接的网段即所有路由器的任何两个非相邻接口都必须不在同一网段上。

2.2.5　配置以太网接口

以太网接口常用作连接企业局域网,因此需要对接口配置内部网络的 IP 地址信息。

(1) 指定欲配置的接口,进入指定的接口配置模式。

配置每个接口。首先,必须进入该接口的配置模式,即进入全局配置模式,然后进入指定接口配置模式。

```
router(config)# interface type mod/num
```

例如,配置 Cisco 路由器 2811 的第一个快速以太网插槽的第一个接口。

```
router(config)# interface Fastethernet 0/0
```

(2) 为接口配置一个 IP 地址。

```
router(config-if)# ip address ip-address mask
```

其中,ip-address 为接口 IP 地址;mask 为子网掩码,用于识别 IP 地址中的网络号。例如:

```
router(config-if)# ip address 218.12.225.6 255.255.255.252
```

（3）给一个接口指定多个 IP 地址。

```
router(config-if)#ip address ip-address mask secondary
```

其中，secondary 可以使每一个接口支持多个 IP 地址，可以无限制地指定多个 secondary 地址。Secondary IP 地址可以用在各种环境下。例如，在同一接口上配置两个以上的不同网段的 IP 地址，实现连接在同一局域网上不同的网段之间的通信。

（4）设置对接口的描述。

可给路由器接口加上文本描述来帮助识别它。要给指定接口注释或描述，可在接口模式下输入如下命令。

```
router(config-if)#description description-string
```

如果需要，则可以使用空格将描述字符串的单词隔开。要删除描述，可使用 no description 接口配置命令。

例如，给接口 FastEthernet 0/1 加上描述 link to center，表示连接到网络中心。

```
router(config-if)#description link to center
```

（5）设置通信方式。

可以使用 duplex 接口配置命令来指定路由器接口的双工操作模式，还可以手动设置路由器接口的双工模式和速度，以避免厂商间的自动协商问题。

要设置路由器接口的链路模式，在接口配置模式下输入如下命令。

```
router(config-if)#duplex{auto|full | half}
```

其中，auto 为自动协商，full 代表全双工，half 代表半双工。

（6）配置接口速度。

```
router(config-if)#bandwidth kilobits
```

该命令用于一些路由协议（如 OSPF 路由协议）计算路由度量和 RSVP 计算保留带宽。修改接口带宽不会影响物理接口的数据传输速率。其中，kilobits 参数为 $1\sim10000000$，单位为 Kbps。

（7）接口速度。

可以使用路由器配置命令给路由器接口指定速度。要指定以太网接口的接口速度，可使用如下接口配置命令。

```
router(config-if)#speed {10|100|1000|auto}
```

（8）配置 MTU。

```
router(config-if)#mtu mtu_size
```

该命令用于配置路由器本接口收发数据包的最大值。其中,参数 mtu_size 的值为 64～65535,单位为 B。

(9) 启用与禁用接口。

在默认情况下,所有路由器接口都是 shutdown 状态(即已关闭)。对于正在工作的接口,可以根据管理的需要,进行启用或禁用。

```
router(config-if)＃ no shutdown       //启用接口
router(config-if)＃ shutdown          //禁用接口
```

例如,若要启用路由器的接口 FastEthernet 0/1,则配置命令如下:

```
router(config)＃ interface FastEthernet 0/1
router(config-if)＃ no shutdown
router(config-if)＃
```

(10) 检查路由器接口。

① 显示所有接口的状态信息。router＃show interface 命令会显示接口状态,并给出路由器上所有接口的详细信息。

② 显示指定接口的状态信息。router＃show interface type slot/number 命令会显示某个指定接口状态的详细信息。

③ 用于检查接口的其他命令。router＃show ip interface brief 命令可用来以紧缩形式查看部分接口信息,并可快速检测到接口的状态。

router＃show running-config 命令可显示路由器当前使用的配置文件,也可显示出路由器接口的状态信息。

2.2.6　配置广域网接口

广域网接口配置方式和以太网接口配置方式完全相同,在这里只介绍专用于广域网接口的配置命令。

1. 配置封装协议

```
router(config-if)＃ encapsulation ⟨frame-relay|hdlc|ppp|lapb|X.25⟩
```

该命令仅用于配置同步串口(Serial 接口)。封装协议是同步串口传输的数据链路层数据的帧格式。路由器支持 5 种封装协议,即 PPP、帧中继、X.25、LAPB 以及 HDLC。同步串口默认值的链路封装格式是 HDLC。

2. 配置同步接口的时钟速率

```
router(config-if)＃ clock rate ⟨9600 | … | … |8000000⟩
```

该命令仅用于配置同步串口(Serial 接口)。同步串口有两种工作方式,即 DTE 和DCE,不同的工作方式选择不同的时钟。如果同步串口作为 DCE 设备,则需要向 DTE 设备提供时钟;如果同步串口作为 DTE 设备,则需要接受 DCE 设备提供的时钟。当两个同步串口相连时,线路上的时钟速率由 DCE 端决定。因此,当同步串口工作在 DCE 方式下,需要配置同步时钟速率;工作在 DTE 方式下,则不需要配置,其时钟由 DCE 端提供。在默认情况下,同步口没有时钟的设置。如果同步串口作为 DTE 设备,则路由器系统将禁止配置其时钟速率。

3. 检验串行接口

router＃show controllers serial mod/num 命令用来确定路由器接口连接的是电缆的哪一端,即 DCE 端还是 DTE 端。其余的串行口配置和局域网接口类似。

2.2.7 Telnet 基础

Telnet 允许用户访问远程设备的 CLI。为了实现这个目的,Telnet 定义了在设备之间使用的协议以及 Telnet 客户端和服务器端的功能。用户使用 Telnet 客户端应用程序,通常它会在用户计算机上打开一个窗口,这样就可以连到远程设备的 Telnet 服务器上。此时,用户在 PC 的 Telnet 客户端窗口所输入的任何命令都会被送到远程设备上,远程设备则按照这些命令进行工作。

Cisco 的路由器和交换机都内置了 Telnet 服务器以便于工程师远程访问 CLI。在路由器上,要做的就是配置 VTY Line 口令和接口的 IP 地址。

在 PC 上,需要的是 Telnet 客户端,最常用的就是 Windows 操作系统自带的超级终端。

1. Cisco IOS Telnet 命令

在进行设备维护时,网络工程师经常会远程登录到几台不同的路由器和交换机上。如果一个工程师想同时连接 10 台路由器,则可以在他的 PC 上打开 10 个 Telnet 窗口并在这些窗口中切换,也可以使用 IOS 的 Telnet 命令登录到其他设备上。

Telnet [hostame|IP_address]命令将用户连到命令中输入的 IP 地址或主机。如果使用了主机名,则 IOS 会首先将主机名解析为 IP 地址。

此外,也可以使用 connect [hostame|IP_address]命令或在 Exec 模式的命令行中输入 IP 地址或主机名(不用输入 telnet 或 connect),也可以远程登录到网络设备。如果在 Exec 模式输入了一个命令,而这些文字不被 IOS 认为是一个有效的命令,IOS 则会假定它是一个用户要 Telnet 的主机名。

终止 Telnet 连接可以使用 exit 命令或 logout 命令。

Cisco 路由器作为 Telent 服务器,给每一个 Telnet 连接建立一条 VTY 线路。

Telnet 命令失败意味着 OSI 参考模型的七层都有可能存在问题。通常,有以下 3 种常见的原因。

(1) 两台设备之间 IP 路由没有工作,即网络不通。

(2) 在使用 Telnet 命令的路由器上没有启用名字解析。

(3) 要远程登录的路由器(Telnet 服务器)没有配置 VTY 口令。

2. Telnet 连接的挂起和切换

Cisco IOS 的 Telnet 命令也支持挂起(不终止,而暂时搁置在一边)一个连接。通过挂起操作,用户可以在路由器之间方便切换。

(1) 挂起 Telnet 连接为按 Ctrl＋Shift＋6 组合键,然后再按 X 键。

(2) 重新建立挂起的 Telnet 会话的方法如下:

① 按 Enter 键。

② 如果只有一个会话，则可输入 **resume** *number* 命令（如果没有指定会话号，将恢复最后一个活动的会话）。

③ 执行 **resume session** number 命令重新建立提供的 Telnet 会话。

其中，number 是连接号，采用 show sessions 命令会列出所有挂起的 Telnet 连接。

3. 并发 Telnet 数量

可以限制登录到路由器的数量以及限制用户登录进入路由器，通常采用以下 3 种方法。

（1）不配置 Telnet 口令阻止任何 Telnet。如果路由器的 VTY 口令没有配，则路由器拒绝所有进入的 Telnet 请求。这样，不配置 VTY 口令就关闭了路由器的 Telnet 访问。

（2）IOS 定义了 VTY 的最大数量。IOS 动态地给每一个 Telnet 用户分配一个 VTY 线。

（3）在 VTY Line 模式下，用 **session limit** *number* 命令可以修改同时连接的最大数。

4. 关闭 Telnet 会话

在 Cisco 设备中，要终止 Telnet 会话，可使用 exit、logout、disconnect 或 clear 命令。

2.2.8　Cisco IOS 的 ping 和 traceroute 命令

TCP/IP 的两个最常用的排错命令是 ping 和 traceroute，这两个命令都用于测试第三层地址和路由是否工作正常。

（1）Cisco IOS 的 ping 命令

IOS 的 ping 命令发送一系列的 ICMP 回声请求消息（默认为 5 个消息）给另外的主机。根据 TCP/IP 标准规定，任何 TCP/IP 主机收到 ICMP 回声请求消息后应该回应一个 ICMP 回声应答消息。如果 ping 命令发送了几个回声请求并且每个请求都得到了一个应答，就可以判定到达远程主机的路由工作正常。

IOS 的 ping 命令检测数据包是否能被路由到远程主机，也包括从发出到返回的时间。由于 ping 命令也显示正确接收回声应答消息的数量，所以它也能告诉用户经过这条路由丢失的数据包数量。

惊叹号表示收到了回声应答，而句号表示没有收到。

（2）Cisco IOS 的 traceroute 命令

traceroute 命令也是用来测试到另一台主机的 IP 路由的，但它可以指明在路由中的每一台路由器。

traceroute 命令开始送几个数据包到命令中的目的地址，但这些数据包的 IP 包头中的存活时间（TTL）字段设置为 1，路由器每转发一个数据包会将 TTL 的值减 1。如果将 TTL 的值减到了 0，则路由器会将数据包丢弃。所以，当第一台路由器收到这些数据包时，将会丢弃。路由器在将 TTL 值减为 0 丢弃数据包的同时，会送 ICMP TTL 超时消息给源地址主机。在后面将会对 traceroute 命令做详细介绍。

2.3　方　案　设　计

组建两个交换式以太网并连接到路由器的以太网口，然后对路由器端口进行配置并查看端口状态。

2.4　项目实施

2.4.1　项目目标

通过本项目的完成，使学生掌握以下技能。

(1) 掌握路由器的接口配置。

(2) 掌握查看路由器端口状态、双工、速率等命令。

(3) 掌握远程登录的操作。

2.4.2　实训任务

在实训室或 Packet Trace 中构建如图 2.11 所示的网络拓扑来模拟实现本项目。将 4 台计算机连接到交换机，并将交换机和路由器相连接，完成如下的配置任务。

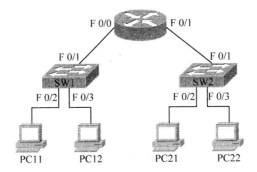

图 2.11　配置路由器的接口

(1) 配置路由器的名称、远程口令和超级口令。

(2) 配置路由器的接口地址。

(3) 配置路由器接口的标识。

(4) 配置路由器接口的双工模式和速率。

(5) 配置路由器的远程登录。

2.4.3　设备清单

为了构建图 2.11 所示的网络拓扑，需要如下网络设备。

(1) Cisco 2811 路由器(1 台)。

(2) Cisco Catalyst 2960 交换机(2 台)。

(3) PC(4 台)。

(4) 直通线若干。

2.4.4　实施过程

步骤 1：规划设计。

(1) 规划计算机 IP 地址、子网掩码和网关，具体见表 2.4。

表 2.4 各部门计算机 IP 地址、子网掩码和网关

计算机	IP 地址	子网掩码	网 关
PC11	192.168.10.10	255.255.255.0	192.168.10.1
PC12	192.168.10.11	255.255.255.0	192.168.10.1
PC21	192.168.20.10	255.255.255.0	192.168.20.1
PC22	192.168.20.11	255.255.255.0	192.168.20.1

（2）规划路由器各端口 IP 地址，具体见表 2.5。

表 2.5 路由器端口地址

设备	端口	IP 地址	子网掩码	描 述
路由器	F 0/0	192.168.10.1	255.255.255.0	Link to sw1
	F 0/1	192.168.20.1	255.255.255.0	Link to sw2

步骤 2：实训环境的搭建。

（1）在路由器、交换机和计算机断电的状态下，按照如图 2.11 所示连接硬件。

（2）分别打开设备，给设备加电。

步骤 3：按照表 2.4 设置各计算机的 IP 地址、子网掩码和默认网关。

步骤 4：清除路由器的配置到出厂状态。

步骤 5：测试网络连通性。

使用 ping 命令分别测试 PC11、PC12、PC21、PC22 之间的网络连通性并填入表 2.6 中。

表 2.6 网络连通性

计算机	PC11	PC12	PC21	PC22
PC11				
PC12				
PC21				
PC22				

步骤 6：配置路由器。

在这里交换机作为傻瓜交换机使用，不进行配置。

新路由器第一次配置，必须使用控制台端口进行，且使用配置线将路由器的 CON 口和计算机的 COM 连接起来，打开计算机的超级终端，然后进行配置。

（1）更改路由器的名称。

```
router>enable
router#
router# configure terminal
Enter configuration commands, one per line. End with CNTL/Z.
router(config)# hostname xiangm2
xiangm2(config)# no hostname xiangm2
router(config)#
```

（2）配置路由器的接口。

```
router(config)# interface fastEthernet 0/0
```

router(config-if)＃**ip address** *192.168.10.1 255.255.255.0*
router(config-if)＃**description** *link to sw1*
router(config-if)＃**no shutdown**
%LINK-5-CHANGED: Interface FastEthernet 0/0, changed state to up
%LINEPROTO-5-UPDOWN: Line protocol on Interface FastEthernet 0/0, changed state to up
router(config-if)＃**exit**
router(config)＃**interface** *fastEthernet 0/1*
router(config-if)＃**ip address** *192.168.20.1 255.255.255.0*
router(config-if)＃**description** *link to sw2*
router(config-if)＃**no shutdown**

（3）查看端口状态。

router＃**show interfaces fastEthernet 0/0**
FastEthernet 0/0 is up, line protocol is up (connected)
　　Hardware is Lance, address is 0060.7086.9101 (bia 0060.7086.9101)
　Description: link to sw1
　Internet address is 192.168.10.1/24
　　MTU 1500 bytes, BW 100000 Kbit, DLY 100 usec,
　　　　reliability 255/255, txload 1/255, rxload 1/255
…

　　第一个是物理层状态，它实际上反映了接口是否收到了另一端的载波检测信号；第2个是数据链路层状态，它反映了是否收到了数据链路层协议的存活消息。

　　show interface 命令的输出，可修复以下可能存在的问题。

　　① 如果接口处于 up 状态，但线路协议处于 down 状态，则说明存在问题。导致问题的可能原因包括没有存活消息、封装类型不匹配。

　　② 如果接口和线路协议都处于 down 状态，则可能是电缆没有接好或存在其他接口问题。例如，背对背连接的另一端被管理性关闭。

　　③ 如果接口被管理性关闭，则说明在运行配置中手工禁用了它（shutdown）。

　　当配置串行接口后，可使用 show interface serial 命令来检查运行情况。

router＃
router＃**show interfaces fastEthernet 0/1**
FastEthernet 0/1 is up, line protocol is up (connected)
　　Hardware is Lance, address is 0060.7086.9102 (bia 0060.7086.9102)
　Description: link to sw2
　Internet address is 192.168.20.1/24
　　MTU 1500 bytes, BW 100000 Kbit, DLY 100 usec,
　　　　reliability 255/255, txload 1/255, rxload 1/255
…
router＃
router＃**show running-config**
Building configuration…
Current configuration: 528 bytes

version 12.4
no service timestamps log datetime msec
no service timestamps debug datetime msec

```
no service password-encryption
!
hostname Router
interface FastEthernet 0/0
   description link to sw1
   ip address 192.168.10.1 255.255.255.0
   duplex auto
   speed auto
!
interface FastEthernet 0/1
   description link to sw2
   ip address 192.168.20.1 255.255.255.0
   duplex auto
   speed auto
!
…
```

（4）在路由器提示符下测试到计算机的连通性。

```
router#ping 192.168.10.10
Type escape sequence to abort.
Sending 5, 100-byte ICMP Echos to 192.168.10.10, timeout is 2 seconds:
!!!!!
Success rate is 100 percent (5/5), round-trip min/avg/max=31/52/62 ms
router#ping 192.168.10.11
Type escape sequence to abort.
Sending 5, 100-byte ICMP Echos to 192.168.10.11, timeout is 2 seconds:
.!!!!
Success rate is 80 percent (4/5), round-trip min/avg/max=35/51/62 ms
router#ping 192.168.20.11
Type escape sequence to abort.
Sending 5, 100-byte ICMP Echos to 192.168.20.11, timeout is 2 seconds:
.!!!!
Success rate is 80 percent (4/5), round-trip min/avg/max=62/62/63 ms
router#ping 192.168.20.10
Type escape sequence to abort.
Sending 5, 100-byte ICMP Echos to 192.168.20.10, timeout is 2 seconds:
!!!!!
Success rate is 100 percent (5/5), round-trip min/avg/max=47/59/63 ms
Router#
```

（5）使用 ping 命令分别测试 PC11、PC12、PC21、PC22 之间的网络连通性。

（6）配置路由器的控制台口令、特权口令、远程登录口令。

```
router(config)#line console 0                    //配置路由器的控制台保护口令
router(config-line)#password cisco
router(config-line)#login
router(config-line)#exit
router(config)#line vty 0 4                       //配置路由器远程终端访问口令
router(config-line)#password cisco
router(config-line)#login
```

```
router(config-line) # exit
router(config) # enable secret cisco          //配置路由器的特权口令
router(config) # exit
router #
router(config) # line console 0
router(config-line) # exec-timeout 10          //配置空闲时间
router(config-line) # login
router(config-line) #
router(config) # service password-encryption   //配置加密口令
```

(7) 保存路由器配置文件。通常可以用以下两种方法来进行操作。

方法1：在全局配置模式下输入 write。

```
router # write
Building configuration…
[OK]
```

方法2：在全局配置模式下输入 copy running-config startup-config。

```
router # copy running-config startup-config
Destination filename [startup-config]?
Building configuration…
[OK]
router #
```

步骤7：测试远程登录。

(1) 在 PC11、PC12、PC21、PC22 上分别进入 MS-DOS 方式下，输入 telnet 192.168.10.1。

```
PC11 > telnet 192.168.10.1
Trying 192.168.10.1 …Open
User Access Verification
Password：
router >
```

(2) 在 PC11、PC12、PC21、PC22 上分别进入 MS-DOS 方式下，输入 telnet 192.168.20.1。

```
PC11 > telnet 192.168.20.1
Trying 192.168.20.1 …Open
User Access Verification
Password：
router >
```

步骤8：保存交换机配置。

在控制台和远程终端上，分别将路由器的配置文件保存为文本文件。

步骤9：清除路由器配置。

清除路由器的启动配置文件。

```
router (config) # hostname aaa
aaa (config) # exit
aaa # write
Building configuration…
[OK]
```

aaa♯ **erase** *startup-config*

Erasing the nvram filesystem will remove all configuration files! Continue? [confirm]

[OK]

Erase of nvram: complete

％SYS-7-NV_BLOCK_INIT: Initialized the geometry of nvram

aaa♯ reload

Proceed with reload? [confirm]

％SYS-5-RELOAD: Reload requested by console. Reload Reason: Reload Command. .

...

Press RETURN to get started!

router＞

习　　题

一、选择题

1. 下面哪个 Cisco IOS 命令对模块化路由器中位于插槽 0 的端口 1 上的串行接口进行配置？（　　）

　　A. interface serial 0-1　　　　　　　B. interface serial 0/1

　　C. interface serial 0 1　　　　　　　D. interface serial 0. 1

2. 要将 Cisco 路由器的一个串行接口的时钟速率设置为 64Kbps，应使用下面哪个 Cisco IOS 命令？（　　）

　　A. clock rate 64　　　　　　　　　　B. clock speed 64

　　C. clock rate 64000　　　　　　　　D. clock speed 64000

3. 如果串行接口的状态信息为"serial 0/1 is up，line protocol is down"，则这种错误是由下面哪两种原因导致的？（　　）

　　A. 没有设置时钟速率　　　　　　　　B. 该接口被手工禁用

　　C. 该串行接口没有连接电缆　　　　　D. 没有收到存活消息

　　E. 封装类型不匹配

4. 在全局配置模式下，哪些步骤对于在一个以太网接口配置 IP 地址是必需的？（选两项）（　　）

　　A. 使用 shutdown 命令来关闭接口　　B. 进入接口配置模式

　　C. 连接电缆到以太网接口　　　　　　D. 配置 IP 地址和子网掩码

5. 当用户在两个路由器之间使用背对背串行连接时，必须要输入 clock rate 命令。如果用户不能看到串行电缆，那么哪个命令将会提供详细的信息来告诉用户应该在哪个接口配置？（　　）

　　A. show interface serial 0/0　　　　B. show interface fa 0/1

　　C. show controllers serial 0/0　　　D. show clock

　　E. show flash　　　　　　　　　　　F. show controllers interface serial 0/0

二、简答题

1. 路由器上通常有哪些类型的接口？

2. 路由器接口编号和交换机接口编号有何不同？

3. 路由器接口 IP 协议配置原则有哪些？

4. 路由器接口通信方式有哪几种？

5. 路由器同步接口有哪几种方式？哪种方式需要提供时钟？

6. 路由器需要进行什么配置才能允许远程登录？

三、实训题

在图 2.11 中，配置 PC11、PC12、PC21、PC22 为不同 VLAN，以实现 VLAN 间互联互通，并对交换机、路由器进行 Telnet 远程登录。

模块二

构建多区域互联网络

计算机网络的核心设备是路由器,其作用就是将各个网络彼此连接起来。因此,路由器需要负责不同网络之间的数据包传送。IP 数据包的目的地可以是国外的 Web 服务器,也可以是局域网中的电子邮件服务器,这些数据包都是由路由器来负责及时传送的。在很大程度上,网际通信的效率取决于路由器的性能,即取决于路由器是否能以最有效的方式转发数据包。

为了掌握路由器的路由选择功能,掌握对路由器进行静态和动态路由协议配置,下面通过以下 4 个项目实现。

项目 3 静态路由选择的实现

项目 4 动态路由协议 RIP 的配置

项目 5 动态路由协议 EIGRP 的配置

项目 6 动态路由协议 OSPF 的配置

静态路由选择的实现

3.1 用户需求

某高校最近兼并了两所学校,而这两所学校都建有自己的校园网。只有将这两个校区的校园网通过路由器连接到校本部的校园网,并在路由器上做静态路由配置,才能实现各校区校园网内部主机的相互通信,并且通过主校区连接到互联网。

3.2 相关知识

作为网络工程师,需要了解本任务所涉及的以下几方面知识。

3.2.1 路由器和网络层

路由器的主要用途是连接多个网络,并将数据包转发到自身的网络或其他网络。由于路由器的主要转发决定是根据第三层 IP 数据包(即根据目的 IP 地址)做出的,因此路由器被视为第三层设备,做出决定的过程称为路由。

路由器在第三层做出主要转发决定,但它也参与第一和第二层的过程。当路由器检查完数据包的 IP 地址,并通过查询路由表做出转发决定后,它可以将该数据包从相应接口朝着其目的地转发出去。路由器会将第三层 IP 数据包封装到对应送出接口的第二层数据链路帧的数据部分。帧的类型可以是以太网、HDLC 或其他第二层封装,即对应特定接口上所使用的封装类型。第二层帧会编码成第一层物理信号,这些信号用于表示物理链路上传输的位。

图 3.1 所示说明了路由器在网络中工作的层次。PC1 工作在 OSI 参考模型的所有 7 个层次,它会封装数据,并把帧作为编码后的比特流发送到默认网关 R1。

R1 在相应接口接收编码后的比特流。比特流经过解码后上传到第二层,在此由 R1 将帧解封。路由器会检查数据链路帧的目的地址,确定其是否与接收接口(包括广播地址或组播地址)匹配。如果与帧的数据部分匹配,则 IP 数据包将上传到第三层,在此由 R1 做出路由决定。然后,R1 将数据包重新封装到新的第二层数据链路帧中,并将它作为编码后的比特流从出站接口转发出去。

R2 收到比特流,然后重复上一过程。R2 将帧解封,再将帧的数据部分(IP 数据包)传递给第三层,在此 R2 做出路由决定。然后,R2 将数据包重新封装到新的第二层数据链路帧中,并将它作为编码后的比特流从出站接口转发出去。

路由器 R3 再次重复这一过程,它将封装到数据链路帧中且编码成比特流的 IP 数据包转发到 PC2。

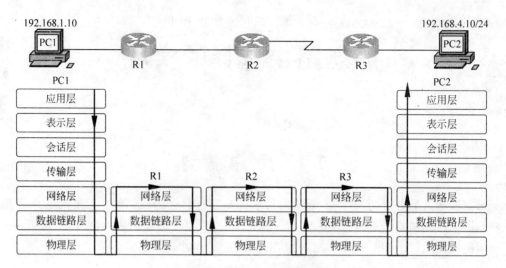

图 3.1　路由器和 OSI 模型

注：箭头指示数据在 OSI 各层的流向

在从源到目的地这一路径中，每个路由器都执行相同的过程，包括解封、搜索路由表、再次封装。

3.2.2　路由基础

网络层利用 IP 路由选择表将数据包从源网络发送至目的网络。路由器从一个接口接收数据包，然后根据它到达目的地的最佳路径将其转发到另外一个接口。

1. 路由过程

路由是由路由器把数据从一个网络转发到另一个网络的过程。数据在网络上是以数据包为单元进行转发的。每个数据包都携带两个逻辑地址（IP 地址），一个是数据的源地址，另一个是数据要到达的目的地址，所以每个数据包都可以被独立地转发。下面以图 3.2 为例来解释路由的过程。

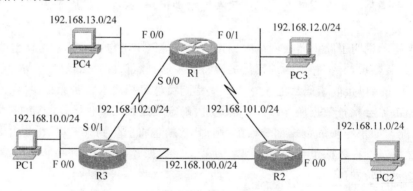

图 3.2　路由过程

在图 3.2 中，3 台路由器 R1、R2、R3 把 4 个网络连接起来，它们是 192.168.10.0/24、192.168.11.0/24、192.168.12.0/24、192.168.13.0/24，3 台路由器的互联又需要 3 个网络，它们是 192.168.100.0/24、192.168.101.0/24、192.168.102.0/24。

假设主机 PC1 向主机 PC3 发送数据,而主机 PC1 和主机 PC3 不在一个网络。主机 PC1 看不到这个图,它如何知道主机 PC3 在哪里呢? 主机 PC1 上配置了 IP 地址和子网掩码,知道自己的网络号是 192.168.10.0,它在把主机 PC3 的 IP 地址(主机 PC1 知道)与自己的掩码做"与"运算,可以得知主机 PC3 的网络号是 192.168.12.0。显然,两者不在同一个网络中。当主机 PC1 得知目的主机与自己不在同一个网络时,它只需将这个数据包送到距它最近的 R3 就可以了,这就像人们只需把信件投递到离自己最近的邮局一样。

在主机 PC1 中,除了配置 IP 地址与子网掩码外,还配置了另外一个参数——默认网关,其实就是路由器 R3 与主机 PC1 处于同一网络的接口(F 0/0)的地址。在主机 PC1 上设置默认网关的目的就是把去往不同于自己所处的网络的数据,发送到默认网关。只要找到了 F 0/0 接口,就等于找到了 R3。为了找到 R3 的 F 0/0 接口的 MAC 地址,主机 PC1 使用了地址解析协议(ARP),当获得了必要信息后,主机 PC1 就开始封装数据包。

(1) 把 F 0/0 接口的 MAC 地址封装在数据链路层的目的地址域。

(2) 把自己的 MAC 地址封装在数据链路层的源地址域。

(3) 把自己的 IP 地址封装在网络层的源地址域。

(4) 把主机 PC3 的 IP 地址封装在网络层的目的地址域。

然后,把数据发送出去。

当路由器 R3 收到主机 PC1 送来的数据包后,把数据包解开到第三层,读取数据包中的目的 IP 地址,然后查阅路由表决定如何处理数据。路由表是路由器工作时的向导,也是转发数据的依据。如果路由器表中没有可用的路径,则路由器就会把该数据丢弃。路由表中记录有以下内容。

(1) 已知的目标网络号(目的地网络)。

(2) 到达目标网络的距离。

(3) 到达目标网络应该经由自己哪一个接口。

(4) 到达目标网络的下一台路由器的地址。

路由器使用最近的路径转发数据,把数据交给路径中的下一台路由器,并不负责把数据送到最终目的地。

在图 3.2 中,R3 有两种选择,一种选择是把数据交给 R1,另一种选择是把数据交给 R2。经由哪一台路由器到达目标网络的距离近,R3 就把数据交给哪一台。在这里,假设经由 R1 比经由 R2 近。R3 决定把数据转发给 R1,而且需要从自己的 S 0/1 接口把数据送出。为了把数据送给 R1,R3 也需要得到 R1 的 S 0/0 接口的数据链路层地址。由于 R3 和 R1 之间是广域网链路,所以它不使用 ARP,根据不同的广域网链路类型使用的方法不同。当获取了 R1 接口 S 0/0 的数据链路层地址后,R3 重新封装数据。

(1) 把 R1 的 S 0/0 接口的物理地址封装在数据链路层的目标地址域中。

(2) 把自己的 S 0/1 接口的物理地址封装在数据链路层的源地址域中。

(3) 网络层的两个 IP 地址没有替换。

然后,把数据发送出去。

R1 收到 R3 的数据包后所做的工作跟前面 R3 所做的工作一样(查阅路由表)。不同的是在 R1 的路由表里有一条记录,表明它的 F 0/1 接口正好和数据声称到达的网络相连,也就是说主机 PC3 所在的网络和它的 F 0/1 接口所在的网络是同一个网络。R1 使用 ARP

获得主机 PC3 的 MAC 地址并把它封装在数据帧头内,然后把数据传送给主机 PC3。

至此,数据传递的一个单程完成了。

主机 PC3 回应给主机 PC1 的数据经过同样的处理过程到达目的地(主机 PC1),只不过是数据包中的目的地 IP 地址是主机 PC1 的地址,先经过 R1 再到达 R3,最后到达主机 PC1。

从上面的过程可以看出,为了能够转发数据,路由器必须对整个网络拓扑有清晰的了解,并把这些信息反映在路由表里,当网络拓扑结构发生变化时,路由器也需要及时在路由表里反映出这些变化,这样的工作被看做是路由器的路由功能。路由器还有一项独立于路由功能的工作就是交换/转发数据,即把数据从进入接口转移到外出接口。

2. 路由器的路由动作

路由器通常用来将数据包从一条数据链路传送到另外一条数据链路。这其中使用了两项功能,即寻径和转发。

(1)寻径功能。寻径即判定到达目的地的最佳路径,由路由选择算法来实现。为了判定最佳路径,路由选择算法必须启动并维护包含路由信息的路由表。路由选择算法将收集到的不同信息填入路由表中,根据路由表可将目的网络与下一站的关系告诉路由器。路由器间互通信息进行路由更新,更新维护路由表使之正确反映网络的拓扑变化,并由路由器根据度量来决定最佳路径,这就是路由选择协议(Routing Protocol),如路由信息协议(RIP)、内部网关路由协议(IGRP)、增强内部网关路由协议(EIGRP)以及开放式最短路径优先(OSPF)等路由选择协议。

(2)转发功能。转发即沿寻径好的最佳路径传送信息分组。路由器首先在路由表中查找,判明是否知道如何将分组发送到下一个站点(路由器或主机),如果路由器不知道如何发送分组,则通常将该分组丢弃;否则,就根据路由表里的相应表项将分组发送到下一个站点,如果目的网络直接与路由器相连,则路由器就把分组直接送到相应的接口上,这就是路由转发协议(Routed Protocol),如 IP 协议、IPX 协议等。

3.2.3　构建路由表

路由器的主要功能是将数据包转发到目的网络,即转发到数据包目的 IP 地址。为此,路由器需要搜索存储在路由表中的路由信息。

1. 路由的种类

新的路由器中没有任何地址信息,路由表也是空的,需要在使用过程中获取。根据获得地址信息的方法不同,路由可分为直连路由、静态路由和动态路由 3 种。

(1)直连路由。直连网络就是直连到路由器某一接口的网络。当路由器接口配置有 IP 地址和子网掩码时,此接口即成为该相连网络的主机。接口的网络地址和子网掩码以及接口类型和编号都将直接输入路由表,用于表示直连网络。路由器若要将数据包转发到某一主机(如 PC2),则该主机所在的网络应该是路由器的直连网络。生成直连路由的条件有两个,即接口配置了网络地址,并且这个接口物理链路是连通的,如图 3.3 所示。

(2)静态路由。静态路由是由网络管理员手工配置路由器中的路由信息。当网络的拓扑结构或链路的状态发生变化时,网络管理员需要手工去修改路由表中相关的静态路由信息。

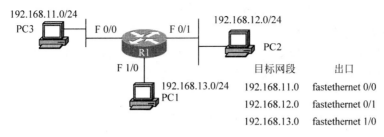

图 3.3　直连路由

（3）动态路由。由路由器按指定的协议格式在网上广播和接收路由信息,通过路由器之间不断交换的路由信息动态地更新和确定路由表,并随时向附近的路由器广播,这种方式称为动态路由。动态路由通过检查其他路由器的信息,并根据开销、链接等情况自动决定每个包的路由途径。动态路由方式仅需要手工配置第一条或最初的极少量路由线路,其他的路由途径则由路由器自动配置。由于动态路由较具灵活性,使用配置简单,故成为目前主要的路由类型。

2. 路由表

路由表是保存在 RAM 中的数据文件,其中存储了与直连网络以及远程网络相关的信息。路由表包含网络与下一跳的关联信息。这些关联告知路由器要以最佳方式到达某一目的地,可以将数据包发送到特定路由器(即在到达最终目的地的途中的"下一跳")。下一跳也可以关联到通向最终目的地的外发或送出接口。

使用 show ip route 命令可以显示路由器的路由表。在图 3.2 所示的网络中,查看路由表如下:

```
router # show ip route
Codes: C-connected, S-static, I-IGRP, R-RIP, M-mobile, B-BGP
       D-EIGRP, EX-EIGRP external, O-OSPF, IA-OSPF inter area
       N1-OSPF NSSA external type 1, N2-OSPF NSSA external type 2
       E1-OSPF external type 1, E2-OSPF external type 2, E-EGP
       i-IS-IS, L1-IS-IS level-1, L2-IS-IS level-2, ia-IS-IS inter area
       * -candidate default, U-per-user static route, o-ODR
       P-periodic downloaded static route
Gateway of last resort is not set
C    192.168.11.0/24 is directly connected, FastEthernet 0/0
C    192.168.12.0/24 is directly connected, FastEthernet 0/1
C    192.168.13.0/24 is directly connected, FastEthernet 1/0
router #
```

在上述显示的路由表中,可以分成以下两部分。

（1）Codes 部分。

① C-connected:表示直接连接路由,路由器的某个接口设置/连接了某个网段之后,就会自动生成。

② S-static:静态路由,由系统管理员通过手工设置后生成。

③ I-IGRP:IGRP 协议协商生成的路由。

④ R-RIP:RIP 协议协商生成的路由。

⑤ B-BGP：BGP 协议协商生成的路由。

⑥ D-EIGRP：EIGRP 协议协商生成的路由。

⑦ EX-EIGRP external：扩展 EIGRP 协议协商生成的路由。

⑧ O-OSPF：OSPF 协议协商生成的路由。

……

（2）路由表的实体。在这一部分的每一行，从左到右包含如下内容：路由的类型（Codes）、目的网段（网络地址）、优先级（由[AD，度量值（Metric）]组成）、下一跳 IP 地址（Next-hops）等。

① C：指示路由信息的来源是直接相连网络、静态路由还是动态路由协议。C 表示直接相连网络。

② 192.168.11.0/24：这是直接相连网络或远程网络的网络地址和子网掩码。在这里，路由表的 3 个条目，即 192.168.11.0/24、192.168.12.0/24 和 192.168.13.0/24 都是直接相连网络。

③ FastEthernet 0/0：路由条目末尾的信息，表示送出接口或下一跳路由器的 IP 地址。在这里，FastEthernet 0/0、FastEthernet 0/1 和 FastEthernet 1/0 都是用于到达这些网络的送出接口。

当路由表包含远程网络的路由条目时，还会包含额外的信息，如路由度量（Metric）和管理距离（Administrative Distance，AD），在后面会继续介绍。

3.2.4　静态路由

1. 静态路由的特点

静态路由是由网络管理员手工输入到路由器的，当网络拓扑发生变化而需要改变路由时，网络管理员就必须手工改变路由信息，不能动态反映网络拓扑。

静态路由不会占用路由器的 CPU、RAM 和线路的带宽。同时，静态路由也不会把网络的拓扑暴露出去。

通过配置静态路由，用户可以人为地指定对某一网络访问时所要经过的路径。通常，只能在网络路由相对简单、网络与网络之间只能通过一条路径路由的情况下使用静态路由。如从一个网络路由到末端网络，一般使用静态路由。末端网络是只能通过单条路由访问的网络。如图 3.4 所示，任何连接到 R1 的网络都只能通过一条路径到达其他目的地，无论其目的网络是与 R2 直连还是远离 R2。因此，网络 112.16.30.0 是一个末端网络，而 R1 是末端路由器。

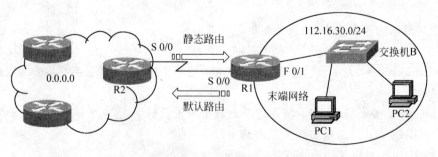

图 3.4　静态路由应用于末端网络

注：末端网络又称末接网络、边界网络、边缘网络、存根网络。

2. 静态路由的配置

（1）在全局配置模式下，建立静态路由的命令格式为

router(config)# **ip route** *destination-network network-mask* {*next-hop-address*|*interface*}

其中：

① destination-network：所要到达的目标网络号或目标子网号。

② network-mask：目标网络的子网掩码。可对此子网掩码进行修改，以汇总一组网络。

③ next-hop-address：到达目标网络所经由的下一跳路由器的 IP 地址，即相邻路由器的接口地址。

④ interface：将数据包转发到目的网络时使用的送出接口（用于到达目标网络的本机出口）。

（2）可以使用 no ip route 命令来删除静态路由。

（3）可以使用 show ip route 命令来显示路由器中的路由表。

（4）可以使用 show running-config 命令来检查静态路由。

3.2.5 汇总静态路由

在路由器的路由表中，可能会有一种针对目的网络或减少了的特定路由表项的一部分的相同网络的特殊路由，这种减少了的特定路由表项可以是汇总路由或默认路由。

1. 汇总路由的概念

汇总路由是一条可以用来表示多条路由的单独路由。汇总路由一般是具有相同的送出接口或下一跳 IP 地址的连续网络的集合。

多条静态路由可以汇总成一条静态路由，前提是符合以下条件。

（1）目的网络可以汇总成一个网络地址。

（2）多条静态路由都使用相同的送出接口或下一跳 IP 地址，这称为路由汇总，有时也被称作路由总结。

2. 汇总路由的优点

较小的路由表可以使路由表查找过程更加有效率，这是因为需要搜索的路由条数更少。如果可以使用一条静态路由代替多条静态路由，则可减小路由表。在许多情况中，一条静态路由可用于代表数十、数百甚至数千条路由。

可以使用一个网络地址代表多个子网，例如 10.0.0.0/16、10.1.0.0/16、10.2.0.0/16、10.3.0.0/16、10.4.0.0/16、10.5.0.0/16 一直到 10.255.0.0/16，所有这些网络都可以用一个网络地址代表：10.0.0.0/8。

3. 汇总路由

例如，在一台路由器 R3 上有 3 条静态路由。这 3 条路由都通过相同的 Serial 0/0/1 接口转发通信。R3 上的这 3 条静态路由分别如下：

```
ip route 172.16.1.0 255.255.255.0 Serial 0/0/1
ip route 172.16.2.0 255.255.255.0 Serial 0/0/1
ip route 172.16.3.0 255.255.255.0 Serial 0/0/1
```

如果可能,希望将所有这些路由汇总成一条静态路由。172.16.1.0/24、172.16.2.0/24和 172.16.3.0/24 可以汇总成 172.16.0.0/22 网络。因为所有 3 条路由使用相同的送出接口,而且它们可以汇总成一个 172.16.0.0 255.255.252.0 网络,所以可以创建一条汇总路由。

创建汇总路由 172.16.0.0/22 的过程如下,如图 3.5 所示。

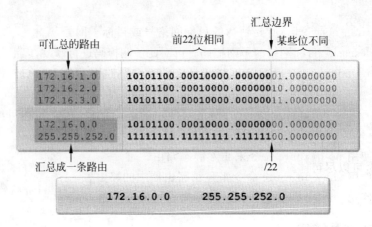

图 3.5　路由汇总

(1) 以二进制格式写出想要汇总的网络。

(2) 找出用于汇总的子网掩码,从最左侧的位开始。

(3) 从左向右,找出所有连续匹配的位。

(4) 当发现有位不匹配时,立即停止,当前所在的位即为汇总边界。

(5) 现在,计算从最左侧开始的匹配位数,本例中为 22,该数字即为汇总路由的子网掩码,本例中为 /22 或 255.255.252.0。

(6) 找出用于汇总的网络地址,方法是复制匹配的 22 位并在其后用 0 补足 32 位。

通过上述步骤,便可将 R3 上的 3 条静态路由汇总成一条静态路由,该路由使用汇总网络地址 172.16.0.0 255.255.252.0。

```
ip route 172.16.0.0 255.255.252.0 Serial 0/0/1
```

4. 配置汇总路由

要使用汇总路由,必须首先删除当前的 3 条静态路由。

```
r3(config)# no ip route 172.16.1.0 255.255.255.0 serial 0/0/1
r3(config)# no ip route 172.16.2.0 255.255.255.0 serial 0/0/1
r3(config)# no ip route 172.16.3.0 255.255.255.0 serial 0/0/1
```

接下来,配置汇总静态路由。

```
r3(config)# ip route 172.16.0.0 255.255.252.0 serial 0/0/1
```

3.2.6 默认路由

1. 默认路由的概念

默认路由是指路由器没有明确路由可用时所采纳的路由,或者叫最后的可用路由。当路由器不能用路由表中的一个更具体条目来匹配一个目的网络时,它就将使用默认路由,即"最后的可用路由"。实际上,路由器用默认路由来将数据包转发给另一台路由器,这台新的路由器要么有一条到目的地的路由,要么有自己到另一台路由器的默认路由;同时这台新的路由器依次要么有具体路由,要么有另一条默认路由,以此类推。最后,数据包应该被转发到真正有一条到目的地网络的路由器上。若没有默认路由,则目的地址在路由表中无匹配表项的包将被丢弃。

默认路由一般处于整个网络的末端路由器上,这台路由器被称为默认网关,它负责所有的向外连接任务,默认路由也需要手工配置。

默认路由可以尽可能地将路由表的大小保持得很小,使路由器能够转发目的地为任何Internet主机的数据包,而不必为每个Internet网络都维护一个路由表条目。

默认路由可由管理员静态地输入或者通过路由选择协议动态选择。

2. 默认路由的命令

默认路由通常有以下两种。

(1) 0.0.0.0 路由

创建一条到 0.0.0.0/0 的 IP 路由是配置默认路由的最简单的方法。在全局配置模式下,建立默认路由的命令格式如下:

```
router(config)# ip route 0.0.0.0 0.0.0.0 {next-hop-ip | interface}
```

其中,next-hop-ip 为相邻路由器的相邻接口地址;interface 为本地物理接口号。

对于 Cisco IOS,网络 0.0.0.0/0 为最后的可用路由有特殊的意义。所有的目的地址都匹配这条路由,因为全为 0 的掩码不需要对在一个地址中的任何比特进行匹配。到 0.0.0.0/0 的路由经常被称为"4 个 0 路由"或"全零路由"。

在图 3.4 中,路由器 R1 除了与路由器 R2 相连外,不再与其他路由器相连,所以也可以为它赋予一条默认路由。假设路由器 R2 的 S 0/0 接口地址为 192.2.20.1/24。

```
router3(config)# ip route 0.0.0.0 0.0.0.0 192.2.20.1
```

也就是说,只要没有在路由表里找到去特定目的地址的路径,则数据均被路由到地址为192.2.20.1 的相邻路由器。

(2) default-network 路由

ip default-network 命令可以被用来标记一条到任何 IP 网络的路由,而不仅仅是0.0.0.0/0,作为一条候选默认路由,其命令语法格式如下:

```
router(config)# ip default-network network
```

候选默认路由在路由表中是用星号来标注的,并且被认为是最后的网关。

3.3　方　案　设　计

　　针对客户提出的要求,公司网络工程师计划通过同步串口线路将两个校区局域网连接到主校区的路由器上,然后再连接到互联网上(在这里用一台路由器和计算机来模拟互联网)。此时,分别对路由器的接口分配 IP 地址,并配置静态路由,这样对校园网内的各主机设置 IP 地址及网关就可以相互通信了。

3.4　项　目　实　施

3.4.1　项目目标

　　通过本项目的实现,使学生掌握以下技能。

(1) 能够配置路由器的名称、控制台口令、超级密码。

(2) 能够配置路由器各接口的地址。

(3) 能够配置路由器的静态路由、默认路由。

3.4.2　实训任务

　　在实训室或 Packet Trace 中构建图 3.6 所示的网络拓扑来模拟完成本项目,并完成如下的配置任务。

(1) 配置路由器的名称、控制台口令、超级密码。

(2) 配置路由器各接口的地址。

(3) 配置路由器的静态路由、默认路由。

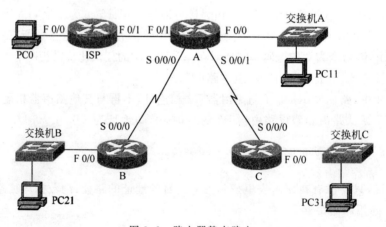

图 3.6　路由器静态路由

3.4.3　设备清单

　　为了构建图 3.6 所示的网络拓扑,需要如下网络设备。

(1) Cisco 2811 路由器(4 台)。

(2) Cisco Catalyst 2960 交换机(3 台)。

（3）PC(4 台)。

（4）双绞线(若干根)。

3.4.4　实施过程

步骤 1：规划设计。

（1）规划各路由器的名称、各接口 IP 地址和子网掩码,具体见表 3.1。

表 3.1　路由器的名称和接口 IP 地址

部　　门	路由器名称	接　　口	IP 地址	子网掩码	描　　述
主校区 A	Router A	S 0/0/0	192.168.100.1	255.255.255.0	Router B-S 0/0/0
		S 0/0/1	192.168.200.1	255.255.255.0	Router C-S 0/0/0
		F 0/0	192.168.10.1	255.255.255.0	LAN 10
		F 0/1	192.168.110.2	255.255.255.0	ISP-F 0/1
分校区 B	Router B	S 0/0/0	192.168.100.2	255.255.255.0	Router A-S 0/0/0
		F 0/0	192.168.20.1	255.255.255.0	LAN 20
分校区 C	Router C	S 0/0/0	192.168.200.2	255.255.255.0	Router A-S 0/0/1
		F 0/0	192.168.30.1	255.255.255.0	LAN 30
ISP	Router ISP	F 0/0	192.168.40.1	255.255.255.0	LAN 40
		F 0/1	192.168.110.1	255.255.255.0	Router A-F 0/1

（2）规划各计算机的 IP 地址、子网掩码和网关,具体见表 3.2。

表 3.2　计算机 IP 地址、子网掩码和网关

计算机	IP 地址	子网掩码	网　　关
PC0	192.168.40.10	255.255.255.0	192.168.40.1
PC11	192.168.10.10	255.255.255.0	192.168.10.1
PC21	192.168.20.10	255.255.255.0	192.168.20.1
PC31	192.168.30.10	255.255.255.0	192.168.30.1

步骤 2：实训环境准备。

（1）在路由器、交换机和计算机断电的状态下,按照图 3.6 连接硬件。

（2）给各个设备供电。

步骤 3：按照表 3.2 所列参数设置各计算机的 IP 地址、子网掩码和默认网关。

步骤 4：清除各路由器的配置。

步骤 5：测试网络连通性。

使用 ping 命令分别测试 PC0、PC11、PC21、PC31 这 4 台计算机之间的连通性。

步骤 6：配置路由器 A。

在 PC11 计算机上通过超级终端登录到路由器 A 上,并进行配置。

（1）配置路由器主机名。

配置路由器主机名为 Router A(略)。

（2）为路由器各接口分配 IP 地址。

按照表 3.1 为路由器 A 配置各接口 IP 地址、描述、速率等(略)。

（3）查看路由器的路由表。

首先，查看 Router A 的路由表，可以看到只有直连路由。

```
routera#show ip route
...
Gateway of last resort is not set
C    192.168.10.0/24 is directly connected, FastEthernet 0/0
C    192.168.110.0/24 is directly connected, FastEthernet 0/1
C    192.168.200.0/24 is directly connected, Serial 0/0/1
routera#
```

（4）配置静态路由。

```
routera#config terminal
routera(config)#ip route 192.168.20.0 255.255.255.0 192.168.100.2
routera(config)#ip route 192.168.30.0 255.255.255.0 192.168.200.2
```

或

```
routera(config)#ip route 192.168.20.0 255.255.255.0 serial 0/0/0
routera(config)#ip route 192.168.30.0 255.255.255.0 serial 0/0/1
routera(config)#end
routera#wr
```

（5）查看路由表。

此时，可以看到路由器的路由表中包含直连路由，也包含静态路由。

```
routera#show ip route
...
Gateway of last resort is not set
C    192.168.10.0/24 is directly connected, FastEthernet 0/0
C    192.168.110.0/24 is directly connected, FastEthernet 0/1
S    192.168.20.0/24 [1/0] via 192.168.100.2
S    192.168.30.0/24 [1/0] via 192.168.200.2
C    192.168.100.0/24 is directly connected, Serial 0/0/0
C    192.168.200.0/24 is directly connected, Serial 0/0/1
routera#
```

其中，注意以下几点。

① S：路由表中表示静态路由的代码。

② 192.168.10.0：该路由的网络地址。

③ /24：该路由的子网掩码，该掩码显示在上一行（即父路由）中。

④ [1/0]：该静态路由的管理距离和度量。

⑤ via 192.168.100.2：下一跳路由器的 IP 地址。

步骤 7：配置 Router B。

在 PC21 计算机上通过超级终端登录到 Router B 上，并进行配置。

（1）配置路由器的主机名（略）。

（2）为路由器各接口分配 IP 地址（略）。

（3）查看路由器的路由表（略）。

（4）配置静态路由。

```
routerb♯ config terminal
routerb(config)♯ ip route 192.168.10.0 255.255.255.0 192.168.100.1
routerb(config)♯ ip route 192.168.30.0 255.255.255.0 192.168.100.1
```

或

```
routerb(config)♯ ip route 192.168.10.0 255.255.255.0 Serial 0/0/0
routerb(config)♯ ip route 192.168.30.0 255.255.255.0 Serial 0/0/0
routerb(config)♯ end
routerb♯ write
```

（5）查看路由表。

此时，可以看到路由器的路由表中包含直连路由，也包含静态路由。

```
routerb♯ show ip route
…
Gateway of last resort is not set
S    192.168.10.0/24 [1/0] via 192.168.100.1
C    192.168.20.0/24 is directly connected, FastEthernet 0/0
S    192.168.30.0/24 [1/0] via 192.168.100.1
C    192.168.100.0/24 is directly connected, Serial 0/0/0
routerb♯
```

步骤 8：配置 Router C。

在 PC31 上通过超级终端登录到 Router C，并进行配置。

（1）配置路由器的主机名（略）。

（2）为路由器各接口分配 IP 地址（略）。

（3）查看路由器的路由表（略）。

（4）配置静态路由。

```
routerc♯  config terminal
routerc(config)♯ ip route 192.168.10.0 255.255.255.0 192.168.200.1
routerc(config)♯ ip route 192.168.20.0 255.255.255.0 192.168.200.1
```

或

```
routerc(config)♯ ip route 192.168.10.0 255.255.255.0 serial 0/0/0
routerc(config)♯ ip route 192.168.20.0 255.255.255.0 serial 0/0/0
routerc(config)♯ end
routerc♯ wr
```

（5）查看路由表。

此时，可以看到路由器的路由表中包含直连路由，也包含静态路由。

```
routerc# show ip route
...
Gateway of last resort is not set
S    192.168.10.0/24 [1/0] via 192.168.200.1
S    192.168.20.0/24 [1/0] via 192.168.200.1
C    192.168.30.0/24 is directly connected, FastEthernet 0/0
C    192.168.200.0/24 is directly connected, Serial 0/0/0
routerc#
```

步骤 9：测试网络连通性。

使用 ping 命令分别测试 PC0、PC11、PC22、PC31 这 4 台计算机之间的连通性。

步骤 10：在 Router B 上配置默认路由，检查网络连通性，并比较默认路由和静态路由的区别。

```
routerb# config terminal
routerb(config)# ip route 0.0.0.0 0.0.0.0 192.168.100.1
routerb# show ip route
...
Gateway of last resort is 192.168.100.1 to network 0.0.0.0
C    192.168.20.0/24 is directly connected, FastEthernet 0/0
C    192.168.100.0/24 is directly connected, Serial 0/0/0
S*       0.0.0.0/0 [1/0] via 192.168.100.1
routerb#
```

步骤 11：配置 Router ISP。

（1）配置 Router A 的默认路由。

```
routera(config)# ip route 0.0.0.0 0.0.0.0 192.168.110.1
```

（2）配置 Router ISP。

配置路由器的名称、接口地址、静态路由等。

```
routerisp# configure terminal
routerisp (config)# interface FastEthernet 0/0
routerisp (config)# description link to lan 40
routerisp (config-if)# ip address 192.168.40.1 255.255.255.0
routerisp (config-if)# no shutdown
routerisp (config-if)# interface fastethernet 0/1
routerisp(config)# description link to routera-f0/1
routerisp (config-if)# ip address 192.168.110.1 255.255.255.0
routerisp (config-if)# no shutdown
routerisp (config-if)# exit
routerisp (config)# ip route 192.168.10.0 255.255.255.0 192.168.110.2
routerisp (config)# ip route 192.168.30.0 255.255.255.0 192.168.110.2
routerisp (config)# ip route 192.168.20.0 255.255.255.0 192.168.110.2
routerisp (config)# exit
routerisp# show ip route
...
Gateway of last resort is not set
C    192.168.40.0 is directly connected, FastEthernet 0/0
```

```
S     192.168.10.0/24 [1/0] via 192.168.110.2
S     192.168.20.0/24 [1/0] via 192.168.110.2
S     192.168.30.0/24 [1/0] via 192.168.110.2
C     192.168.110.0 is directly connected, FastEthernet 0/1
routerisp#ping 192.168.110.2
Type escape sequence to abort.
Sending 5, 100-byte ICMP Echos to 192.168.110.2, timeout is 2 seconds:
.!!!!
Success rate is 80 percent (4/5), round-trip min/avg/max=18/28/32 ms
routerisp#
```

（3）使用 show ip route 命令分别查看路由器 A、B、C、ISP 的路由表。

（4）使用 ping 命令分别测试 PC0、PC11、PC21、PC31 这 4 台计算机之间的连通性。

测试网络连通性，若有计算机之间网络不通，分析原因，并解决。

思考：该训练能直接运用到实际网络中吗？为什么？

步骤 12：配置各路由器的口令。

为了方便路由器在配置过程登录，一般都是在路由器调试、配置完成后再配置路由器的口令，在这里不再介绍。

步骤 13：远程登录路由器。

（1）在任何一台计算机上远程登录各路由器。

（2）在 PC11 上的 MS-DOS 方式下，执行以下命令。

```
C:\>tracert 192.168.30.10
```

观察路由经过的网关。

在 PC0 上的 MS-DOS 方式下，执行以下命令。

```
C:\>tracert 192.168.10.10
C:\>tracert 192.168.20.10
C:\>tracert 192.168.30.10
```

步骤 14：保存配置文件。

通过控制台和远程终端分别保存配置文件为文本文件。

步骤 15：清除路由器的所有配置。

清除路由器启动配置文件。

3.5 浮动静态路由配置

浮动静态路由是网络工程师有时要使用的一种静态路由。浮动是指静态路由在某些条件下离开了路由表，而在另外一些条件下又回到路由表中。

如图 3.7 所示，在路由器 A 和 B 之间多了一条以太网的连接，显然以太网的速度会快得多。因此，希望在路由器 A 和 B 之间的以太网正常时，数据包从该链路通过，而当该以太网链路断开时，数据包才从串行链路通过。

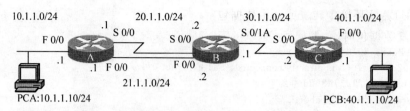

图 3.7　浮动静态路由

想达到以上效果,可以使用浮动静态路由。浮动路由的原理是利用路由的不同管理距离。在前面已经介绍过,到达同一网络如有多条不同管理距离的路由存在,路由器将采用管理距离近的路由。

在路由器 A 进行如下配置。

```
RTA(config)#ip route 40.1.1.0 255.255.255.0 20.1.1.2 10
RTA(config)#ip route 40.1.1.0 255.255.255.0 21.1.1.2 5
```

当查看路由表时,就会发现只有一条 40.1.1.0/255.255.255.0 的路由(下一跳为 21.1.1.2)。

```
RTA#show ip route
```

当把以太网断开后,路由发生了变化。

```
RTA(config)#interface fastethernet 0/0
RTA(config-if)#shutdown
RTA(config-if)#end
RTA#show ip route
```

可以看到,到达 40.1.1.0/255.255.255.0 的路由的下一跳变为 20.1.1.2,也就是说原来被掩盖的路由浮出来了,这样就实现了串行线路实际上是以太网的备份。

习　　题

一、选择题

1. 以下哪项最恰当地描述了路由器的功能?(　　)

　　A. 在 LAN 主机之间提供可靠路由

　　B. 确定通过网络的最佳路径

　　C. 与远程 LAN 主机上的物理地址无关

　　D. 利用路由协议将 MAC 地址放入路由表中

2. 以下哪项最恰当地描述了路径确定的核心功能?(　　)

　　A. 给路由分配管理距离

　　B. 阻止 BGP 离开自治系统

　　C. 从所有到达某个子网的路由中选择最佳路由

D. 在 LAN 环境中转发或路由数据包

3. 在转发数据包时,网络层所使用的主要信息依据是(   )。

    A. IP 路由表   B. RP 响应

    C. 名字服务器的数据   D. 桥接表

4. 以下哪项最恰当地描述了被路由协议?(   )

    A. 它的地址提供了足够的信息以将数据包从一台主机发送到另一台主机

    B. 它的地址提供了将数据包送往下一层的必要信息

    C. 它允许路由器与其他路由器通信以维护和更新路由表

    D. 它允许路由器将 MAC 地址与 IP 地址绑定

5. 以下哪项最恰当地描述了路由协议?(   )

    A. 让路由器可以学习到所有可能路由的协议

    B. 用于确定 MAC 和 IP 地址如何绑定的协议

    C. 网络上的主机启动时分配 IP 地址的协议

    D. 在 LAN 中允许数据包从一台主机发送到另一台主机的协议

6. 以下哪项最恰当地描述了默认路由?(   )

    A. 网络管理员手工输入的紧急数据路由

    B. 在路由表中没有找到明确列出目的网络时所用的路由

    C. 网络失效时所用的路由

    D. 预先设定的最短路径

7. 关于使用下一跳地址配置静态路由,下列哪个描述是正确的?(   )

    A. 路由器不能使用多于一条的带下一跳地址的静态路由

    B. 若路由器在路由表中找到了数据包目的网络的带下一跳地址的路由,那么路由器不用进一步的信息,而立即转发该数据包

    C. 路由器配置使用下一跳地址作为静态路由,必须在该条路由中列出送出接口;或者路由表中具有一条其他路由,该路由可以到达下一跳地址所在网络,并有相关的送出接口

    D. 配置下一跳地址的路由比使用送出接口更加有效率

8. 下面关于直连网络的描述哪些是正确的?(   )

    A. 只要电缆连接到路由器上它就会出现在路由表中

    B. 当 IP 地址在接口上配好后,它就会出现在路由表中

    C. 当在路由器接口模式下输入 no shutdown 命令后,它就会出现在路由表中

9. 当静态路由的管理距离被手工配置为大于动态路由选择协议的默认管理距离时,该静态路由被称为(   )。

    A. 半静态路由   B. 浮动静态路由   C. 半动态路由   D. 手工路由

10. 下列哪种情形不适合使用静态路由?(   )

    A. 管理员需要完全控制路由器使用的路由

    B. 需要快速汇总

    C. 需要为动态获悉的路由提供一条备用的路由

    D. 让路由在路由器中看起来像是一个直连网络

二、简答题

1. 路由器的路由表中包含哪些信息？

2. 路由种类包含哪几种？

3. 静态路由有什么优点？

4. 为什么在修改静态路由配置前必须从配置中删除该静态路由？

5. 默认路由和汇总路由各用在什么场所？

三、实训题

1. 如图 3.8 所示,所有的分支路由器都需要配置到达路由器 A 的默认路由。路由器 A 需要到达路由器 B 的默认路由,路由器 B 需要到达路由器 ISP 的默认路由。路由器 A 可将每台分支路由器连接的 LAN 汇总成一条静态路由,该路由可到达每台分支路由器。路由器 B 和路由器 ISP 可以通过一条静态路由汇总所有的 LAN。在 Packet Tracer 中构建拓扑结构,并测试静态和默认路由命令。

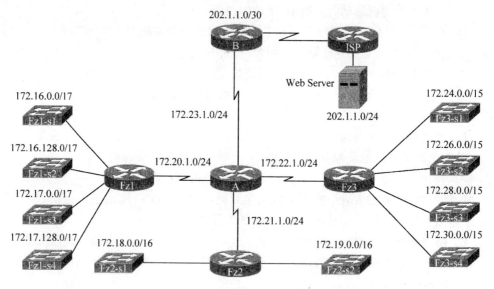

图 3.8　静态路由拓扑图

(1) 每一个分支路由器、路由器 A 和路由器 B 的静态默认路由分别是什么？

(2) 在路由器 A、路由器 B 和路由器 ISP 上配置的汇总静态路由分别是什么？

(3) Web 服务器能够 ping 通每台路由器上的接口吗？

(4) 进行完整的路由配置,并在每台交换机上接一台计算机测试网络的连通性。

2. 假设校园网分为两个区域,每个区域使用一台路由器连接两个子网,现要在路由器上做适当配置,以实现校园网内各区域子网之间的相互通信。

使用 V. 35 DCE/DTE 电缆把两台路由器的串口连接起来,每个路由器下接一台三层交换机,在每台三层交换机上划分两个子网,设置静态路由,实现所有子网间的互通,如图 3.9 所示。

完成如下的配置任务。

(1) 规划 VLAN、各个子网的 IP、各个接口、计算机的 IP 地址及子网掩码。

(2) 各个网络设备(交换机、路由器)的名称、口令。

（3）配置三层交换机的 VLAN。

（4）配置静态路由。

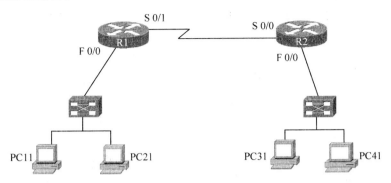

图 3.9　路由过程

动态路由协议 RIP 的配置

在大型网络中,通常采用动态路由协议,与仅使用静态路由相比,动态路由协议可以减少管理和运行方面的成本。一般情况下,网络会同时使用动态路由协议和静态路由协议。在大多数网络中,通常只使用一种动态路由协议,但也存在网络的不同部分使用不同路由协议的情况。使用动态路由协议能适应网络拓扑结构的变化、维护工作量小,没有动态路由协议就没有互联网的今天,可见动态路由协议在路由器配置和使用中的重要性。

有很多不同的路由选择协议,但路由选择信息协议(RIP)是最久经考验的协议之一,它是一种距离矢量路由选择协议。

4.1 用 户 需 求

某高校最近兼并了两个学校,这两个学校都建有自己的校园网。要将 3 个校园网融合为一个,首先需要将这两个校区的校园网通过路由器连接到校本部的校园网,再连接到互联网,并在路由器上做动态路由协议 RIP 的配置,实现各校区校园网内部主机的相互通信,再通过主校区连接到互联网。

4.2 相 关 知 识

在介绍路由选择信息协议之前,有必要首先了解动态路由协议的一些知识,主要包括以下几方面的内容。

4.2.1 动态路由协议的工作原理

1. 需要动态路由的原因

对于图 4.1 所示的网络,根据它是静态配置还是动态配置适应拓扑结构变化的结果是不同的。

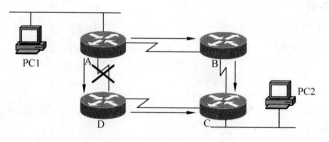

图 4.1 路由配置实例

静态路由允许路由器恰当地将数据包从一个网络传送到另一个网络。在图4.1中,路由器A总是把目标为路由器C的数据发送到路由器D。路由器引用路由选择表并根据表中的静态信息把数据包转发到路由器D,路由器D用同样的方法将数据包转发到路由器C,路由器C把数据包转发到目的主机。

如果路由器A和路由器D之间的路径断开了,路由器A将不能通过静态路由把数据包转发给路由器D。在通过人工重新配置路由器A把数据包转发到路由器B前,要与目的网络进行通信是不可能的。动态路由提供了更多的灵活性,根据路由器A生成的路由选择表,数据包可以经过有限的路由通过路由器D到达目的地。

当路由器A意识到通向路由器D的链路断开时,它就会调整路由选择表,使得通过路由器B的路径成为优先路径。路由器A可以通过这条链路继续发送数据包。

当路由器A和路由器D之间的链路恢复工作时,路由器A会再次改变路由选择表,指示通过路由器D和路由器C的逆时针方向的路径是到达目的网络的优先选择。

2. 动态路由协议的运行过程

路由协议由一组处理进程、算法和消息组成,用于交换路由信息,并将其选择的最佳路径添加到路由表中。路由协议的用途包括发现远程网络、维护最新路由信息、选择通往目的网络的最佳路径。

所有路由协议都有着相同的用途,即获取远程网络的信息,并在网络拓扑结构发生变化时快速做出调整。动态路由协议的运行过程由路由协议类型及协议本身所决定。一般来说,动态路由协议的运行过程如下:

(1)路由器通过其接口发送和接收路由消息。

(2)路由器与使用同一路由协议的其他路由器共享路由信息。

(3)路由器通过交换路由信息来了解远程网络。

(4)如果路由器检测到网络拓扑结构的变化,则路由协议可以将这一变化告知其他路由器。

RIP、IGRP、EIGRP和OSPF协议都能够进行动态路由的操作。如果没有这些动态路由协议,那么因特网是无法实现的。

3. 动态路由和静态路由的比较

动态路由协议和静态路由协议相比,提供了很多优点,在很多情况下,网络拓扑的复杂程度、网络数量以及网络的需求,都会使动态路由协议自动调节,以适应变化的需求。

(1)静态路由的优缺点

静态路由主要有以下几种用途。

① 在不会显著增长的小型网络中,使用静态路由便于维护路由表。

② 静态路由可以路由到末端网络,或者从末端网络路由到外部。

③ 使用单一默认路由。如果某个网络在路由表中找不到更匹配的路由条目,则可使用默认路由作为通往该网络的路径。

④ 静态路由的优点主要有占用的CPU处理时间少、便于管理员了解路由、易于配置。

静态路由的缺点主要有配置和维护耗费时间;配置容易出错,尤其对于大型网络;需要管理员维护变化的路由信息;不能随着网络的增长而扩展,维护会越来越麻烦;需要完全了解整个网络的情况才能进行操作。

（2）动态路由的优缺点

动态路由的优点主要有当增加或删除网络时，管理员维护路由配置的工作量较少；当网络拓扑结构发生变化时，协议可以自动做出调整；配置不容易出错；扩展性好，网络增长时不会出现问题。

动态路由的缺点主要有需要占用路由器资源（CPU 周期、内存和链路带宽）；管理员需要掌握更多的网络知识才能进行配置、验证和故障排除工作。

4.2.2　动态路由协议基础

1. 自治域系统

互联网中有数以千万计的路由器在为数据的转发忙碌着，路由器之间的路由信息的传播将花费很长时间。如图 4.2 所示，在某一边缘上的路由器所连接的网络发生了故障，变得不可用时，这个变化的路由信息需要很长时间才能传播到对岸，当最远端的路由器知道该信息时也许故障早已排除，网络又恢复了正常。在这个过程中，当网络不可用时，远端的路由器认为其依然可用；而当网络可用时，远端

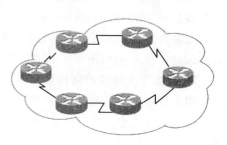

图 4.2　互联网模型

的路由器还认为其不可用。此时，路由器中的路由信息并没有反映出网络的真实情况，路由器也不能正确地路由数据。

为了解决管理上的问题，网络又被分割成一个个便于管理的区域，如图 4.3 所示。该区域由一些路由器和由它们互联的网络构成，并有一个统一的管理策略，对外表现出一个单一实体的属性，称为自治系统（Autonomous System，AS），每个自治系统有一个全局唯一的自治系统号。一般情况下，从协议的方面来看，可以把运行同一种路由协议的网络看做是一个自治域系统；从地理区划方面来看，一个电信运营商或者具有大规模网络的企业可以被分配一个或多个自治域系统。

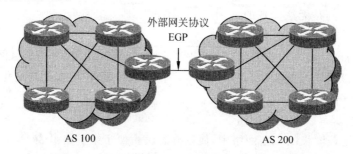

图 4.3　自治系统

根据是否在一个自治域内部使用，动态路由协议分为内部网关协议（IGP）和外部网关协议（EGP）。自治域内部采用的路由选择协议称为内部网关协议，常用的有 RIP、IGRP、EIGRP、OSPF；外部网关协议主要用于多个自治域之间的路由选择，常用的是 BGP 和 BGP-4。

2. 路由协议的分类

(1) 按学习路由和维护路由表的方法分类,路由选择协议可分为以下 3 种。

① 距离矢量(Distance-vector)路由协议。距离矢量路由协议确定网络中任一条链路的方向(矢量)和距离。属于距离矢量路由协议的有 RIPv1、RIPv2、IGRP 等路由协议。

② 链路状态(Link-state)路由协议。链路状态(也称最短路径优先)路由协议重建整个互联网的精确拓扑结构(或者至少是路由器所在部分的拓扑结构)。属于链路状态路由协议的有 OSPF、IS-IS 等路由协议。

③ 混合型(Hybrid)路由协议。混合型路由协议结合了距离矢量路由协议和链路状态路由协议的特点。属于混合型路由协议的有 EIGRP 路由协议,它是 Cisco 公司自己开发的路由协议。

(2) 按是否能够学习到子网分类,可以把路由协议分为有类(Classful)的路由协议和无类(Classless)的路由协议两种。

① 有类的路由协议。这一类的路由协议不支持可变长度的子网掩码,不能从邻居那里学到子网,所有关于子网的路由在被学到时都会自动变成子网的主类网(按照标准的 IP 地址分类)。有类的路由协议包括 RIPv1、IGRP 等。

② 无类的路由协议。这一类的路由协议支持可变长度的子网掩码,能够从邻居那里学到子网,所有关于子网的路由在被学到时都不用被变成子网的主类网,而以子网的形式直接进入路由表。无类的路由协议包括 RIPv2、EIGRP、OSPF 和 BGP 等。

3. 邻居关系

邻居关系对于运行动态路由协议的路由器来说是至关重要的,如图 4.4 所示。在使用比较复杂的动态路由协议(如 OSPF 或 EIGRP)的网络中,一台路由器 A 必须先同自己的邻居(Neighbor)路由器 B 建立起邻居关系(Peers Adjacency)。这样,它的邻居路由器 B 才会把自己知道的路由或拓扑链路的信息告诉路由器 A。

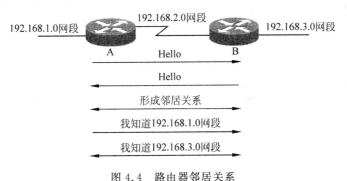

图 4.4 路由器邻居关系

路由器之间想要建立和维持邻居关系,互相之间也需要周期性地保持联络,这就是路由器之间会周期性地发送一些 Hello 包的原因。这些包是路由器之间在互相联络,以维持邻居关系。链路状态路由协议和混合型的路由协议使用 Hello 包维持邻居关系。

一旦在路由协议所规定的时间里(这个时间一般是 Hello 包发送周期的 3 倍或 4 倍),路由器没有收到某个邻居的 Hello 包,它就会认为那个邻居已经坏掉了,从而开始一个触发的路由收敛过程,并且发送消息把这一事件告诉其他邻居路由器。

4. 动态路由协议和收敛

动态路由协议的重要特征之一,就是当网络拓扑发生变化时如何能快速地收敛。收敛(Convergence)是指所有路由器的路由表达到一致的过程。

当一个网络中的所有路由器都获取到完整而准确的网络信息时,网络即完成收敛。快速收敛是网络希望具有的特征,因为它可以尽量避免路由器利用过时的信息作出错误的或无效的路由判断。

收敛时间是指路由器共享网络信息、计算最佳路径并更新路由表所花费的时间。网络在完成收敛后才可以正常运行,因此大部分网络都需要在很短的时间内完成收敛。

收敛过程既具有协作性,又具有独立性。路由器之间既需要共享路由信息,各个路由器也必须独立计算拓扑结构变化对各自路由过程所产生的影响。由于路由器独立更新网络信息以与拓扑结构保持一致,所以也可以说路由器通过收敛来达成一致。

收敛的有关属性包括路由信息的传播速度以及最佳路径的计算方法,可以根据收敛速度来评估路由协议。收敛速度越快,路由协议的性能就越好。通常,RIP 和 IGRP 收敛较慢,而 EIGRP 和 OSPF 收敛较快。

5. 网络路径的度量

在网络中,为了保证网络的畅通,通常会连接很多的冗余链路。这样,当一条链路出现故障时,还可以经由其他路径把数据包传递到目的地。当一个路由选择算法更新路由表时,它的主要目标是确定路由表要包含最佳的路由信息。每个路由选择算法都认为自己的方式是最好的,因此这就用到了度量值。

所谓度量值(Value),就是路由器根据自己的路由算法计算出来的一条路径的优先级。当有多条路径到达同一个目的地时,度量值最小的路径是最佳的路径,应该进入路由表。

路由器中最常用的度量值包括以下几个。

(1) 带宽(Bandwidth):链路的数据承载能力。

(2) 延迟(Delay):把数据包从源端送到目的端所需的时间。

(3) 负载(Load):在网络资源(如路由器或链路)上的活动数量。

(4) 可靠性(Reliability):通常指的是每条网络链路上的差错率。

(5) 跳数(Hop Count):数据包到达目的端所必须通过的路由器个数。

(6) 滴答数(Ticks):用 IBM PC 的时钟标记(大约 55ms 或 1/8s)计数的数据链路延迟。

(7) 开销(Cost):一个任意的值,通常基于带宽、花费的钱数或其他一些由网络管理员指定的度量方法。

各路由协议定义的度量如下。

(1) RIP:跳数。选择跳数最少的路由作为最佳路由。

(2) IGRP 和 EIGRP:带宽、延迟、可靠性和负载。通过这些参数计算综合度量值,选择综合度量值最小的路由作为最佳路由。在默认情况下,仅使用带宽和延迟。

(3) IS-IS 和 OSPF:开销。选择开销最低的路由作为最佳路由。

6. 路由协议管理距离

可以同时使用多种路由选择协议以及静态路由。如果多个路由选择源提供了相同的路由选择信息,则将根据管理距离来确定每个路由选择源的可信度。管理距离让 Cisco IOS

软件能够区别对待不同的路由选择信息源；IOS 选择管理距离最小的路由选择信息源提供的路由。管理距离是一个 0～255 的整数。通常，如果多种路由选择协议都提供了到同一个网络的路径，则将选择管理距离最小的路由选择协议提供的路径。表 4.1 列出了一些路由选择信息源的默认管理距离（注：这里列出的默认管理距离是由 Cisco IOS 软件指定的）。如果默认值不合适（例如在重分发路由时），则管理员可使用 IOS 在每台路由器上分别配置各种协议和各条路由的管理距离值。

表 4.1　默认管理距离

路由来源	管理距离	路由来源	管理距离
直连路由	0	OSPF	110
静态路由	1	IS-IS	115
EIGRP 汇总路由	5	RIP	120
外部 BGP	20	外部 EIGRP	170
内部 EIGRP	90	内部 BGP	200
IGRP	100		

　　如图 4.5 所示，路由器 A 从路由器 C 那里获悉了一条到网络 E 的 RIP 路由，同时又从路由器 B 那里获悉了一条到网络 E 的 IGRP 路由。由于 IGRP 的管理距离更小，因此路由器 A 选择 IGRP 路由。

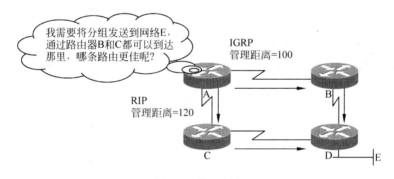

图 4.5　管理距离

4.2.3　有类路由和无类路由

　　随着网络的增长，子网的数量和网络地址的需求量也成比例地增长。没有 IP 寻址技术中的无类别域间路由（CIDR）、路由汇总等技术，路由表的大小会激增，并引起诸多问题。首先，如果路由表已经很大，那么每次拓扑变化都需要更多的 CPU 资源来处理和确认；其次，在一个很大的路由表中，CPU 分类并查找目的地址需要更长的延迟时间。通过使用无类别域间路由和路由汇总，可以在一定程度上解决这些问题。

　　为有效地使用无类别域间路由和路由汇总来控制路由表的大小，网络管理员需要使用先进的 IP 寻址技术，例如可变长子网掩码（VLSM）。

1. 可变长子网掩码（VLSM）

　　在网络中，可变长子网掩码（Variable Length Subnet Masking，VLSM）用来支持多层次的子网 IP 地址，但只有使用了支持 VLSM 的路由协议，如 OSPF、EIGRP、RIPv2，才能应用这种策略。在一个较大的网络中，VLSM 是关键的技术。在一个可扩展的网络中，VLSM 可有效地规划 IP 地址。

如果把网络分成多个不同大小的子网，则可以使用可变长子网掩码，每个子网可以使用不同长度的子网掩码。例如，如果按部门划分网络，则一些网络的掩码可以为 255.255.255.0（多数部门），其他的可为 255.255.252.0（较大的部门）。

在使用有类别路由协议时，因为不能跨主网络交流掩码，所以必须连续寻址且要求同一个主网络只能用一个网络掩码。对于大小不同的子网，只能按最大子网的要求设置子网掩码就会造成浪费，尤其是在网络连接路由器时，两个接口只需要两个 IP 地址，分配的地址却和最大的子网一样。使用 VLSM 允许对同一主网络使用不同的网络掩码，或者说 VLSM 可以改变同一主网络的子网掩码的长度。使用 VLSM 可以让位于不同接口的同一网络编号采用不同的子网掩码，以节省大量的地址空间，允许非连续寻址则使网络的规划更灵活。

（1）前缀长度

前缀长度是子网掩码的简单记法，是层次网络中的关键技术。前缀长度是子网掩码中"1"的个数。在子网掩码中，一系列连续的"1"决定了 IP 地址中有多少位用来表示网络号，一系列连续的"0"则代表了主机号的位数。当增加网络部分的位数时，主机部分的位数会相应减少。

在默认掩码增加位数后，就创建了一系列的子网，每个子网可以用二进制形式表示。可以通过公式 2^n 来计算创建的子网个数，其中 n 是默认掩码增加的位数。在 Cisco IOS 12.0 之前的版本中，必须进行配置来允许子网 0。在 Cisco IOS 12.0 及之后的版本中，子网 0 默认启用。全 1 的子网在所有版本中都是允许的。

在 IP 地址中，除了网络部分和子网部分外的其余位是主机部分。主机地址由这些剩余位表示，而且在同一个网络中，不同主机的主机号不同。可以通过公式 2^m-2 来计算子网中的主机数，其中 m 是主机部分的位数。在主机部分中，全 0 代表子网号，全 1 是该子网的广播地址。

（2）VLSM 实例

某个企业申请了一个 C 类地址 211.81.192.0，现准备构建图 4.6 所示的网络，每个子网不超过 25 台主机，其中网络 1～5 是企业总部的局域网，网络 6～9 是起互联作用的广域网。

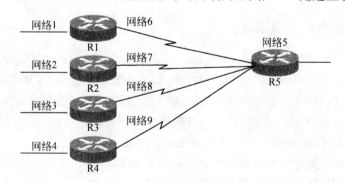

图 4.6　VLSM 实例

根据需要划分有 9 个子网。根据公式 $2^n-2\geqslant9$，得 $n=4$。也就是说，从主机位借了 4 位作为子网位，还剩下 4 位主机位。这样共划分了 16 个子网，每个子网却只能有 14 台主机，不能满足企业的需求。

C类网络如果不划分子网总共可以容纳254台主机,然而现在却容纳不了要求的$5\times25=125$台主机,这就是子网划分带来的IP地址浪费问题。图4.6中的网络6～9只是起互联作用,而不可能有主机接入,串行线路两端的路由器的每个接口各有一个IP地址就可以了,但却分配了一个子网的IP地址,严重浪费了IP地址。这是因为采用了定长子网掩码(Fix Length Subnet Mask,FLSM),即整个网络中所有子网采用相同长度的子网掩码。

为了减少IP地址的浪费,可以采用VLSM。下面以图4.6为例来说明VLSM。

① 先划分大的子网。先把C类网络划分成每个子网可以容纳25台主机的网络,也就是划分成6个子网,子网1～5分配给网络1～5,子网6用来进一步划分子网。

$2^n-2\geq6$,得$n=3$,得到子网掩码为255.255.255.224。

第1个子网为211.81.192.001 00000,即211.81.192.32/255.255.255.224。

第2个子网为211.81.192.010 00000,即211.81.192.64/255.255.255.224。

第3个子网为211.81.192.011 00000,即211.81.192.96/255.255.255.224。

第4个子网为211.81.192.100 00000,即211.81.192.128/255.255.255.224。

第5个子网为211.81.192.101 00000,即211.81.192.160/255.255.255.224。

第6个子网为211.81.192.110 00000,即211.81.192.192/255.255.255.224。

各个子网的IP地址范围在这里不再介绍,同学们自己确定。

② 第6个子网再子网化。把第6个子网进一步子网化,方法和以前介绍的从主机位借位一样。由于网络6～9各需要两台主机,故根据$2^k-2\geq2$,得$k=2$,即只需要保留两位主机位,这样原来剩下的5位主机可以借出3位用来进一步划分子网。

211.81.192.110 XXX YY

这里,X表示新的子网位,Y表示主机位,则各子网如下:

211.81.192.110 000 00,即211.81.192.192/255.255.255.252。

211.81.192.110 001 00,即211.81.192.196/255.255.255.252。

211.81.192.110 010 00,即211.81.192.200/255.255.255.252。

211.81.192.110 011 00,即211.81.192.204/255.255.255.252。

211.81.192.110 100 00,即211.81.192.208/255.255.255.252。

211.81.192.110 101 00,即211.81.192.212/255.255.255.252。

211.81.192.110 110 00,即211.81.192.216/255.255.255.252。

211.81.192.110 111 00,即211.81.192.220/255.255.255.252。

第1个子网211.81.192.192/255.255.255.252的IP范围为211.81.192.193～211.81.192.194,其余子网类推。从中抽取4个分配给网络6～9即可。

这样,网络1～5采用27位掩码,网络6～9采用30位掩码。

2. 无类别域间路由(CIDR)和路由汇总

CIDR用来替代传统的A、B和C类地址的分配过程。CIDR不受8、16或24位的前缀长度限制,使用前缀长度来划分IPv4的32位IP地址。路由汇总则是指如何用一个网络代表一组连续的网络。CIDR和路由汇总都是优化路由,但路由汇总和CIDR有所不同。网络工程师可以在Cisco路由器上为企业定义一条汇总路由,但不能为自己分配地址空间。

（1）路由汇总

通过使用前缀长度代替地址类来确定地址中的网络部分，CIDR 允许路由器聚合路由信息，缩小了路由表。也就是说，一个地址和掩码的组合可以代表到达多个网络的路由。

路由汇总在静态路由已经介绍过，在这里不再赘述。

（2）超网

超网是用汇总地址把一组有类的网络汇聚成一个地址的实际应用。划分子网会将一个有类网络破坏，而超网则是将几个有类网聚合在一起。

超网和路由聚合实际上是同一过程的不同名称。当被聚合的网络是在共同管理控制之下时，更常用超网这个术语。超网和路由聚合实质上是子网划分的反过程。

超网就是将多个网络聚合起来，构成一个单一的、具有共同地址前缀的网络。也就是说，把一些连续的 C 类地址空间模拟成一个单一的、更大一些的地址空间，如一个 B 类地址。

超网的合并过程如下：首先，获得一块连续的 C 类地址空间；然后，从默认掩码（255.255.255.0）中删除位，从最右边的位开始，并一直向左边处理，直到它们的网络 ID 一致为止。

3. 有类和无类路由

有类路由（如 RIPv1）和无类路由（如 RIPv2、OSPF）在 Cisco 路由器上有很明显的区别。有类路由协议基于 A 类、B 类和 C 类网络决定路由和发送路由更新，而无类路由协议不局限于 A 类、B 类和 C 类网络。在现实中，大都运行无类路由协议，有类路由只是在教科书作为一种技术介绍。

（1）有类路由

RIPv1 和 IGRP 是两个有类路由协议，现在已经很少看到有路由器运行这两个协议了。

一个有类路由协议在它的路由更新时，不包含子网掩码信息。正是因为不知道子网掩码信息，所以当一个运行有类路由协议的路由器发送或接收路由更新时，自行决定路由更新中的网络使用何种子网掩码，这种判断基于 IP 地址类型。当一个运行有类路由协议的路由器收到一个路由更新包时，它将按照以下两种方式来决定路由的网络部分。

① 如果路由更新信息中包含的网络号和接收接口的主网相同，这个路由器会按照其接收接口的网络掩码决定其网络掩码。

② 如果路由更新信息中包含的网络号和接收接口的主网不同，则这个路由器会根据 IP 地址类型确定其掩码为默认主网掩码（A 类：255.0.0.0，B 类：255.255.0.0，C 类：255.255.255.0）。

当运行有类路由协议时，同一个主网（A 类、B 类、C 类）的子网必须使用同样的掩码，否则路由器会采用不正确的掩码信息。

运行有类路由协议的路由器在网络边界会做自动汇总。有类路由协议通过 IP 地址类型判断其网络，因此当跨越不同主网的时候路由器会做自动汇总。

路由器向直连的其他路由器发送路由更新。当一个更新包中包含的子网与转发接口的主网地址相同时，执行方式 1。这个路由器将发送全部子网地址信息（不包括子网掩码），并会假设这个网络和接口有相同的子网掩码。

路由器接到更新包的时候会做同样的判断。如果一个路由器为每个子网使用不同的掩码，执行方式 2。这个路由器的路由表中将会有不正确的信息出现。因此，当使用有类路由协议时,给属于同一主网的所有接口使用相同的子网掩码是很重要的。

当一个运行有类路由协议的路由器发送的路由更新中的子网与发送接口不在同一主网中时,这个路由器会假设接收方使用默认主网掩码。因此,当一个路由器发送更新时,更新内容不包括子网信息。这个更新包只有主网信息,过程如图4.7所示。

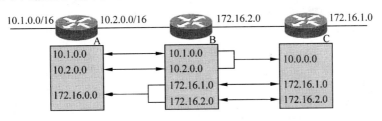

图4.7 有类路由协议在主网边界上自动汇总

这个现象是在网络边界的自动汇总。路由器将该网络中的所有子网汇总,只发送主网的信息。有类路由协议自动地在主网边界创建一条汇总路由,但在主网中,不能进行自动汇总。

收到路由更新的路由器情况与之类似。当一个路由更新中的子网与接收接口不在同一个主网中时,路由器会应用默认主网掩码。由于更新中没有包含掩码信息,故此路由器必须自行判断正确的子网掩码。

在图4.7中,路由器A向路由器B通告一个10.1.0.0的子网,由于连接接口处于同一个主网10.0.0.0中,因此路由器B根据接口,使用16位的掩码。当路由器B收到这个更新包时,它会假设网络10.1.0.0和自己的接口10.2.0.0有同样的16位掩码。

当路由器B和路由器C交换172.16.0.0的网络信息时,包含子网信息,因为直连接口也属于172.16.0.0这个主网。因此,路由器B的路由表中会有这个网络中的所有子网信息。

但是,由于要穿越主网边界,因此路由器B在向路由器C发送更新前把10.1.0.0和10.2.0.0两个子网汇总成10.0.0.0。这个更新从网络10.0.0.0的一个子网10.2.0.0发送到另一个主网172.16.0.0的子网。

路由器B向路由器A发送更新前把172.16.1.0和172.16.2.0两个子网汇总成172.16.0.0。因此,路由器A的路由表中只包含汇总之后的172.16.0.0,路由器C的路由表中只包含汇总之后的10.0.0.0。

图4.8显示了一个有类路由协议的经典问题。当一个主网的几个主网被其他主网分割时,会出现不连续子网问题。如图4.8所示,路由器C直连着一个10.0.0.0的子网。此时,注意路由器B的路由表,其中出现了两条到达网络10.0.0.0的汇总路由条目:一条来自路由器A,另一条来自路由器C。又因为这两条路径具有相同的度量值,所以它们都被加载到路由表中。路由器B会在两条链路上做负载均衡。

流量不能保证总能到达目的地。路由器B有50%的概率为10.0.0.0网络提供正确的路由,也就是说路由器C不知道到底它的哪个接口(S 0还是S 1)能达到子网10.2.0.0和10.3.0.0。

正因为如此,在使用有类网络时要防止不连续子网的出现。同一主网中的所有子网都应该是连续的,不连续的子网彼此不可见,这是因为子网不能跨越网络边界通告。一个有类的路由协议假设它知道一个主网的所有子网。

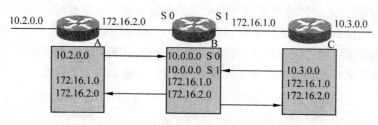

图 4.8   有类网络的不连续子网问题

（2）无类路由

除了 RIPv1 和 IGRP 之外，所有路由协议都是无类路由协议。RIPv2、OSPF、IS-IS、EIGRP 和 BGPv4 都是无类路由协议，支持 VLSM 和 CIDR。

在无类路由协议中，属于同一主网的不同子网可以配置不同的子网掩码。同一主网中的不同子网掩码就是最简单的 VLSM。通过 VLSM，可以根据网络中的主机数灵活配置子网掩码。

如果路由表中有多个条目都与目的地相匹配，就要使用最长前缀匹配法进行选择。例如，如果路由表中到达网络有不同的路径 172.16.0.0/16 和 172.16.5.0/24，则目的地址为172.16.5.19 的包会选择 172.16.5.0/24 的路径，因为目的地址与该网络匹配最长。

无类路由协议不会自动通告每一个子网。在默认情况下，无类路由协议与有类路由协议一样，会在主网边界进行自动汇总。自动汇总使得 RIPv2、OSPF、IS-IS、EIGRP 和 BGPv4 与之前的 RIP 和 IGRP 能够兼容。

在 RIPv2 和 EIGRP 的路由进程下，可以使用 no auto-summary 命令手工关闭自动汇总。在 OSPF 和 IS-IS 中，不需要执行这条命令，因为在默认情况下，它们不执行自动汇总。

自动汇总会导致一些网络问题，如不连续子网问题或某些被汇总的子网不可达。从 Cisco IOS 12.2(8)T 开始，EIGRP 和 BGP 默认关闭 auto-summary 命令，而在之前的版本中，auto-summary 命令则是默认开启的。在 RIPv2 中，auto-summary 命令一直是默认关闭的。

4.2.4   距离矢量路由协议

基于距离矢量的路由选择协议定期地在路由器之间传送路由表的复制。路由器之间通过定期更新，交流网络拓扑结构发生的变化。距离矢量路由协议有 RIPv1、RIPv2、IGRP 等。

1. 距离矢量路由协议学习路由的方法

首先应该明确的一点是，运行距离矢量路由协议的路由器是不知道整个网络的拓扑结构的。这是因为这些路由器之间是通过互相传递路由表来学习路由的，而路由表里记载的只有到在某一目的地的最佳路由，不是全部的拓扑信息，这样路由器无法从邻居那里学到整个网络的拓扑。由于路由表里的条目只记载了到达目的地的方向（从路由器的那个接口出去）和距离，所以路由器从邻居那里学来的路由，也只能知道方向和距离，而没有更多的信息。这就是这种路由协议被称为距离矢量路由协议的原因。

一旦运行距离矢量路由协议的网络中出现链路断路、路由器损坏这样的故障，路由器想要再找其他的路径到达目的地就需要向邻居打听了。这是因为路由器自己不知道整个网络的拓扑，它没办法自己算出路由来，只能向邻居路由器学习路由，而如果邻居路由器也不知道相关的路由,那么邻居路由器还要再向它自己的邻居打听。另外,由于运行距离矢量路由协议的路由器只能依靠邻居来提供路由信息,它自己没有辨别路由信息是否正确的能力,且距离矢量路由协议需要很多额外的措施来保证不会出现路由环路,所以运行距离矢量路由协议的网络在出现故障时收敛是很慢的。

为了维持所学路由的正确性及与邻居的一致性,运行距离矢量路由协议的路由器之间要周期性地向邻居传递自己的整个路由表,如图4.9所示。周期性传递的路由表被封装在路由更新包(Update包)中。路由器就是依靠它来学习路由和维护路由的正确性的。

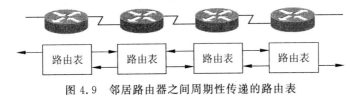

图4.9 邻居路由器之间周期性传递的路由表

下面以图4.10、图4.11和图4.12为例,来说明运行距离矢量路由协议的路由器是如何通过交换路由更新包学习路由的。

先来看图4.10,在路由协议刚刚开始运行时,路由器之间还没有开始互相发送路由更新包。这时,每台路由器的路由表里只有自己直接连接的网段,这是因为直接连接的网段管理距离是0,作为绝对的最佳路由是可以直接进入路由表的。

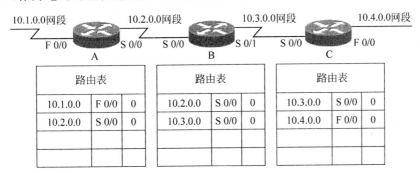

图4.10 运行RIP协议的路由器的路由表初始状态

在路由器学到了自己连接的网段后,就会向自己的邻居路由器发送路由更新包。在路由更新包中,包含着发布的路由(一台路由器所直接连接的网段,必须在路由协议里发布,才能放到路由更新包里,被其他路由器学到)。这样,路由器就开始学到了邻居的路由,如图4.11所示。

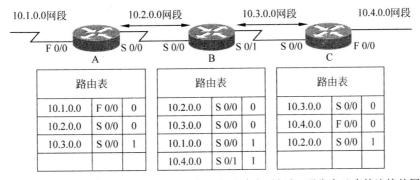

图4.11 运行RIP协议的路由器开始向邻居发送路由更新包,通告自己直接连接的网段

在图 4.11 中,双向箭头表示路由器之间互相发送路由更新包。

路由器 A 从路由器 B 处学到了路由器 B 所直接连接的网段 10.3.0.0,由于到达这个网段需要经过路由器 B,所以这条路由的度量值是 1 跳。同样,路由器 B 学到了邻居直接连接的 10.1.0.0 网段和 10.4.0.0 网段,路由器 C 学到了路由器 B 直接连接的 10.2.0.0 网段。

然后,路由器把从邻居那里学来的路由信息放入路由表,并且把这些路由信息也放进了路由更新包,再向邻居发送,这样路由就可以学习到远端网段的路由了,如图 4.12 所示。

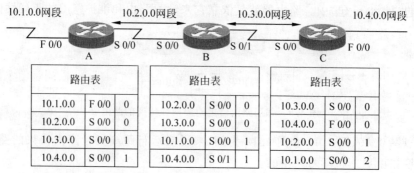

图 4.12　运行 RIP 协议的路由器将从邻居那里学来的路由放进路由更新包,通告其他邻居

在图 4.12 中,双向箭头表示路由器之间互相发送的路由更新包,但是这里的路由更新包与图 4.11 中的路由更新包已经不同,它里面携带了新的路由。

路由器 A 从路由器 B 处学到了路由器 C 所直接连接的网段 10.4.0.0,同时路由器 C 也从路由器 B 那里学到了路由器 A 直接连接的网段 10.1.0.0。

由以上分析可以看出,运行距离矢量路由协议的路由器就是依靠和邻居之间周期性地交换路由表,从而一步一步学习到远端的路由的。

2. 路由环路

当网络对一个新配置的收敛反应比较缓慢,引起了路由表条目的不一致时,就会产生路由环路(Routing Loops)。如图 4.13 所示,显示了路由环路是如何发生的。

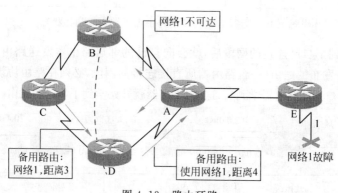

图 4.13　路由环路

(1) 在网络 1 出现故障前,所有的路由器拥有一致的信息和正确的路由表,网络是收敛的。假定,路由器 C 到网络 1 的最优路径是通过路由器 B,且路由器 C 在路由表中记录的到网络 1 的距离是 3。

(2) 当网络 1 出现故障时,路由器 E 向路由器 A 发出更新信息。路由器 A 停止向网络

1发送数据包,然而路由器B、C和D仍然向网络1发送数据包,因为它们还没有接到发生故障的通知。当路由器A发送出更新信息时,路由器B和路由器D停止向网络1发送数据包,此时路由器C还没有收到更新。对路由器C来说,网络1仍然可以通过路由器B达到。

(3) 现在,路由器C向路由器D发送定期更新,指示途经路由器B到达网络1的路径。路由器D收到这个看起来很好但并不正确的信息,并利用这个信息更新自己的路由表,同时将这个信息传递给路由器A。路由器A又将这条信息传递给路由器B和路由器E,以此类推。任何以网络1为目的地的数据包现在都会沿着从路由器C到路由器B到路由器A到路由器D,然后回到路由器C的循环传送。

这样,关于网络1的无效更新会不断地循环下去,直到其他某个进程能终止这个循环。这种情况被称为计数到无穷大,尽管目的网络(网络1)已经出现故障,数据包还在网络中不停地循环。当路由器处于计数到无穷大时,无效的信息允许路由环路的存在。

如果不能解决路由环路和计数到无穷大,则数据包每次经过下一路由器时,跳计数的距离矢量都会递增。由于路由表中的错误信息,所以这些数据包就会在网络中循环传送。

解决路由环路和计数到无穷大的方法通常有水平分割(Split Horizon)、毒性逆转(Poison Reverse)、定义最大跳数(Defining Maximum Count)、触发更新(Trigger Update)和抑制计时(Holddown Timer)。

4.2.5 路由选择信息协议

1. 路由选择信息协议概述

路由信息协议(Routing Information Protocol,RIP)是应用较早、使用较普遍的内部网关协议,适用于由同一个网络管理员管理的网络内的路由选择,是典型的距离向量(Distance-vector)协议。RIP采用距离向量算法,即路由器根据跳数作为度量标准来确定到给定目的地的最佳路由,是有类别(Classful)路由协议。

(1) RIP路由更新选择。RIP路由更新通过广播UDP报文来交换路由选择信息,每30s发送一次路由选择更新消息,当网络拓扑发生变化时也发送消息。路由选择更新过程被称为广播(Advertising)。当路由器收到的路由选择更新中包含对条目的修改时,将更新其路由表,以反映新的路由。此时,路径的度量值将加1,而发送方将被指示为下一跳。RIP只维护到目的地的最佳路由,即度量值最小的路由。当路由器更新其路由表后,将立刻开始传输路由选择更新,将变化情况告知其他的网络路由器。

(2) RIP路由选择度量标准。RIP使用单个路由选择标准(跳数)来度量源网络到目标网络之间的距离。从源网络到目标网络的路径中的每一跳都被分配了一个跳数值,即1。当路由器收到包含新的或修改的目标网络条目的路由选择更新时,将把更新中的度量值加1,并将该网络加入到路由表中,发送方的IP地址将被用作下一跳。如果到相同目标有两个不等速或不同带宽的路由器,但跳跃计数相同,则RIP认为两个路由是等距离的。

RIP最多支持的跳数为15,即在源和目的网间所要经过的最多路由器的数目为15,跳数16表示不可达。

(3) RIP的伸缩性和局限性。由于RIP限制的跳数比较小,因此对于大型网络,这对伸缩性有一定的限制。RIP路由协议有两个版本,即RIPv1和RIPv2。RIPv1是一种传统的路由选择协议,其路由选择更新中不能携带子网掩码信息,因此,RIPv1不支持使用

VLSM。RIPv2 支持验证、密钥管理、路由汇总、无类域间路由（CIDR）和 VLSM。在与其他厂商路由器相邻时，注意 RIP 版本必须一致。在默认状态下，Cisco 路由器接收 RIPv1 和 RIPv2 的路由信息，但只发送 RIPv1 的路由信息。

（4）路由环路。距离向量路由算法容易产生路由环路，RIP 是距离向量路由算法的一种，所以它也不例外。如果网络上有路由环路，那么信息就会循环传递，永远不能到达目的地。为了避免这个问题，RIP 等距离向量算法实现了下面 5 个机制。

① 水平分割。水平分割保证路由器记住每一条路由信息的来源，并且不在收到这条信息的接口上再次发送它。这是保证不产生路由循环的最基本措施。

② 毒性逆转。当一条路径信息变为无效后，路由器并不立即将它从路由表中删除，而是用 16，即不可达的度量值将它广播出去。这样，虽然增加了路由表的大小，但对消除路由循环很有帮助，它可以立即清除相邻路由器之间的任何环路。

③ 定义最大跳数。RIP 的度量是基于跳数的，每经过一台路由器，路径的跳数加 1。如此一来，跳数越多路径就越长，RIP 算法会优先选择跳数少的路径。RIP 支持的最大跳数是 15，跳数为 16 的网络被认为不可达。

④ 触发更新。当路由表发生变化时，更新报文立即广播给相邻的所有路由器，而不是等待 30s 的更新周期。同样，当一个路由器刚启动 RIP 时，它广播请求报文，收到此广播的相邻路由器立即应答一个更新报文，而不必等到下一个更新周期。这样，网络拓扑的变化会最快地在网络上传播开，减少了路由循环产生的可能性。

⑤ 抑制计时。当一条路由信息无效后，一段时间内这条路由都处于抑制状态，即在一定时间内不再接收关于同一目的地址的路由更新。如果路由器从一个网段上得知一条路径失效，然后立即在另一个网段上得知这个路由有效，则这个有效的信息往往是不正确的，而抑制计时避免了这个问题，而且当一条链路频繁启停时，抑制计时减少了路由的浮动，增加了网络的稳定性。

即使采用了上面的 5 种方法，路由循环的问题也不能完全解决，只是得到最大限度的减少。一旦路由循环真的出现，路由的度量值就会出现计数到无穷大（Count to Infinity）的情况。这是因为路由信息被循环传递，每传过一个路由器，度量值就加 1，一直加到 16，路径就成为不可达的了。RIP 选择 16 作为不可达的度量值是很巧妙的，它既足够大，保证了多数网络能够正常运行，又足够小，使得计数到无穷大所花费的时间最短。

（5）邻居。有些网络是 NBMA（Non-Broadcast Multi Access，非广播多路访问）的，即网络上不允许广播传送数据。对于这种网络，RIP 就不能依赖广播传递路由表了。解决方法有很多，最简单的是指定邻居（Neighbor），即指定将路由表发送给某一台特定的路由器。

2. RIP 协议配置

在路由器上配置 RIPv1 协议的步骤如下：

（1）启动 RIP 路由协议。指定使用 RIP 协议作为路由选择协议开始动态选择过程，使 RIP 全局有效。在全局配置模式下执行如下命令进入路由器配置模式。

```
router(config)# router rip
router(config-router)#
```

（2）启用参与 RIP 路由的子网，并且通告全网，其命名如下：

```
router(config-router)# network network-number
```

其中,network-number 为网络地址。

network 命令完成以下 3 项功能。

① 公告属于某个基于类的网络的路由。

② 在所有接口上监听属于这个基于类的网络的更新。

③ 在所有接口上发送属于这个基于类的网络的更新。

(3) 被动接口(passive-interface)。

局域网内的路由不需要向外发送路由更新,这时可以将路由器的该接口设置为被动接口。被动接口指在路由器的某个接口上只接收路由更新,却不发送路由更新。

配置命令如下:

```
router(config-router)# passive-interface interface
```

(4) 查看命令。show ip protocol 命令显示路由器中的定时器值和网络信息;show ip route 命令显示路由器中 IP 路由选择表的内容。

(5) 诊断命令。debug ip rip 命令实时地显示被发送和接收的 RIP 路由选择更新。

3. RIPv2 路由协议概述及其配置

RIPv1 路由协议是典型的有类路由协议,不支持 VLSM 和地址聚合。为了克服这些弊病,就出现了 RIPv2 协议。

RIPv2 路由协议在很多特性上都与 RIPv1 路由协议相同,包括同样是距离向量路由协议、同样是用跳值来计算路由、同样是用水平分割和 180s 的保持时间来防止出现路由环路。但是,RIPv2 路由协议支持在发送路由更新的同时,也发送网段的子网掩码信息,所以RIPv2 路由协议支持 VLSM,运行 RIPv2 路由协议的路由器可以学习到子网的路由。

RIPv2 路由协议可以使用明码或者 MD5 加密的密码验证,以增强网络的安全性。

RIPv2 路由协议使用多点广播 224.0.0.9 进行路由更新。

在路由器上配置 RIPv2 路由协议主要有以下步骤。

(1) 启动 RIP 路由协议。

```
router(config)# router rip
```

(2) 声明版本号。

```
router(config-router)# version 2
```

(3) 启用参与路由协议的接口,并且通告全网。

```
router(config-router)# network network-number
```

(4) 关闭自动汇总。

```
router(config-router)# no auto-summary
```

默认情况下是启动路由汇总功能的。如果连续的子网在接口间进行分隔,那么应该禁止路由汇总功能。

(5)触发更新。为了避免环路,可以使用触发更新,在接口模式下输入如下命令即可。

```
router(config-if)♯ip rip triggered
```

4.3　方案设计

针对客户提出的要求,公司网络工程师计划通过同步串口线路将两个校区局域网连接到主校区的路由器上,然后再连接到互联网上(在这里用一台路由器和一台计算机来模拟)。分别对路由器的接口分配 IP 地址,并配置 RIP 动态路由协议,从而使分布在不同地理位置的校园网之间互联互通,并在主校区的路由器 A 配置默认路由,连接到 ISP 的路由器。

4.4　项目实施

4.4.1　项目目标

通过本项目的实施,使学生掌握以下技能。

(1)能够配置路由器的名称、控制台口令、超级密码。

(2)能够配置路由器各接口地址。

(3)能够配置路由器的动态路由 RIP 协议。

(4)能够配置路由器 A(边界路由器)的默认路由。

4.4.2　实训任务

在实训室或 Packet Trace 中构建如图 4.14 所示的网络拓扑来模拟完成本项目,完成如下的配置任务。

(1)配置路由器的名称、控制台口令、超级密码。

(2)配置路由器各接口地址。

(3)配置路由器的动态路由 RIP 协议。

(4)检验各路由器的路由表。

(5)配置路由器 A(边界路由器)的默认路由。

4.4.3　设备清单

为了构建如图 4.14 所示的网络拓扑,需要如下网络设备。

(1)Cisco 2811 路由器(4 台)。

(2)Cisco Catalyst 2960 交换机(3 台)。

(3)PC(4 台)。

(4)双绞线(若干根)。

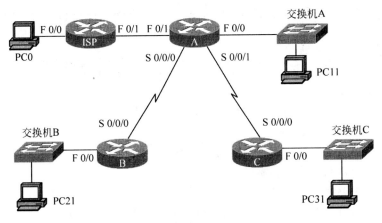

图 4.14 路由器动态路由 RIP

4.4.4 实施过程

步骤 1：规划设计。

（1）规划各路由器的名称、各接口 IP 地址和子网掩码，具体见表 4.2。

表 4.2 路由器的名称、接口 IP 地址和子网掩码

部门	路由器名称	接口	IP 地址	子网掩码	描述
主校区 A	Router A	S 0/0/0	192.168.100.1	255.255.255.0	Router B-S 0/0/0
		S 0/0/1	192.168.200.1	255.255.255.0	Router C-S 0/0/0
		F 0/0	192.168.10.1	255.255.255.0	LAN 10
		F 0/1	192.168.110.2	255.255.255.0	ISP-F 0/1
分校区 B	Router B	S 0/0/0	192.168.100.2	255.255.255.0	Router A-S 0/0/0
		F 0/0	192.168.20.1	255.255.255.0	LAN 20
分校区 C	Router C	S 0/0/0	192.168.200.2	255.255.255.0	Router A-S 0/0/1
		F 0/0	192.168.30.1	255.255.255.0	LAN 30
ISP	Router ISP	F 0/0	192.168.40.1	255.255.255.0	LAN 40
		F 0/1	192.168.110.1	255.255.255.0	Router A-F 0/1

（2）规划各计算机的 IP 地址、子网掩码和网关，具体见表 4.3。

表 4.3 计算机的 IP 地址、子网掩码和网关

计算机	IP 地址	子网掩码	网关
PC0	192.168.40.10	255.255.255.0	192.168.40.1
PC11	192.168.10.10	255.255.255.0	192.168.10.1
PC21	192.168.20.10	255.255.255.0	192.168.20.1
PC31	192.168.30.10	255.255.255.0	192.168.30.1

步骤 2：实训环境准备。

（1）在路由器、交换机和计算机断电的状态下，连接硬件。

（2）打开设备，给设备通电。

步骤 3：设置各计算机的 IP 地址、子网掩码、默认网关。

步骤 4：清除各路由器的配置。

步骤 5：测试网络连通性。

使用 ping 命令分别测试 PC11、PC21、PC31、PC0 这 4 台计算机之间的连通性。

步骤 6：配置路由器 A。

在 PC11 计算机上通过超级终端登录到路由器 A 上，并进行配置。

（1）配置路由器主机名（略）。

（2）为路由器各接口分配 IP 地址（略）。

（3）查看路由器路由表（略）。

（4）配置动态路由。

```
routera#config terminal
routera(config)#router rip
routera(config-router)#network 192.168.10.0
routera(config-router)#network 192.168.100.0
routera(config-router)#network 192.168.110.0
routera(config-router)#network 192.168.200.0
routera(config-router)#end
routera#write
```

（5）查看路由表。此时，可以看到路由器的路由表中还是只包含直连路由，没有包含动态路由，请思考为什么？

```
routera#show ip route
…
Gateway of last resort is not set
C    192.168.10.0/24 is directly connected, FastEthernet 0/0
C    192.168.110.0/24 is directly connected, FastEthernet 0/1
routera#
```

步骤 7：配置路由器 B。

（1）配置路由器主机名（略）。

（2）为路由器各接口分配 IP 地址（略）。

（3）配置动态路由。

```
routerb#config terminal
routerb(config)#router rip
routerb(config-router)#network 192.168.100.0
routerb(config-router)#network 192.168.20.0
routerb(config-router)#end
routerb#write
```

（4）查看路由表。此时可以看到路由器的路由表中包含直连路由，也包含动态路由。

```
routerb#show ip route
…
Gateway of last resort is not set
R    192.168.10.0/24 [120/1] via 192.168.100.1, 00:00:15, Serial 0/0/0
```

```
C      192.168.20.0/24 is directly connected, FastEthernet 0/0
C      192.168.100.0/24 is directly connected, Serial 0/0/0
routerb#
```

其中,注意以下几点。

① R:路由表中表示动态路由的代码,R 表示 RIP 协议。

② 192.168.10.0:该路由的网络地址。

③ /24:该路由的子网掩码。该掩码显示在上一行(即父路由)中。

④ [120/1]:该动态路由的管理距离(120)和度量(到该网络的距离为 1 跳)。

⑤ via 192.168.100.1:下一跳路由器的 IP 地址。

⑥ 00:00:15:自上次更新以来经过了多少秒。

⑦ Serial 0/0/0:路由器用来向该远程网络转发数据的送出接口。

此时再登录到路由器 A 上查看路由表,观察其变化。

```
routera#show ip route
...
Gateway of last resort is not set
C      192.168.10.0/24 is directly connected, FastEthernet 0/0
R      192.168.20.0/24 [120/1] via 192.168.100.2, 00:00:03, Serial 0/0/0
C      192.168.100.0/24 is directly connected, Serial 0/0/0
routera#
```

步骤 8:配置路由器 C。

在 PC31 计算机上通过超级终端登录到路由器 C 上,并进行配置。

(1) 配置路由器主机名(略)。

(2) 为路由器各接口分配 IP 地址(略)。

(3) 配置动态路由。

```
routerc#config terminal
routerc(config)#router rip
routerc(config-router)#network 192.168.200.0
routerc(config-router)#network 192.168.30.0
routerc(config-router)#end
routerc#write
```

(4) 查看路由表。此时,可以看到路由器的路由表中包含直连路由,也包含动态路由。

```
routerc#show ip route
...
Gateway of last resort is not set
R      192.168.10.0/24 [120/1] via 192.168.200.1, 00:00:05, Serial 0/0/0
R      192.168.20.0/24 [120/2] via 192.168.200.1, 00:00:05, Serial 0/0/0
R      192.168.100.0/24 [120/1] via 192.168.200.1, 00:00:05, Serial 0/0/0
C      192.168.200.0/24 is directly connected, Serial 0/0/0
routerc#
```

此时再登录到路由器 A 和路由器 B 上查看路由表,观察其变化。

步骤 9:使用 ping 命令分别测试 PC1、PC2、PC3 这 3 台计算机之间的连通性,并填入表 4.4 中。

表 4.4　测试计算机之间的连通性

类别	PC1	PC2	PC3
PC1	—		
PC2		—	
PC3			—

步骤 10:配置 ISP 路由器。

(1) 配置 ISP 路由器各接口 IP 地址(略)。

(2) 配置 ISP 路由器路由。

```
isp(config)# ip route 192.168.10.0 255.255.255.0 192.168.110.2
isp(config)# ip route 192.168.20.0 255.255.255.0 192.168.110.2
isp(config)# ip route 192.168.30.0 255.255.255.0 192.168.110.2
isp(config)# exit
isp# write
```

步骤 11:配置路由器 A 的默认路由。

```
routera(config)# ip route 0.0.0.0 0.0.0.0 192.168.110.1
routera(config)# router rip
routera(config-router)# default-information originate
```

步骤 12:查看各路由器的路由表及当前配置的路由协议。

(1) 查看路由器 A 的路由表及当前配置的路由协议。

```
routera# show ip route
...
Gateway of last resort is 192.168.110.2 to network 0.0.0.0
C     192.168.10.0/24 is directly connected, FastEthernet 0/0
R     192.168.20.0/24 [120/1] via 192.168.100.2, 00:00:01, Serial 0/0/0
C     192.168.100.0/24 is directly connected, Serial 0/0/0
C     192.168.110.0/24 is directly connected, FastEthernet 0/1
C     192.168.200.0/24 is directly connected, Serial 0/0/1
S*    0.0.0.0/0 [1/0] via 192.168.110.2
routera#
routera# show ip protocols
Routing Protocol is "rip"
Sending updates every 30 seconds, next due in 10 seconds
Invalid after 180 seconds, hold down 180, flushed after 240
Outgoing update filter list for all interfaces is not set
Incoming update filter list for all interfaces is not set
Redistributing: rip
...
Routing for Networks:
    192.168.10.0
```

```
            192.168.100.0
            192.168.110.0
            192.168.200.0
Passive Interface(s):
Routing Information Sources:
        Gateway        Distance      Last Update
        192.168.100.2        120        00:00:08
Distance: (default is 120)
routera#
```

（2）查看路由器 B 的路由表及当前配置的路由协议。

```
routerb#show ip route
...
Gateway of last resort is 192.168.100.1 to network 0.0.0.0
R     192.168.10.0/24 [120/1] via 192.168.100.1, 00:00:05, Serial 0/0/0
C     192.168.20.0/24 is directly connected, FastEthernet 0/0
C     192.168.100.0/24 is directly connected, Serial 0/0/0
R     192.168.110.0/24 [120/1] via 192.168.100.1, 00:00:05, Serial 0/0/0
R     192.168.200.0/24 [120/1] via 192.168.100.1, 00:00:05, Serial 0/0/0
R*    0.0.0.0/0 [120/1] via 192.168.100.1, 00:00:05, Serial 0/0/0
routerb#show ip protocols
```

（3）查看路由器 C 的路由表及当前配置的路由协议。

```
routerc#show ip route
routerc#show ip protocols
```

步骤 13：测试网络连通性。

测试 PC0、PC11、PC21、PC31 等计算机之间的连通性，测试各计算机到路由器各接口的连通性并填入表 4.5 中。

表 4.5　网络连通性测试

设备	Router A				Router B		Router C		Router ISP	
	F 0/0	F 0/1	S 0/0/0	S 0/0/1	F 0/0	S 0/0/0	F 0/0	S 0/0/0	F 0/0	F 0/1
PC0										
PC11										
PC21										
PC31										

如果全部测试连通性，则配置完全正确；如有部分不通，试找出原因并解决。

步骤 14：配置各路由器的口令。

配置各路由器的各种口令，然后远程登录各路由器。

步骤 15：保存配置文件。

通过控制台和远程终端分别保存配置文件为文本文件。

步骤 16：清除路由器的所有配置。

清除路由器启动配置文件。

4.5 拓 展 训 练

4.5.1 配置单播更新

所谓单播更新(Unicast Update),就是向指定
的路由器发送更新路由信息。在图 4.15 中,路由
器 R1 只想把路由更新发送到路由器 R3 上,由于
RIPv1 路由协议采用广播更新,在默认情况下,路
由更新将发送给以太网上任何一个设备,为了防
止这种情况发生,把路由器 R1 的 F 0/0 配置成被
动接口,然而路由器 R1 还想把路由更新发送给
R3,这时必须采用单播更新,为指定的相邻路由器
R3 发送路由更新。

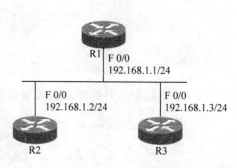

图 4.15 RIP 单播更新

R1 的配置如下:

```
r1(config)# route rip
r1(config-router)# network 192.168.1.0
r1(config-router)# passive-interface fastethernet 0/0
r1(config-router)# neighbor 192.168.1.3
```

4.5.2 RIPv2 路由配置

下面以图 4.14 所示为例来说明 RIPv2 的配置。

(1) 配置 Router A 使用 RIP 协议。

```
routera# config terminal
routera(config)# router rip
routera(config-router)# version 2
routera(config-router)# no auto-summary
routera(config-router)# network 192.168.10.0
routera(config-router)# network 192.168.100.0
routera(config-router)# network 192.168.200.0
routera(config-router)# end
routera# write
```

(2) 配置 Router B 使用 RIP 协议。

```
routerb# config terminal
routerb(config)# router rip
routerb(config-router)# version 2
routerb(config-router)# no auto-summary
routerb(config-router)# network 192.168.100.0
routerb(config-router)# network 192.168.20.0
routerb(config-router)# end
routerb# write
```

（3）配置 Router C 使用 RIP 协议。

```
routerc♯config terminal
routerc(config)♯router rip
routerc(config-router)♯version 2
routerc(config-router)♯no auto-summary
routerc(config-router)♯network 192.168.200.0
routerc(config-router)♯network 192.168.30.0
routerc(config-router)♯end
routerc♯write
```

（4）触发更新，分别在各路由器的串口下输入 ip rip triggered 命令。

（5）在路由器上运行 show ip route 命令显示路由器的路由选择表，运行 show ip protocols 命令显示关于 RIP 配置的详细信息。

```
routera♯show ip protocols
routerb♯show ip protocols
routerc♯show ip protocols
```

4.5.3　RIPv1 和 RIPv2 混合配置

如图 4.14 所示，路由器 Router A 运行 RIPv2 协议，路由器 Router B 和 Router C 运行 RIPv1 协议，如何让 Router B 和 Router C 学到 Router A 发送的路由更新呢？

（1）运行 show ip route 命令显示路由器的路由选择表。

（2）配置 Router B 使用 RIPv1 协议。

```
routerb♯config terminal
routerb(config)♯router rip
routerb(config-router)♯version 1
routerb(config-router)♯no auto-summary
routerb(config-router)♯network 192.168.100.0
routerb(config-router)♯network 192.168.20.0
routerb(config-router)♯end
routerb♯write
```

（3）配置 Router A 使用 RIPv2 协议。

```
routera(config)♯router rip
routera(config-router)♯version 2
routera(config-router)♯no auto-summary
routera(config-router)♯network 192.168.1.0
routera(config-router)♯network 192.168.10.0
routera(config-router)♯exit
routera(config)♯interface serial 0/0
routera(config-if)♯ip rip receive version 1 2
```

（4）在两个路由器上运行 show ip route 命令显示路由器的路由选择表，运行 show ip protocol 命令显示关于 RIP 配置的详细信息。

习　题

一、选择题

1．有关距离矢量协议的优点下列哪些说法是正确的？（　　　）

　　A．周期更新加速收敛　　　　　　　　　　B．收敛时间可以防止路由环路

　　C．执行容易导致配置简单　　　　　　　　D．在复杂网络中能够工作得很好

2．下面哪些机制可以避免计数到无穷大的环路？（　　　）

　　A．水平分割　　　　　B．路由毒化　　　　　C．抑制计时器

　　D．触发更新　　　　　E．带毒性反转的水平分割

3．什么机制通过通知度量为无穷大来使 RIP 避免环路？（　　　）

　　A．水平分割　　　　　B．路由毒化　　　　　C．抑制计时器

　　D．最大跳数　　　　　E．IP 头中的生存时间（TTL）字段

4．在 RIPv2 中如何禁用自动汇总？（　　　）

　　A．router(config)＃no auto-summary

　　B．router(config-router)＃no auto-summary

　　C．router(config-if)＃no auto-summary

　　D．不建议禁用自动汇总

5．什么时候在 RIPv2 中禁用自动汇总？（　　　）

　　A．当用户想让路由表最小时　　　　　　　B．当用户使用不连续网络时

　　C．当用户使用 VLSM 时　　　　　　　　　D．当不需要传播单独的子网时

6．对于自动汇总，RIPv2 默认的行为是（　　　）。

　　A．在 RIPv2 中启用自动汇总

　　B．在 RIPv2 中禁用自动汇总

　　C．RIPv2 中没有自动汇总

　　D．在 RIPv2 中，汇总只能是手工的

7．下述哪些有关 RIPv1 的说法是正确的？（　　　）

　　A．它是一种距离矢量协议

　　B．它将带宽用作度量值

　　C．它将有关网络中所有路由的信息存储在一个数据库中

　　D．它每隔 30s 发送一次更新

8．RIP 通告哪些网络？（　　　）

　　A．所有直连网络　　　　　　　　　　　　B．用 network 命令指定的所有直连网络

　　C．通过 RIP 协议获悉的网络　　　　　　D．用 network 命令指定的所有网络

9．RIP 的管理距离是（　　　）。

　　A．110　　　　　　　B．100　　　　　　　C．120　　　　　　　　D．90

10．下列哪个 show 命令显示 RIP 进程通告的本地网络？（　　　）

　　A．show ip route　　　　　　　　　　　　B．show ip protocol

　　C．show ip networks　　　　　　　　　　D．show rip protocol

二、简答题

1. 为什么相对于动态路由会优先选择静态路由？

2. IP 动态路由协议中最常用的度量有哪些？

3. 什么是管理距离？它的重要性如何？

4. 收敛的作用是什么？

5. 有类路由协议和无类路由协议的区别是什么？

6. 无类路由协议的优点有哪些？

7. 有类路由协议如何确定路由更新中的子网掩码？

8. RIPv1 的主要特征是什么？

三、实训题

1. 如图 4.16 所示，路由器 A 连接到 3 台分支路由器（Br1、Br2 和 Br3），并通过 ISP 连接到 Internet。在路由器 A 和分支路由器之间配置了 RIPv1 协议。使用 Packet Trace 来构建和配置图 4.16 所示的网络。

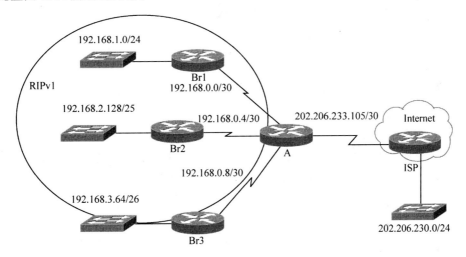

图 4.16　汇总拓扑

(1) 列出用于 Br1 路由器上配置 RIPv1 路由的命令。

(2) 列出 A 路由器的完整路由配置，包括 RIPv1、默认路由以及向分支路由器传播默认路由。

(3) ISP 上的哪条静态路由命令将汇总可通过路由器 A 访问的所有网络？

2. 根据图 4.14 所示，配置 RIPv2 路由协议以完成网络的互联互通。

3. 采用 RIP 路由完成项目 3 实训题 2。

动态路由协议 EIGRP 的配置

5.1 用户需求

某高校新近兼并了两所学校,这两所学校都建有自己的校园网,需要将这两个校区的校园网通过路由器连接到校本部的校园网。现要在路由器上做动态路由协议 EIGRP 配置,以实现各校区校园网内部主机的相互通信,并且通过主校区连接到互联网。

5.2 相关知识

作为网络工程师,需要了解本工作任务所涉及的以下几方面知识。

(1) 能够理解 IGRP、EIGRP 协议的特性。

(2) 能够熟悉 IGRP、EIGRP 协议的区别。

(3) 能够进行 IGRP、EIGRP 度量值的计算。

(4) 能够进行 IGRP、EIGRP 协议配置。

EIGRP 被称为增强型内部网关路由协议,它仍是一种距离矢量的无类路由协议,它的前身是 IGRP,它们都是思科的专有协议,只能在思科路由器上运行。

5.2.1 IGRP 协议简介

IGRP(Interior Gateway Routing Protocol)协议是 20 世纪 80 年代中期由 Cisco 公司开发的路由协议,Cisco 创建 IGRP 的主要目的是为 AS 内的路由提供一种健壮的协议。

20 世纪 80 年代中期,最流行的 AS 内的路由协议是 RIP。虽然 RIP 对于在小到中型的同类网中非常有用,但随着网络的发展,其限制越来越显著,特别是 RIP 很小的跳数限制 (16)制约了网络的规模,且其单一的度量值(跳数)在复杂的环境中很不灵活。Cisco 路由器的普及和 IGRP 的健壮性使许多拥有大型网络的组织用 IGRP 代替 RIP。

IGRP 基本上按照 RIP 的操作过程,具体包括下面的内容。

(1) IGRP 以固有的时间间隔将路由表广播给邻居路由器。

(2) IGRP 使用更新计时器、失效计时器、保持计时器和清空计时器。

(3) IGRP 不支持 VLSM。

(4) IGRP 使用水平分割、毒性逆转、触发更新、抑制计时。

IGRP 和 RIP 之间的主要的区别如下:

(1) IGRP 使用 AS。

(2) IGRP 支持复杂得多也灵活得多的度量。

(3) IGRP 可以跨越多达 255 跳步的网络。

（4）IGRP 的负载均衡机制与 RIP 不同。

（5）IGRP 使用更长时间的计时器。

1. IGRP 协议特性

IGRP 是一种距离向量型的内部网关协议（IGP）。距离向量路由协议要求每个路由器以规则的时间间隔向其相邻的路由器发送其路由表的全部或部分。随着路由信息在网络上扩散，路由器就可以计算到所有节点的距离。

IGRP 使用一组度量值的组合，包括网络延迟、带宽、可靠性、负载和最大传输单元等都被用于路由选择，网管可以为每种度量值设置权值，IGRP 可以用管理员设置的或默认的权值来自动计算最佳路由。

IGRP 为其度量值提供了较宽的值域。例如，可靠性和负载可在 1～255 取值；带宽值域为 1200bps～10Gbps；延迟可取值 1～24。宽的值域可以提供满意的度量值设置，更重要的是度量值各组件以用户定义的算法结合，因此网管可以以直观的方式影响路由选择。

为了提供更多的灵活性，IGRP 允许多路径路由。两条等带宽线路可以以循环（Round-robin）方式支持一条通信流，当一条线路断掉时自动切换到第二条线路。此外，即使各条路的度量值不同也可以使用多路径路由。例如，如果一条路径比另一条好 3 倍，则它将以 3 倍使用率运行。只有具有一定范围内的最佳路径度量值的路由，才可用作多路径路由。

（1）稳定性

IGRP 提供许多特性以增强其稳定性，包括抑制计时、水平分割和毒性逆转。

IGRP 是距离向量算法的一种，同 RIP 一样，容易产生路由循环。为了避免这个问题，IGRP 和 RIP 等距离向量算法实现了水平分割、毒性逆转、触发更新、抑制计时 4 个机制。

（2）计时器

IGRP 维护一组计时器和含有时间间隔的变量，包括更新计时器、失效计时器、保持计时器和清空计时器。更新计时器规定路由更新消息应该以什么频率发送，IGRP 中此值默认为 90s。失效计时器规定在没有特定路由的路由更新消息时，在声明该路由失效前路由器应等待多久，IGRP 中此值默认为更新周期的 3 倍。保持计时器规定 Hold-down 周期，IGRP 中此值默认为更新周期加 10s。最后，清空计时器规定路由器清空路由表前等待的时间，IGRP 的默认值为路由更新周期的 7 倍。

在默认情况下，IGRP 每 90s 发送一次路由更新广播，若在 3 个更新周期内（即 270s），没有从路由中的第一个路由器接收到更新，则宣布路由不可访问。在 7 个更新周期即 630s后，Cisco IOS 软件从路由表中清除路由。

（3）最大跳数

IGRP 的最大跳数可达 255，不过通常情况下其设置值比它的默认值 100 都要低。

2. IGRP 度量值的计算

IGRP 协议计算度量值所使用的公式如下：

$$\text{Metric} = [K_1 \times \text{Bandwidth} + K_2 \times \text{Bandwidth} \div (256 - \text{Load}) + K_3 \times \text{Delay}]$$
$$\times [K_5 \div (\text{Reliability} + K_4)]$$

公式中的 K 值称为权重（Weight），是常数，可以在路由器配置模式下使用 metric weights 命令定义。在默认情况下，$K_1 = K_3 = 1$，$K_2 = K_4 = K_5 = 0$，所以该公式在默认情况下可以简化为

$$\text{Metric} = \text{Bandwidth} + \text{Delay}$$

公式中的带宽以 Kbps 为单位参与计算,延迟的单位是微秒(μs)。从出发地到目的地所经由的链路的带宽并不一定相同,所以公式中使用的带宽值应该是从发送数据的出口到目的地所经由的链路中带宽的最小值。然后,以 10000000 除以该值。公式中使用的延迟是从发送数据的出口到目的地网络所经由的所有路由器出口的延迟之和,再除以 10。因此,公式变为

$$度量值 = 10000000/Bandwidth + \sum Delay/10$$

3. IGRP 协议配置

在路由器上配置 IGRP 路由协议主要有以下步骤。

(1) 启用 IGRP 路由协议

在全局设置模式下,启动 IGRP 路由协议,并为其指定一个 AS 号。命令语法如下:

router(config) # **router igrp** *autonomous-system*

其中,autonomous-system 为自治域号,可以随意建立,并非实际意义上的 autonomous-system,但运行 EIGRP 协议的路由器要想交换路由更新信息,其 autonomous-system 必须相同,其范围为 1~65535。

(2) 发布网段

把网络和 IGRP AS 关联起来,向邻居通告网络号(路由),并启动接口参与 IGRP 进程。

router(config-router) # **network** *network-address*

其中,network-address 为网络号。

IGRP 只是将由 network-address 命令指定的子网在各端口中进行传送以交换路由信息,如果不指定子网,则路由器不会将该子网广播给其他路由器。

(3) (可选)定义指定的单播邻居

指定某路由器所知的 IGRP 路由信息广播给那些与其相毗邻的路由器。

router(config-router) # **neighbor** *ip-address*

其中,ip-address 为毗邻路由器(neighbor)的相邻端口 IP 地址。

(4) 不允许某个端口发送 IGRP 路由信息

router(config-router) # **passive-interface interface** *type mod/numb*

一般的,在以太网上只有一台路由器时,IGRP 广播没有任何意义,且浪费带宽,完全可以将其过滤掉。

(5) 有关调试命令

使用下面的命令可以进行 RIP 故障的诊断。

show ip protocols 和 show ip route 命令已经介绍过,在这里不再介绍。

debug ip igrp 命令:可以显示路由器发送和接收的所有 IGRP 报文以及相关的错误消息和更新报文中发送的网络路由。

debug ip igrp transactions 命令:可以实时检查 IGRP 路由协议的路由更新情况。

(6) 诊断命令

debug ip igrp events 命令:输出的是 IGRP 路由协议路由更新的汇总。

5.2.2 EIGRP 路由协议

1. 和 IGRP 的比较

表 5.1 为 RIP 等传统距离矢量路由协议与增强型距离矢量路由协议 EIGRP 之间的差异。

表 5.1 传统距离矢量路由协议与 EIGRP 的比较

传统距离矢量路由协议	增强型距离矢量路由协议
使用 Bellman-ford 或 Ford-fullkerson 算法	使用 Dual
路由条目会过期,并使用定期更新	路由条目不会更新,不使用定期更新
仅跟踪最佳路由,即到达目的网络的最佳路径	路由表外还有一个拓扑表,其包括最佳路径和所有无环备用路径
当路由不可用后,路由器必须等待新的路由更新	路由不可用后,Dual 使用拓扑表中的备用路径
抑制计时器降低了收敛速度	由于不使用抑制计时器及并列路由计算系统,因此可更快速收敛

2. 自治系统和进程 ID

(1) 自治系统(AS)

AS 是由单个实体管理的一组网络,这些网络通过统一的路由策略连接到 Internet。如图 5.1 所示,A、B、C、D 这 4 家公司全部由 ISP 1 管理和控制。ISP 1 在代表这些公司向 ISP 2 通告路由时,会提供一个统一的路由策略。

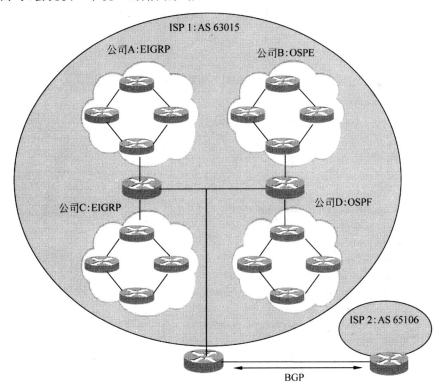

图 5.1 自治系统

AS 编号是由 Internet 地址授权委员会分配,该机构同时也分配 IP 地址空间,当地负责从其获得的 AS 编号中为实体分配编号。在 2007 年前,AS 编号的长度为 16 位,范围为 0~65535;现在的 AS 编号长度为 32 位,可用编号数目增加到超过 40 亿个。

ISP、Internet 主干提供商以及连接其他实体的大型机构等都需要 AS 编号。这些 ISP 和大型机构使用外部网关路由协议 BGP 来传播路由协议。BGP 是唯一一个在配置中使用实际自治系统编号的路由协议。

使用 IP 网络的绝大多数公司和机构不需要 AS 编号,都由 ISP 等更高一级的机构来管理。这些公司在自己的网络内部使用 RIP、EIGRP、OSPF 和 IS-IS 等内部网关协议来路由数据包。它们是 ISP 的自治系统内各自独立的众多网络之一。ISP 负责在自治系统内以及与其他自治系统之间路由数据包。

(2) 进程 ID

EIGRP 使用一个进程 ID 来代表各自路由器上运行的协议实例。

router(config)#**router eigrp** *autonomous-system*

尽管 EIGRP 将该参数称为"autonomous-system"编号,它实际上起进程 ID 的作用。此编号与前面谈到的自治系统编号无关,并可以为其分配任何 16 位值。

为建立邻接关系,EIGRP 要求使用同一进程 ID 来配置同一个路邮域内的所有路由器。一般来说,在一台路由器上,只会为每个路由协议配置一个进程 ID。

3. EIGRP 度量计算

EIGRP 和 IGRP 一样,也不使用跳数作为度量,而是使用由带宽、延迟、可靠性和负载组成的符合度量。在默认情况下,仅使用带宽和延迟。

(1) 符合度量

默认符合度量公式为

$$\text{Metric} = K_1 \times \text{Bandwidth} + K_3 \times \text{Delay}$$

完整符合公式为

$$\text{Metric} = K_1 \times \text{Bandwidth} + K_2 \times \text{Bandwidth} \div (256 - \text{Load}) + K_3 \times \text{Delay}$$

公式包含 K_1 到 K_5 共 5 个 K 值,它们称为 EIGRP 度量权重。在默认情况下,K_1 和 K_3 设为 1,K_2、K_4 和 K_5 设为 0。结果,仅带宽和延迟被用于计算默认符合度量。

默认的 K 值可使用 EIGRP 路由器命令来更改:

router(config-router)#**metric weights tos** K_1 K_2 K_3 K_4 K_5
show ip protocol 命令用于检验 K 值。
routera#**show ip protocols**
Routing Protocol is "eigrp 200 "
　　Outgoing update filter list for all interfaces is not set
　　Incoming update filter list for all interfaces is not set
　　Default networks flagged in outgoing updates
　　Default networks accepted from incoming updates
　　EIGRP metric weight K1=1, K2=0, K3=1, K4=0, K5=0
　　EIGRP maximum hopcount 100
　　...

show interface 命令可以检查计算路由度量时为带宽、延迟、可靠性和负载使用的实际值。

routerc#**show interface fastethernet 0/0**
FastEthernet 0/0 is up, line protocol is up (connected)
　　Hardware is Lance, address is 0060.3edd.0701 (bia 0060.3edd.0701)
　　Internet address is 192.168.30.1/24
　　MTU 1500 bytes, BW 100000 Kbit, DLY 100 usec,
　　　　reliability 255/255, txload 1/255, rxload 1/255
…

① 带宽度量是一种静态值,以 Kbps 为单位显示。

使用 bandwidth 接口命令可以修改带宽度量。

router(config-if)#**bandwidth** *kilobits*

② 延迟是衡量数据包通过路由所需时间的指标,也是一种静态值。它以接口所连接的链路类型为基础,单位为 ms。

表 5.2 所示显示了各种接口的默认延迟值。

表 5.2 各种接口默认延迟值

介　质	延迟/μs	介　质	延迟/μs
100M ATM	100	以太网	1000
快速以太网	100	T1(串口的默认值)	20000
FDDI	100	512K	20000
HSSI	20000	DS0	20000
16 令牌环	630	56K	20000

③ 可靠性是对链路将发生或曾经发生错误的几率的衡量指标。可靠性是动态测得的,取值范围为 0～255,其中 1 表示可靠性最低的链路,255 则表示百分之百可靠。计算可靠性时取 5 分钟内的加权平均值,以避免高(或低)错误率的突发性影响。

可靠性以分母为 255 的分数表示,该值越大,链路越可靠。在默认情况下,EIGRP 在度量计算中不使用可靠性。

④ 负载反映使用该链路的流量。与可靠性相似,负载也是动态测得的,其取值范围也是 0～255。

负载也以分母为 255 的分数表示,不同的是,负载值越低越好。1/255 表示链路上负载最低。

负载同时显示为出站(即发送)负载值(Tcload)和入站(即接收)负载值(Rxload)。计算负载时取 5min 内的加权平均值,以避免高(或低)错误率的突发性影响。

在默认情况下,EIGRP 在度量计算中不使用负载。

(2) 计算 EIGRP 度量

当使用 K_1 和 K_3 的默认值时,计算可简化为

　　　　　　　　　最低带宽(即最小带宽)+总延迟

4. EIGRP 路由协议配置

(1) 启用 IGRP 路由协议

在全局设置模式下,启动 IGRP 路由协议,并为其指定一个进程 ID。其命令语法如下:

router(config)# **router eigrp** *autonomous-system*

其中,autonomous-system 为进程 ID 号,由网络管理员选择,并非实际意义上的 autonomous-system,但运行 EIGRP 的路由器要想交换路由更新信息,其 autonomous-system 必须相同,其范围为 1~65535。

(2) 发布网段

router(config-router)# **network** *network-address*

其中,network-address 为此接口的有类网络地址。

在默认情况下,当在 network-address 命令中使用有类网络地址(如 172.16.0.0)时,该路由器上属于该有类网络地址的所有接口都将启用 EIGRP。然而,有时网络管理员并不想为所有接口启用 EIGRP 协议。要配置 EIGRP 协议以仅通告特定子网,要使用带有 wildcard-mask 选项的 network 命令。

router(config-router)# **network** *network-address*[*wildcard-mask*]

其中,wildcard-mask 为通配符掩码,为子网掩码的翻码。

某些思科 IOS 版本可以直接输入子网掩码,但思科 IOS 会自动将该命令转换为通配符掩码格式,可以通过 show running-config 命令来检验。

passive-interface 命令不能应用于 EIGRP。在配置 passive-interface 命令后,EIGRP 在接口停止发送 Hello 包,这样就不能在此接口上形成邻居关系,因此不能发送和接收路由更新。

(3) Null 0 汇总路由

Null 0 接口实际上是不通向任何地方的路由,通常称为"比特桶"。在默认情况下,EIGRP 使用 Null 0 接口来丢弃与父路由匹配但与所有子路由都不匹配的数据包。

只要同时存在下列两种情况,EIGRP 就会自动加入一条 Null 0 总结路由作为子路由。

① 通过 EIGRP 至少发现一个子网。

② 启用了自动汇总。

与 RIP 相似,EIGRP 在主网络边界自动汇总。

(4) 禁用自动汇总

与 RIP 相似,EIGRP 使用默认的 auto-summary 命令在主网络边界自动汇总。

此外,可使用 no auto-summary 命令禁用自动汇总。

(5) 配置 EIGRP 手工汇总

要在发送 EIGRP 数据包的所有接口上建立 EIGRP 手动汇总,使用下列命令。

router(config-if)# **ip summary-address eigrp** *as-number network-address subnet-mask*

(6) EIGRP 默认路由

使用通向 0.0.0.0/0 的静态路由作为默认路由与路由协议无关。"全零"静态路由可用于支持当今的任何路由协议。静态默认路由通常配置在连接到 EIGRP 路由域外的网络,例如,通向 ISP 的路由器上。

router(config)# **ip route** *0.0.0.0 0.0.0.0 interface mod/num*
router(config)# **router eigrp** *as-number*
router(config)# **redistribute statis**

EIGRP 需要使用 redistribute statis 命令才能将此静态默认路由包括在 EIGRP 路由更新中。

（7）检验 EIGRP

使用下面的命令可以进行 RIP 故障的诊断。

show ip protocols 和 show ip route 命令已经介绍过，在这里不再赘述。

show ip eigrp neighbors 命令可查看邻居表，并检验 EIGRP 是否与其邻居建立邻接关系。对于每台路由器，应该能看到邻接路由器的 IP 地址以及通向该 EIGRP 邻居的接口。

5.3 方 案 设 计

为了将新合并的两个学校的校园网连接到主校区的校园网，并将主校区的校园网连接到 Internet，可以通过将两个校区的局域网的路由器采用同步串口线路或快速以太网接口连接到主校区的路由器上。然后，分别对路由器的端口分配 IP 地址，并配置 EIGRP 动态路由协议，从而使分布在不同地理位置的校园网之间互联互通。

5.4 项 目 实 施

5.4.1 项目目标

通过本项目的完成，使学生掌握以下技能。

（1）能够进行 EIGRP 配置。

（2）能够使用 EIGRP 动态路由协议实现 3 个校区网络联通。

（3）校园网通过主校区的路由器连接到 Internet。

5.4.2 实训任务

在实训室或在 Packet Trace 中构建图 5.2 所示的网络拓扑来模拟实现本项目，将 4 台计算机连接到交换机上再连接到路由器上，完成如下的配置任务。

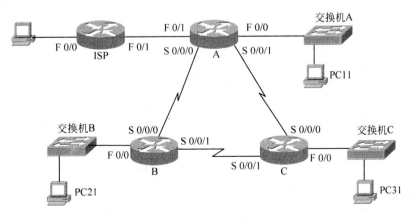

图 5.2 路由器动态路由协议 EIGRP

（1）配置路由器的名称、控制台口令、超级密码。

（2）配置路由器各接口地址。

（3）配置路由器的动态路由 EIGRP 协议。

（4）配置默认静态路由。

5.4.3　设备清单

为了搭建图 5.2 所示的网络拓扑，需要如下的网络设备。

（1）Cisco 2811 路由器（4 台）。

（2）Cisco Catalyst 2960 交换机（3 台）。

（3）PC（4 台）。

（4）双绞线（若干根）。

（5）反转电缆（2 根）。

5.4.4　实施过程

步骤 1：规划设计。

（1）规划各路由器名称，各接口 IP 地址、子网掩码，具体见表 5.3。

表 5.3　路由器名称、接口 IP 地址

部　门	路由器名称	接　口	IP 地址	子网掩码	描　　述
主校区 A	Router A	S 0/0/0	172.16.3.1	255.255.255.252	Router B-S 0/0/0
		S 0/0/1	192.168.10.9	255.255.255.252	Router C-S 0/0/0
		F 0/0	172.16.2.1	255.255.255.0	LAN 172.2
		F 0/1	192.168.10.11	255.255.255.252	ISP-F 0/1
分校区 B	Router B	S 0/0/0	172.16.3.2	255.255.255.252	Router A-S 0/0/0
		S 0/0/1	192.168.10.5	255.255.255.252	Router C-S 0/0/1
		F 0/0	172.16.1.1	255.255.255.0	LAN 172.1
分校区 C	Router C	S 0/0/0	192.168.10.10	255.255.255.252	Router A-S 0/0/1
		S 0/0/1	192.168.10.6	255.255.255.252	Router B-S 0/0/1
		F 0/0	192.168.1.1	255.255.255.0	LAN 192.1
ISP	ISP	F 0/1	10.1.1.2	255.255.255.252	Router A-F 0/1
		F 0/0	211.81.192.1	255.255.255.0	LAN 211

（2）规划各计算机的 IP 地址、子网掩码和网关，具体见表 5.4。

表 5.4　计算机 IP 地址、子网掩码、网关

计算机	IP 地址	子网掩码	网　关
PC0	211.81.192.10	255.255.255.0	211.81.192.1
PC11	172.16.2.10	255.255.255.0	172.16.2.1
PC21	172.16.1.10	255.255.255.0	1172.16.1.1
PC31	192.168.1.10	255.255.255.0	192.168.1.1

步骤 2：硬件连接，然后分别打开设备，给设备加电。

（1）在路由器、交换机和计算机断电的状态下，按照图 5.2 连接硬件。

（2）按照表5.4所列设置各计算机的IP地址、子网掩码、默认网关。

步骤3：测试网络连通性。

使用 ping 命令分别测试 PC0、PC11、PC21、PC31 这 4 台计算机之间的连通性填入表5.5中。

表 5.5　网络连通性

设备	PC0	PC11	PC21	PC31
PC0	/			
PC11		/		
PC21			/	
PC31				/

步骤4：配置路由器 A、B、C 的主机名和各接口 IP（略）。

步骤5：查看各路由器的路由表。

```
routera # show ip route
…
Gateway of last resort is not set
     172.15.0.0/16 is variably subnetted, 2 subnets, 2 masks
C       172.16.2.0/24 is directly connected, FastEthernet 0/0
C       172.16.3.0/30 is directly connected, Serial 0/0/0
     192.168.10.0/30 is subnetted, 1 subnets
C       192.168.10.8 is directly connected, Serial 0/0/1
routera #
```

```
routerb # show ip route
…
Gateway of last resort is not set
     172.16.0.0/16 is variably subnetted, 2 subnets, 2 masks
C       172.16.1.0/24 is directly connected, FastEthernet 0/0
C       172.16.3.0/30 is directly connected, Serial 0/0/0
     192.168.10.0/30 is subnetted, 1 subnets
C       192.168.10.4 is directly connected, Serial 0/0/1
routerb #
```

```
routerc # show ip route
…
Gateway of last resort is not set
C    192.168.1.0/24 is directly connected, FastEthernet 0/0
     192.168.10.0/30 is subnetted, 2 subnets
C       192.168.10.4 is directly connected, Serial 0/0/1
C       192.168.10.8 is directly connected, Serial 0/0/0
routerc #
```

步骤6：配置各路由器都采用 EIGRP 路由协议。

```
routera(config) # router eigrp 200
routera(config-router) # network 192.168.10.8 0.0.0.3
routera(config-router) # network 172.16.3.0 0.0.0.3
routera(config-router) # network 172.16.2.0
```

```
routera(config-router)#end
routera#write

routerb(config)#router eigrp 200
routerb(config-router)#network 172.16.1.0
routerb(config-router)#network 172.16.3.0 0.0.0.3
routerb(config-router)#network 192.168.10.4 0.0.0.3
routerb(config-router)#end
routerb#write

routerc(config)#router eigrp 200
routerc(config-router)#network 192.168.10.8 0.0.0.3
routerc(config-router)#network 192.168.10.4 0.0.0.3
routerc(config-router)#network 192.168.1.0
routerc(config-router)#end
routerc#write
```

当第二个路由器的路由协议配置正确后,就会弹出下述信息。

%DUAL-5-NBRCHANGE: IP-EIGRP 200: Neighbor 192.168.10.5 (Serial 0/0/1) is up: new adjacency

步骤 7:查看各路由器的路由表。

```
routera#show ip route
...
Gateway of last resort is not set
    172.16.0.0/16 is variably subnetted, 4 subnets, 3 masks
D       172.16.0.0/16 is a summary, 00:03:20, Null0
D       172.16.1.0/24 [90/2172416] via 172.16.3.2, 00:02:31, Serial 0/0/0
C       172.16.2.0/24 is directly connected, FastEthernet 0/0
C       172.16.3.0/30 is directly connected, Serial 0/0/0
D    192.168.1.0/24 [90/2172416] via 192.168.10.10, 00:00:39, Serial 0/0/1
    192.168.10.0/24 is variably subnetted, 3 subnets, 2 masks
D       192.168.10.0/24 is a summary, 00:03:30, Null0
D       192.168.10.4/30 [90/2681856] via 192.168.10.10, 00:00:56, Serial 0/0/1
C       192.168.10.8/30 is directly connected, Serial 0/0/1
routera#
```

其中,注意以下几点。

(1) D 表示使用 EIGRP 动态路由协议,该字符代表 DUAL。

(2) 192.168.1.0:该路由的网络地址。

(3) /24:该路由的子网掩码。该掩码显示在上一行(即父路由)中。

(4) [90/2172416]:该动态路由的管理距离(90)和度量(2172416)。

(5) via 192.168.10.10:下一跳路由器的 IP 地址。

(6) 00:00:39:自上次更新以来延迟了多少秒。

(7) Serial 0/0/1:路由器用来向该远程网络转发数据的输出接口。

```
routerb#show ip route
...
```

Gateway of last resort is not set
　　172.16.0.0/16 is variably subnetted, 4 subnets, 3 masks
D　　　172.16.0.0/16 is a summary, 00:02:14, Null0
C　　　172.16.1.0/24 is directly connected, FastEthernet 0/0
D　　　172.16.2.0/24 [90/2172416] via 172.16.3.1, 00:02:52, Serial 0/0/0
C　　　172.16.3.0/30 is directly connected, Serial 0/0/0
D　　192.168.1.0/24 [90/2172416] via 192.168.10.6, 00:01:00, Serial 0/0/1
　　　192.168.10.0/24 is variably subnetted, 3 subnets, 2 masks
D　　　192.168.10.0/24 is a summary, 00:02:14, Null0
C　　　192.168.10.4/30 is directly connected, Serial 0/0/1
D　　　192.168.10.8/30 [90/2681856] via 192.168.10.6, 00:01:17, Serial 0/0/1
routerb#

routerc# show ip route
…
Gateway of last resort is not set
D　　172.16.0.0/16 [90/2172416] via 192.168.10.9, 00:01:43, Serial 0/0/0
　　　　　　　　　　[90/2172416] via 192.168.10.5, 00:01:36, Serial 0/0/1
C　　192.168.1.0/24 is directly connected, FastEthernet 0/0
　　　192.168.10.0/24 is variably subnetted, 3 subnets, 2 masks
D　　　192.168.10.0/24 is a summary, 00:01:19, Null0
C　　　192.168.10.4/30 is directly connected, Serial 0/0/1
C　　　192.168.10.8/30 is directly connected, Serial 0/0/0
routerc#

步骤8：查看各路由器的路由协议、邻接关系及拓扑表。

（1）查看路由器A的路由协议、邻接关系及拓扑表

routera# **show ip protocols**
Routing Protocol is "eigrp 200"
　　Outgoing update filter list for all interfaces is not set
　　Incoming update filter list for all interfaces is not set
　　Default networks flagged in outgoing updates
　　Default networks accepted from incoming updates
　　EIGRP metric weight K1=1, K2=0, K3=1, K4=0, K5=0
　　EIGRP maximum hopcount 100
　　EIGRP maximum metric variance 1
Redistributing: eigrp 200
　　Automatic network summarization is in effect
　　Automatic address summarization:
　　　192.168.10.0/24 for Serial 0/0/0, FastEthernet 0/0
　　　　Summarizing with metric 2169856
　　　172.16.0.0/16 for Serial 0/0/1
　　　　Summarizing with metric 28160
　　Maximum path: 4
　　Routing for Networks:
　　　192.168.10.8/30
　　　172.16.3.0/30
　　　172.16.0.0
　　Routing Information Sources:
　　　Gateway　　　　　Distance　　　Last Update

```
        172.16.3.2          90                    2037094
        192.168.10.10       90                    2124831
    Distance: internal 90 external 170


routera # show ip eigrp neighbors
IP-EIGRP neighbors for process 200
```

H	Address	Interface	Hold (sec)	Uptime	SRTT (ms)	RTO	Q Cnt	Seq Num
0	172.16.3.2	Se 0/0/0	11	00:03:52	40	1000	0	13
1	192.168.10.10	Se 0/0/1	12	00:02:24	40	1000	0	7

```
routera #
```

其中,注意以下几点。

① H：按照发现顺序列出邻居。

② Address：该邻居的 IP 地址。

③ Interface：收到此 Hello 数据包的本地接口。

④ Hold：当前的保持时间每次收到 Hello 数据包时,此值即被重置为最大保持时间,然后倒计时,到零为止。如果到达了零,则认为该邻居标识为 down。

⑤ Uptime：运行时间,从该邻居被添加到邻居表以来的时间。

⑥ SRTT：平均回程计时器。

⑦ RTO：重传间隔。

⑧ Q Cnt：队列数,应该始终为零。如果大于 0,则说明有 EIGRP 数据包等待发送。

⑨ Seq Num：序列号,用于跟踪更新、查询和应答数据包。

```
routera #
routera # show ip eigrp topology
IP-EIGRP Topology Table for AS 200

Codes: P-Passive, A-Active, U-Update, Q-Query, R-Reply,
        r-Reply status

P 172.16.2.0/24, 1 successors, FD is 28160
            via Connected, FastEthernet 0/0
P 0.0.0.0/0, 1 successors, FD is 51200
            via Rstatic (51200/0)
P 172.16.3.0/30, 1 successors, FD is 2169856
            via Connected, Serial 0/0/0
P 192.168.10.8/30, 1 successors, FD is 2169856
            via Connected, Serial 0/0/1
P 172.16.0.0/16, 1 successors, FD is 28160
            via Summary (28160/0), Null0
P 192.168.10.0/24, 1 successors, FD is 2169856
            via Summary (2169856/0), Null0
P 192.168.1.0/24, 1 successors, FD is 2172416
            via 192.168.10.10 (2172416/28160), Serial 0/0/1
P 192.168.10.4/30, 1 successors, FD is 2681856
            via 192.168.10.10 (2681856/2169856), Serial 0/0/1
```

P 172.16.1.0/24, 1 successors, FD is 2172416
                via 172.16.3.2 (2172416/28160), Serial 0/0/0
routera#

其中,注意以下几点。

① P:该路由处于被动状态。

② 172.16.1.0/24:目的网络,可在路由表中找到。

③ 1 successors:用于显示通向细网络的后继路由器数量。

④ FD is 2172416:到达目的网络的 EIGRP 度量。

⑤ via 172.16.3.2:这是后继路由器的下一跳地址。

⑥ 2172416:通向目的网络的可行距离。

⑦ 28160:后继路由器通向此网络的报告距离。

⑧ Serial 0/0/0:通向此网络的出口。

(2) 查看路由器 B 的路由协议、邻接关系及拓扑表

routerb# **show ip protocols**
routerb# **show ip eigrp neighbors**
IP-EIGRP neighbors for process 200

H	Address	Interface	Hold (sec)	Uptime	SRTT (ms)	RTO	Q Cnt	Seq Num
0	172.16.3.1	Se 0/0/0	14	00:04:59	40	1000	0	9
1	192.168.10.6	Se 0/0/1	12	00:03:24	40	1000	0	7

routerb#
routerb# **show ip eigrp topology**

(3) 查看路由器 C 的路由协议、邻接关系及拓扑表

routerc# **show ip protocols**
routerc# **show ip eigrp neighbors**
routerc# **show ip eigrp topology**

步骤9:测试计算机之间的连通性。

使用 ping 命令分别测试 PC0、PC11、PC21、PC31 这 4 台计算机之间的连通性填入表5.5 中。这时,各计算机之间应该是连通的。如果不通,则检查各路由器、计算机的配置及设置。

步骤10:配置路由器 A 的默认路由。

routera(config)# **interface** *Fastethernet 0/1*
routera(config-if)# **ip address** *10.1.1.1 255.255.255.252*
routera(config-if)# **no shutdown**
routera(config-if)# **exit**
routera(config)# **ip route** *0.0.0.0 0.0.0.0 10.1.1.2*
routera(config)# **redistribute statis**
routera# **show ip route**
...
Gateway of last resort is 10.1.1.2 to network 0.0.0.0
     10.0.0.0/30 is subnetted, 1 subnets
C   10.1.1.0 is directly connected, FastEthernet 0/1
     172.16.0.0/16 is variably subnetted, 4 subnets, 3 masks
D   172.16.0.0/16 is a summary, 00:00:49, Null0

```
D        172.16.1.0/24 [90/2172416] via 172.16.3.2, 00:00:41, Serial 0/0/0
C        172.16.2.0/24 is directly connected, FastEthernet 0/0
C        172.16.3.0/30 is directly connected, Serial 0/0/0
D     192.168.1.0/24 [90/2172416] via 192.168.10.10, 00:00:42, Serial 0/0/1
         192.168.10.0/24 is variably subnetted, 3 subnets, 2 masks
D        192.168.10.0/24 is a summary, 00:00:49, Null0
D        192.168.10.4/30 [90/2681856] via 192.168.10.10, 00:00:42, Serial 0/0/1
C        192.168.10.8/30 is directly connected, Serial 0/0/1
S*    0.0.0.0/0 [1/0] via 10.1.1.2
routera#
```

步骤 11：配置 ISP 路由器。

```
router(config)# hostname isp
isp(config)# interface FastEthernet 0/0
isp(config-if)#  ip address 10.1.1.2 255.255.255.252
isp(config-if)# no shutdown
isp(config-if)#  interface FastEthernet 0/1
isp(config-if)#  ip address 211.81.192.1 255.255.255.0
isp(config-if)# no shutdown
isp(config)# ip route 172.16.2.0 255.255.255.0 10.1.1.1
isp(config)# ip route 172.16.1.0 255.255.255.0 10.1.1.1
isp(config)# ip route 192.168.1.0 255.255.255.0 10.1.1.1
isp(config)#  exit
isp# write
isp# show ip route
…
Gateway of last resort is not set
      10.0.0.0/30 is subnetted, 1 subnets
C        10.1.1.0 is directly connected, FastEthernet 0/0
      172.16.0.0/24 is subnetted, 2 subnets
S        172.16.1.0 [1/0] via 10.1.1.1
S        172.16.2.0 [1/0] via 10.1.1.1
S      192.168.1.0/24 [1/0] via 10.1.1.1
C     211.81.192.0/24 is directly connected, FastEthernet 0/1
isp#
```

步骤 12：配置各路由器的各种口令及保存配置文件。

(1) 配置路由器远程登录密码(略,同项目 4)。

(2) 配置控制台登录路由器的口令(略,同项目 4)。

(3) 配置进入特权模式口令(略,同项目 4)。

步骤 13：使用 ping 命令分别测试 PC0、PC11、PC21、PC31 这 4 台计算机之间的连通性填入表 5.5 中。这时,各计算机之间应该是连通的。如果不通,则检查各路由器、计算机的配置及设置。

步骤 14：保存配置文件。

通过控制台和远程终端分别保存配置文件为文本文件。

步骤 15：清除路由器的所有配置。

清除路由器启动配置文件。

习 题

一、选择题

1. 路由器运行 EIGRP 要维护的表是( )(选三项)。

    A. DUAL 表   B. 可行距离表   C. 邻居表

    D. 路由表   E. 拓扑表   F. OSPF 表

2. EIGRP 邻居表和拓扑表的作用是( )。

    A. DUAL 使用邻居表和拓扑表以勾建路由表

    B. 邻居表发送给所有邻居路由器,用于构建拓扑表

    C. 拓扑表发送给邻居表中所列的所有路由器

    D. DUAL 使用邻居表来构建拓扑表

    E. 邻居表广播给邻居路由器,而拓扑表广播给所有路由器

二、简答题

1. EIGRP 使用什么路由算法?

2. EIGRP 复合度量使用哪些度量值?默认情况下使用什么?

3. EIGRP 中在什么情况下包含 NULL 0 自动汇总路由?

4. DHCP 有几种分配 IP 地址的机制?

5. 在默认情况下,helper address 命令转发哪些 UDP 端口数据?

三、实训题

1. 某公司搭建了图 5.3 所示的计算机网络,有 10 个网段,若采用静态路由配置解决路由问题,则会比较复杂,且效率低下,因此拟采用路由协议 EIGRP 解决网络的路由问题。

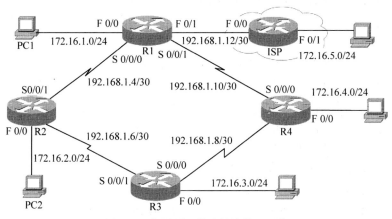

图 5.3 实训题 1 搭建的计算机网络

(1) 路由器 R1、R2、R3、R4 之间的连接采用串口连接。

(2) ISP 路由器模拟互联网的路由器,从路由器 R1 到路由器 ISP 采用默认路由。

(3) 配置完成后 PC0、PC1、PC2、PC3 之间能够互联互通。

2. 采用静态路由配置项目 5 实训题 1。

3. 采用 EIGRP 协议配置项目 3 实训题 2。

动态路由协议 OSPF 的配置

6.1 用户需求

某高校最近兼并了两所学校,这两所学校都建有自己的校园网。首先需要将这两个校区的校园网通过路由器连接到校本部的校园网,再连接到互联网。然后,在路由器上做动态路由协议 OSPF 配置,以实现各校区校园网内部主机的相互通信,并且通过主校区连接到互联网。

6.2 相关知识

作为网络工程师,需要了解本任务所涉及的以下几方面知识。

6.2.1 链路状态路由选择协议

链路状态路由选择协议,也被称为最短路径优先(SPF)协议,它用于维护复杂的拓扑信息数据库。属于链路状态路由选择协议的有 OSPF、IS-IS 等。

1. 链路状态路由协议算法

链路状态路由协议利用 SPF 协议来维护一个复杂网络拓扑数据库。与距离矢量路由协议不同,链路状态路由协议更先进,并且通过与网络中的其他路由器交换 LSA(链路状态通告),能够知道网络中的所有路由器及其连接情况。

每个交换 LSA 的路由器根据收到的 LSA 建立起拓扑数据库,然后利用 SPF 算法计算目的地的可达性。这些信息被用来更新路由表,而路由表中只包括拓扑数据库中到达目的地成本最低的路由。同时,还能发现因为部件错误或网络增长而发生的网络拓扑变化。

LSA 交换是由网络中的事件触发,而不是周期更新的。由于不需要在收敛之前等待一段时间,因此加快了收敛速度。

如图 6.1 所示,每条路径都标有一个独立的开销。从 R2 向连接到 R3 的 LAN 发送数据包的最短路径开销为 27,每台路由器会自行确定通向拓扑中每个目的地的开销。换句话说,每台路由器都会站在自己的角度计算 SPF 算法并确定开销。

表 6.1 中列出了各个路由器到每个 LAN 的最短路径及开销。

最短路径不一定具有最少的跳数,例如从 R1 到 R5-LAN 的路径,有 R1→R3→R4→R5 和 R1→R4→R5 两条路径。其中,路径 R1→R3→R4→R5 为 3 跳但路径开销为 17;而路径 R1→R4→R5 为 2 跳,路径开销为 32。所以,R1 换向 R3 发送数据包,而不是向 R4 发送数据包。

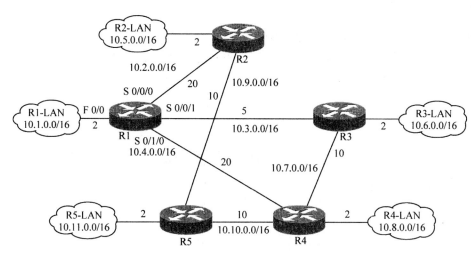

图 6.1　最短路径优先算法

表 6.1　各路由器的 SPF 树

路由器	目的地	最短路径	下一跳	开　销	合计
R1	R2-LAN	R1→R2	R2	20+2	22
	R3-LAN	R1→R3	R3	5+2	7
	R4-LAN	R1→R3→R4	R3	5+10+2	17
	R5-LAN	R1→R3→R4→R5	R3	5+10+10+2	27
R2	R1-LAN	R2→R1	R1	20+2	22
	R3-LAN	R2→R1→R3	R1	20+5+2	27
	R4-LAN	R2→R5→R4	R5	10+10+2	22
	R5-LAN	R2→R5	R5	10+2	12
R3	R1-LAN	R3→R1	R1	5+2	7
	R2-LAN	R3→R1→R2	R1	5+20+2	27
	R4-LAN	R3→R4	R4	10+2	12
	R5-LAN	R3→R4→R5	R4	10+10+2	22
R4	R1-LAN	R4→R3→R1	R3	10+5+2	17
	R2-LAN	R4→R5→R2	R5	10+10+2	22
	R3-LAN	R4→R3	R3	10+2	12
	R5-LAN	R4→R5	R5	10+2	12
R5	R1-LAN	R5→R4→R3→R1	R4	10+10+5+2	27
	R2-LAN	R5→R2	R2	10+2	12
	R3-LAN	R5→R4→R3	R4	10+10+2	22
	R4-LAN	R5→R4	R4	10+2	12

2. 链路状态过程

在运行链路状态路由协议如 OSPF 的网络拓扑中,所有路由器都会完成下列链路状态通用路由过程来达到收敛。

步骤 1:了解直连网络。

了解每台路由器的链路,即与其直连的网络。这通过检测哪些接口处于工作状态(包括第三层地址)来完成。

当路由器接口配置了 IP 地址和子网掩码后,接口就成为该网络的一部分。如果正确配置并激活了接口,则路由器可了解与其直连的网络。无论使用哪种路由协议,这些直连网络都是路由表的一部分。下面以 R1 为例来介绍链路状态路由过程。

(1) 链路。

对于链路状态路由协议来说,链路是路由器接口上的一个接口。与距离矢量路由协议和静态路由一样,链路状态路由协议也需要下列条件才能了解链路:正确配置接口的 IP 地址和子网掩码并且链路处于 UP 状态。同时,必须将接口包括在一条 network 语句中,这样该接口才能参与链路状态路由过程。在图 6.1 中,显示 R1 有 4 条直连网络。

① 通过 FastEthernet 0/0 接口连接到 10.1.0.0/16 网络。

② 通过 Serial 0/0/0 接口连接到 10.2.0.0/16 网络。

③ 通过 Serial 0/0/1 接口连接到 10.3.0.0/16 网络。

④ 通过 Serial 0/1/0 接口连接到 10.4.0.0/16 网络。

表 6.2 列出了 R1 的 4 条链路。

表 6.2　R1 的链路

链　路	信　　息	链　路	信　　息
链路 1	网络:10.1.0.0/16	链路 3	网络:10.3.0.0/16
	IP 地址:10.1.0.1		IP 地址:10.3.0.1
	网络类型:以太网		网络类型:串行
	链路开销:2		链路开销:5
	邻居:无		邻居:R3
链路 2	网络:10.2.0.0/16	链路 4	网络:10.4.0.0/16
	IP 地址:10.2.0.1		IP 地址:10.4.0.1
	网络类型:串行		网络类型:串行
	链路开销:20		链路开销:20
	邻居:R2		邻居:R4

(2) 链路状态。

路由器链路状态的信息称为链路状态,这些信息包括以下几方面。

① 接口的 IP 地址和子网掩码。

② 网络类型,例如以太网(广播)链路或串行点到点链路。

③ 该链路的开销。

④ 该链路上的所有相邻路由器。

步骤 2:向邻局发送 Hello 数据包。

每台路由器负责"问候"直连网络中的相邻路由器。

采用链路状态路由协议的路由器使用 Hello 协议来发现其链路上的所有邻居。这里,邻居是指启用了相同的链路状态路由协议的其他任何路由器。

在图 6.1 中,R1 将 Hello 数据包送出其链路(接口)来确定是否有邻居。R2、R3 和 R4 因为配置有相同的链路状态路由协议,所以使用自身的 Hello 数据包应答该 Hello 数据包。FastEthernet 0/0 接口上没有邻居。因为 R1 未从此接口收到 Hello 数据包,所以不会在

FastEthernet 0/0 链路上继续执行链路状态路由进程。

与 EIGRP 的 Hello 数据包相似,当两台链路状态路由器获悉它们是邻居时,将形成一种相邻关系。这些小型 Hello 数据包持续在两个相邻的邻居之间互换,以此实现"保持生存"功能来监控邻居的状态。如果路由器不再收到某邻居的 Hello 数据包,则认为该邻居已无法到达,该相邻关系破裂。在图 6.1 中,R1 与 R2、R3、R4 分别建立了相邻关系。

步骤 3:建立链路状态数据包。

每台路由器创建一个链路状态数据包(LSP),其中包含与该路由器直连的每条链路的状态。

路由器一旦建立了相邻关系,即可创建链路状态数据包(LSP),其中包含与该链路相关的链路状态信息。来自 R1 的 LSP 的简化版如下。

(1) R1:以太网 10.1.0.0/16,开销 2。

(2) R1→R2:串行点到点网络,10.2.0.0/16,开销 20。

(3) R1→R3:串行点到点网络,10.3.0.0/16,开销 5。

(4) R1→R4:串行点到点网络,10.4.0.0/16,开销 20。

步骤 4:将链路状态数据包泛洪给邻居。

每台路由器将 LSP 泛洪到所有邻居,然后邻居将收到的所有 LSP 存储到数据库中。

每台路由器将其链路状态信息泛洪到路由区域内的其他所有链路状态路由器。路由器一旦接收到来自相邻路由器的 LSP,立即将该 LSP 从除接收该 LSP 的接口以外的所有接口发出。此过程在整个路由区域内的所有路由器上形成 LSP 的泛洪效应。

当路由器接收到 LSP 后,几乎立即将其泛洪出去,不经过中间计算。距离矢量路由协议则不同,该协议必须首先运行贝尔曼-福特(Bellman-Ford)算法来处理路由更新,然后才将它们发送给其他路由器;而链路状态路由协议则在泛洪完成后,再计算 SPF 算法。因此,链路状态路由协议达到收敛状态的速度比距离矢量路由协议快得多。

LSP 并不需要定期发送,而仅在下列情况下才需要发送。

(1) 在路由器初始启动期间,或在该路由器上的路由协议进程启动期间。

(2) 每次拓扑发生更改时,包括链路接通或断开,或是相邻关系建立或破裂。

除链路状态信息外,LSP 中还包含其他信息(例如序列号和过期信息),以帮助管理泛洪过程。每台路由器都采用这些信息来确定是否已从另一台路由器接收过该 LSP 以及 LSP 是否带有链路信息数据库中没有的更新信息。此过程使路由器可在其链路状态数据库中仅保留最新的信息。

步骤 5:构建链路状态数据库。

每台路由器使用数据库构建一个完整的拓扑图并计算通向每个目的网络的最佳路径。

当每台路由器使用链路状态泛洪过程将自身的 LSP 传播出去后,每台路由器都将拥有来自整个路由区域内所有路由器的 LSP,这些 LSP 存储在链路状态数据库中。现在,路由区域内的每台路由器都可以使用 SPF 算法来构建 SPF 树。表 6.3 列出了 R1 链路状态数据库中的所有链路。

表 6.3　R1 链路状态数据库

来自 R2 的 LSPs	连接到邻居 R1 上的网络 10.2.0.0/16,开销 20
	连接到邻居 R5 上的网络 10.9.0.0/16,开销 10
	一个网络 10.5.0.0/16,开销 2
来自 R3 的 LSPs	连接到邻居 R1 上的网络 10.3.0.0/16,开销 5
	连接到邻居 R4 上的网络 10.7.0.0/16,开销 10
	一个网络 10.6.0.0/16,开销 2
来自 R4 的 LSPs	连接到邻居 R1 上的网络 10.4.0.0/16,开销 20
	连接到邻居 R3 上的网络 10.7.0.0/16,开销 10
	连接到邻居 R5 上的网络 10.10.0.0/16,开销 10
	一个网络 10.8.0.0/16,开销 2
来自 R5 的 LSPs	连接到邻居 R2 上的网络 10.9.0.0/16,开销 10
	连接到邻居 R4 上的网络 10.0.0.0/16,开销 10
	一个网络 10.5.0.0/16,开销 2
R1 链路状态	连接到邻居 R2 上的网络 10.2.0.0/16,开销 20
	连接到邻居 R3 上的网络 10.3.0.0/16,开销 5
	连接到邻居 R4 上的网络 10.4.0.0/16,开销 20
	一个网络 10.1.0.0/16,开销 2

有了完整的链路状态数据库,R1 现在即可使用该数据库和 SPF 算法来计算通向每个网络的首选路径(即最短路径)。如图 6.1 所示,R1 不使用直接连接 R4 的路径来到达拓扑中的任何 LAN(包括 R4 所连接的 LAN),因为经过 R3 的路径开销更低。同样,R1 也不使用 R2 与 R5 之间的路径来访问 R5,因为经过 R3 的路径开销更低。拓扑中的每台路由器都站在自己的角度确定最短路径。

6.2.2　OSPF 路由协议概述

开放最短路径优先(Open Shortest Path First,OSPF)是一种基于开放标准的典型的链路状态路由选择协议。采用 OSPF 的路由器彼此交换并保存整个网络的链路信息,从而掌握全网的拓扑结构,独立计算路由。

OSPF 作为一种内部网关协议,用于在同一个自治域系统中的路由器之间发布路由信息,也就是只能工作在自治域系统内部,不能跨自治域系统运行。区别于距离矢量协议,OSPF 具有支持大型网络、路由收敛快、占用网络资源少等优点,在目前应用的路由协议中占有相当重要的地位。

1. OSPF 路由协议的术语

在 OSPF 路由协议中有一些术语,了解这些术语对于学习 OSPF 路由协议是有帮助的,如图 6.2 所示。

(1) 链路。运行 OSPF 路由协议的路由器所连接的网络线路称为链路。路由器会检查其所连接网络的状态,然后将其信息由自己的所有接口向邻居传送,这个过程称为泛洪(Flooding)。

运行 OSPF 路由协议的路由器,由邻居处得到关于链路的信息,并且将该信息继续向其他邻居传递。

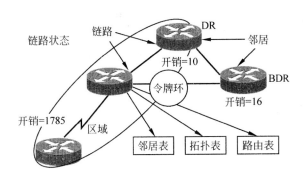

图 6.2　OSPF 术语

（2）链路状态。OSPF 路由器收集其所在网络区域上各路由器的连接状态信息，即链路状态信息（Link-State），生成链路状态数据库（Link-State Database）。路由器掌握了该区域内所有路由器的链路状态信息，也就等于了解了整个网络的拓扑状况。OSPF 路由器利用最短路径优先算法，独立地计算出到达任意目的地的路由。

（3）区域。OSPF 协议引入"分层路由"的概念，将大型互联网络（自主系统）划分成多个区域，这种功能被称为层次性路由选择，图 6.2 所示为 OSPF 区域。

每个区域就如同一个独立的网络，该区域的 OSPF 路由器只保存该区域的链路状态。但是区域之间仍会进行路由选择（区域间路由选择），而大多数内部路由选择操作（如重新计算数据库）是在区域内进行的。

（4）邻居。两台运行 OSPF 路由协议的相邻路由器位于同一区域里，它们就可以形成相邻关系。只有两台路由器成为邻居，它们之间才可能交换网络拓扑的信息。

（5）链路开销。OSPF 路由协议依靠计算链路的带宽，来得到到达目的地的最短路径（路由）。每条链路根据它的带宽不同会有一个度量值，OSPF 路由协议称该度量值为"开销"。

如图 6.2 所示，10Mbps 以太网链路的开销是 10，16Mbps 令牌环链路的开销是 16，而一条 56Kbps 的串行线路的链路开销是 1785。OSPF 路由协议把到达目的网段的链路开销相加，所得之和最小的路径即为最短路径，即到达该目的网络的路由。

（6）邻居表。运行 OSPF 路由协议的路由器会维护 3 个表，邻居表是其中的一个表。凡是路由器认为和自己有邻居关系的路由器，都会出现在这个表中。只有形成了邻居表，路由器才可能向其他路由器学习网络拓扑。

（7）拓扑表。当路由器建立了邻居表后，运行 OSPF 路由协议的路由器会互相通告自己所了解的网络拓扑建立拓扑表。在一个区域里，所有的路由器应该形成相同的拓扑表。只有建立了拓扑表，路由器才能使用 SPF 算法从拓扑表里计算出路由。

（8）路由表。路由器依靠路由表来为数据包进行路由操作。在运行 OSPF 路由协议的路由器中，当完整的拓扑表建立起来后，路由器就会按照链路的带宽不同，使用 SPF 算法从拓扑表里计算出路由，记入路由表。

（9）路由器标识（Router ID）。路由器标识不是人们为路由器起的名字，而是路由器在 OSPF 路由协议操作中对自己的标识。

一般来说，在没有配置环回接口（Loopback Interface）时，路由器的所有物理接口上配置的最大 IP 地址就是这台路由器的标识。

如果在路由器上配置了环回接口,则不论环回接口的 IP 地址是多少,该地址都自动成为路由器的标识。如果有多个环回接口,则用最大的 IP 地址作为路由器的标识。

(10) LSA 和 LSU。运行 OSPF 路由协议的路由器在发现链路状态发生变化时,会触发地发出链路状态通告(Link-State Advertisement,LSA)。该通告记录了链路状态变化信息的数据,它必须封装在链路状态更新包(Link-State Update,LSU)中,在网络上传递。一个 LSU 可以包含多个 LSA。

(11) OSPF 网络类型。根据路由器所连接的物理网络不同,OSPF 接口自动识别 3 种类型的网络:广播多路访问型(Broadcast Multi Access)、非广播多路访问型(None Broadcast Multi Access,NBMA)和点到点型(Point-to-Point)网络。网络管理员还可以配置点到多点型(Point-to-MultiPoint)网络。

(12) OSPF 数据包。OSPF 路由器是依靠 5 种不同种类的数据包来识别它们的邻居并更新链路状态路由信息的,具体见表 6.4。

表 6.4　OSPF 数据包类型

参　　数	描　　述
类型 1:Hello 数据包	与邻居建立和维护毗邻关系
类型 2:数据库描述数据包	描述一个 OSPF 路由器的链路状态数据内容
类型 3:状态请求	请求相邻路由器发送链路状态数据库中的具体条目
类型 4:链路状态更新	向相邻路由器发送链路状态通告(LSA)
类型 5:链路状态确认	确认收到了邻居路由器的 LSA

(13) 指派路由器(DR)和备份指派路由器(BDR)。在多路访问网络上可能存在多个路由器,为了避免路由器之间建立完全相邻关系而引起的大量开销,OSPF 要求在区域中选举一个 DR,每个路由器都与之建立完全相邻关系。DR 负责收集所有的链路状态信息,并发布给其他路由器。选举 DR 的同时也选举出一个 BDR,在 DR 失效时,BDR 担负起 DR 的职责。

2. OSPF 的工作过程

运行 OSPF 路由协议的路由器,在刚刚开始工作时,首先和相邻路由器建立邻居关系,形成邻居表,然后互相交换自己所了解的网络拓扑。路由器在没有学习到全部网络拓扑前,是不会进行任何路由操作的,因为这时路由表是空的。只有当路由器学习到了全部网络拓扑,并建立了拓扑表(也称链路状态数据库)后,它们才会使用 SPF 算法,从拓扑表中计算出路由来。因此,所有运行 OSPF 路由协议的路由器都维护着相同的拓扑表,路由器可以自己从中计算路由,同时这些路由器不必周期性地传递路由更新包,OSPF 路由协议的更新是增量的更新。

在运行 OSPF 路由协议的网络里,当网络拓扑发生改变(例如有新的路由器或网段加入网络,或者网络出现了故障,某个网段坏掉了)时,会发现该变化的路由器会向其他路由器发送触发的路由更新包——链路状态更新包。在 LSU 中包含了关于发生变化的网段的信息——链路状态通告。接收到该更新包的路由器,会继续向其他路由器发送更新,同时根据 LSA 中的信息,在拓扑表里重新计算发生变化的网段的路由。由于没有 Holddown 时间,

OSPF 路由协议的收敛速度是相当快的。

OSPF 路由协议是为中等规模或大规模路由设计的一种路由协议,其工作原理和路由算法都是按照为大型网络提供路由能力这一目的而设计的。

OSPF 路由协议最多可以支持 1024 台路由器联合工作,一般跨区域或跨国的企业内部网络、国家机关在各地的办公网络、城域网甚至大规模的电信网络都可以应用 OSPF 路由协议来提供自动的路由学习和对路由信息正确性维护的能力,特别是网络拓扑中为了增加冗余性而大量应用环路设计的网络,尤其适合应用 OSPF 路由协议。

OSPF 的良好扩展能力是通过体系化设计而获得的。网络管理员可以将一个 OSPF 网络划分成多个区域,它们允许进行全面的路由更新控制。通过在一个恰当设计的网络中定义区域,网络管理员可以减少路由额外开销并提高系统性能。在本节中,只讨论单区域 OSPF。

3. OSPF 的基本算法

（1）SPF 算法及最短路径树

SPF 算法是 OSPF 路由协议的基础,有时它也被称为 Dijkstra 算法,这是因为最短路径优先算法 SPF 是 Dijkstra 发明的。SPF 算法将每一个路由器作为根（ROOT）来计算其到每一个目的地路由器的距离,每一个路由器根据一个统一的数据库计算出路由器的拓扑结构图,该结构图类似于一棵树,在 SPF 算法中,被称为最短路径树,然后使用这棵树来路由网络数据流,如图 6.3 所示,路由器 A 是根。

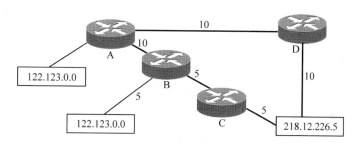

图 6.3　OSPF 最短路径树

在 OSPF 路由协议中,最短路径树的树干长度,就是 OSPF 路由器至每一个目的地路由器的距离,称为 OSPF 的 Cost,其算法为

$$Cost＝100×106/链路带宽$$

在这里,链路带宽以 bps 来表示。也就是说,OSPF 的 Cost 与链路的带宽成反比,带宽越高,Cost 越小,其表示 OSPF 到目的地的距离越近。举例来说,FDDI 或快速以太网的 Cost 为 1,2Mbps 串行链路的 Cost 为 48,10Mbps 以太网的 Cost 为 10 等。

（2）链路状态算法

作为一种典型的链路状态路由协议,OSPF 还得遵循链路状态路由协议的统一算法。链路状态的算法非常简单,在这里将链路状态算法概括为以下 4 个步骤。

① 当路由器初始化或当网络结构发生变化（例如增减路由器,链路状态发生变化等）时,路由器会产生链路状态广播数据包 LSA（Link-State Advertisement）,该数据包里包含路由器上所有相连链路,也就是所有接口的状态信息。

② 所有路由器会通过一种被称为刷新（Flooding）的方法来交换链路状态数据。

Flooding 是指路由器将其 LSA 数据包传送给所有与其相邻的 OSPF 路由器,相邻路由器根据其接收到的链路状态信息更新自己的数据库,并将该链路状态信息转送给与其相邻的路由器,直至稳定的一个过程。

③ 当网络重新稳定下来,即 OSPF 路由协议收敛下来时,所有的路由器会根据各自的链路状态信息数据库计算出各自的路由表。该路由表中包含路由器到每一个可到达目的地的 Cost 以及到达该目的地所要转发的下一个路由器(Next-hop)。

④ 当网络状态比较稳定时,网络中传递的链路状态信息是比较少的,或者可以说,当网络稳定时,网络中是比较安静的。这也正是链路状态路由协议区别于距离矢量路由协议的一大特点。

4. OSPF 的运行步骤

OSPF 路由器的操作分为以下 5 个不同的步骤。

步骤 1:建立路由器毗邻关系。

所谓"毗邻关系"(Adjacency),是指 OSPF 路由器以交换路由信息为目的,在所选择的相邻路由器之间建立的一种关系。

在 OSPF 路由器可将其链路状态泛洪给其他路由器前,必须确定在其每个链路上是否存在其他 OSPF 邻居。

两台路由器在建立 OSPF 相邻关系前,必须统一 3 个值:Hello 间隔、Dead 间隔和网络类型。OSPF Hello 间隔表示 OSPF 路由器发送其 Hello 数据包的频度。在默认情况下,在多路访问网段和点到点网段中每 10s 发送一次 OSPF Hello 数据包;而在非广播多路访问(NBMA)网段(帧中继、X.25 或 ATM)中,则每 30s 发送一次 OSPF Hello 数据包。

Dead 间隔是路由器在宣告邻居进入 down(不可用)状态前等待该设备发送 Hello 数据包的时长,单位为秒(s)。Cisco 所用的默认断路间隔为 Hello 间隔的 4 倍。对于多路访问网段和点到点网段,此时长为 40s;而对于 NBMA 网络,则为 120s。

如果 Dead 间隔已到期,而路由器仍未收到邻居发来的 Hello 数据包,则会从其链路状态数据库中删除该邻居。路由器会将该邻居连接断开的信息通过所有启用了 OSPF 的接口以泛洪的方式发送出去。

如图 6.4 所示,每台路由器都试图与其所在 IP 网络上的另一台路由器建立毗邻关系。

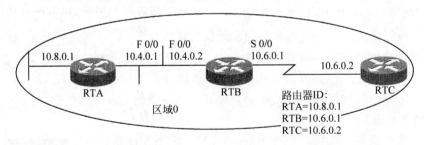

图 6.4 OSPF 建立毗邻关系

例如,中间的路由器 RTB 要与另一台路由器建立毗邻关系。RTB 将首先从接口 Serial 0/0 和 Fastethernet 0/0 以多目组播方式向外发送拥有自身 ID 信息(Loopback 接口或最大的 IP 地址,本例中是 10.6.1.0)的 Hello 数据包。与之相邻的路由器 RTA 和 RTB 都应该能收到这个 Hello 数据包,随后它们将把路由器 RTB 加到它们自己 Hello 数据包的邻居 ID 域中,并与 RTB 进入 Init 状态。

路由器 RTB 的某接口从它的两个邻居路由器那里收到了 Hello 数据包,并在 Hello 数据包的邻居 ID 域中看到了自己的 ID 号码(10.6.0.1),于是 RTB 宣布它与路由器 RTA 和 RTC 进入了双向状态。

接下来,RTB 将根据各接口所连接的网络的类型决定和谁建立毗邻关系。在点到点网络中,路由器将直接和对端路由器建立起毗邻关系,并且该路由器将直接进入步骤 3:发现其他路由器。若为多路访问型网络,该路由器将进入选举 DR 和 BDR 的过程。

步骤 2:选举指定路由器(DR)和备用指定路由器(BDR)。

不同类型的网络选举 DR 和 BDR 的方式不同。

为减小多路访问网络中的 OSPF 流量,OSPF 会选举一个 DR 和一个 BDR。当多路访问网络中发生变化时,DR 负责使用该变化信息更新其他所有 OSPF 路由器(DROther)。BDR 会监控 DR 的状态,并在当前 DR 发生故障时接替其角色。

选举利用 Hello 数据包内的 ID 和优先权(Priority)字段值来确定。优先权字段值大小为 0~255,优先权值最高的路由器成为 DR。如果优先权值大小一样,则 ID 值最高的路由器选举为 DR,优先权值次高的路由器选举为 BDR。优先权值和 ID 值都可以直接设置。

如图 6.5 所示,路由器 RTB 和 RTC 是在一个点到点链路上通过 PPP 协议连接起来的,且不需要在网络 10.6.0.0/16 上选举 DR,因为在该链路上只存在着两台路由器。

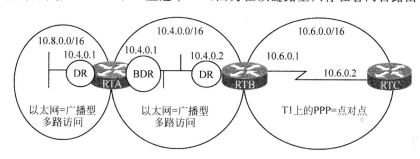

图 6.5 OSPF 路由器只在多路访问型网络上执行 DR 和 BDR 选举

因为网络 10.4.0.0/16 和网络 10.8.0.0/16 是多路访问型网络(以太网),所以它们可能会连接着两台以上的路由器。即使只有一台路由器连接在一个多路访问型网络上,也会选举 DR,因为可能会陆续有新的路由器连接到该网络。因此,在网络 10.4.0.0/16 和网络 10.8.0.0/16 上必须进行 DR 选举。

在上例中,路由器 RTA 担当了一个双重角色,它既是 DR 又是 BDR。因为它是网络 10.8.0.0/16 上的唯一路由器,所以 RTA 选举它自己作为 DR。毕竟,网络 10.8.0.0/16 是一个多路访问型网络,存在着有更多路由器加入进来的可能性,所以要选举一个 DR。RTA 还是网络 10.4.0.0/16 DR 选举的亚军,所以它是该网络的 BDR。尽管 RTB 与 RTA 有相同的优先级值,但它还是被选举为网络 10.4.0.0/16 的 DR,因为它的路由器 ID(10.4.0.2)比 RTA 的 ID(10.4.0.1)高。

当选举结束并建立起双向通信后,路由器就准备好与毗邻路由器共享路由信息并建立它们的链路状态数据库了,该过程将在下一节中讨论。

步骤 3：发现其他路由。

在一个多路访问型网络上，路由信息的交换发生在 DR 或 BDR 与其网络上的所有其他路由器之间。作为网络 10.4.0.0/16 上的 DR 和 BDR，RTA 和 RTB 将交换链路状态信息。

在一个点到点或点对多点型网络中，链路伙伴也要参与到交换过程中。这意味着路由器 RTB 和 RTC 将共享链路状态数据。

步骤 4：选择适当的路由。

当路由器具有了完整的链路状态数据库时，它就准备好要创建它的路由表以便能够转发数据流。OSPF 采用成本（Cost）度量值来决定到目的地的最佳路径。默认的成本度量值是基于传输介质的带宽。一般来说，成本度量值随着链路速率的增大而降低。例如，RTB 的 100Mbps 以太网接口比它的 T1 串行接口的成本低，因为 100Mbps 比 1.544Mbps 速度快。

为计算到目的网络的最低路径成本，RTB 采用 SPF 算法（Dijkstra 算法）。简单地讲，SPF 算法将本地路由器（被称为根）到目的网络之间的所有链路成本相加求和。如果存在多条到目的的路径，则优先选用成本最低的路径。

注意：OSPF 在路由表中最多保存 4 个等开销路由条目以进行负载均衡。

有时一条链路（例如串行线路）可能会快速地 up 和 down（被称为"翻动（Flapping）"）。如果一条翻动的链路导致产生了一系列 LSU，那么接收到这些更新的路由器将不得不重新运行 SPF 算法来计算新的路由表。长时间的翻动可能会严重影响路由器的性能：不断重复进行的 SPF 计算会导致路由器 CPU 负担过重；连续不断的更新还可能会使链路状态数据库永远不能收敛。

要将这个问题的影响减少至最小，Cisco IOS 使用一个 SPF 保持计时器。在每次接收到一个 LSU 时，路由器在重新计算它的路由表前先等待由保持计时器所规定的一段时间。spf holdtime 路由器配置命令可以调整该值，默认值为 10s。

步骤 5：维护路由信息。

在链路状态型路由环境中，所有路由器的拓扑结构数据库必须保持同步这一点很重要。所以，当路由器 RTB 将路由安放到它的路由表中后，它还必须坚持不懈地维护路由信息。在有链路状态发生变化时，OSPF 路由器通过扩散（Flooding）过程将这一变化通知给网络中的其他路由器。Hello 协议的 down 机判定间隔（Dead Interval）为宣布一个链路伙伴出故障提供了一种简单的机制。如果 RTB 在超过 down 机判定间隔时间（默认值为 40s）后还没有收到来自 RTA 的消息，那么它就认为 RTA 出故障了。

RTB 随后将发送一个含有该新链路状态信息的 LSU，但发送给谁呢？

（1）在一个点到点型网络上，不存在 DR 或 BDR。新链路状态信息被发送给多目组播地址 224.0.0.5。所有的 OSPF 路由器都接收发往该地址的数据包。

（2）在一个多路访问型网络中，存在着 DR 和 BDR，它们与网络上的所有其他 OSPF 路由器维持着毗邻关系。当 DR 或 BDR 需要发送一个链路状态更新时，它会将该更新发送给多目组播地址 224.0.0.5（所有 OSPF 路由器），而在该多路访问型网络中的所有其他路由器都只与 DR 和 BDR 建立毗邻关系，因此它们只将 LSU 发送给 DR 和 BDR。出于这个原因，DR 和 BDR 有它们自己的多目组播地址，即 224.0.0.6。非 DR/BDR 路由器将它们的 LSU 发送到地址 224.0.0.6，它被称为"所有 DR/BDR 路由器地址"。

当 DR 接收并确认了发送到多目组播地址 224.0.0.6 的 LSU 后，它用多目组播地址

224.0.0.5 将该 LSU 扩散给网络上的所有 OSPF 路由器。每台路由器用一个 LSAck 数据包确认收到了 LSU。

如果一台 OSPF 路由器还连接着另外的网络,则它会通过将该 LSU 转发给那个网络上的 DR(如果它们在一个多路访问型网络,当是一个点到点型网络时,那么它就转发给其对端路由器)而把它扩散到其他网络。随后,其他网络中的 DR 会将该 LSU 以多目组播方式扩散给其网络中的其他 OSPF 路由器。

如果一条路由已经存在于路由器中了,那么当路由器对新信息运行 SPF 算法时,该旧路由仍会继续被使用。但是,如果 SPF 算法是在计算一条新的路由,那么路由器 SPF 计算完毕之前是不会使用它的。

注意:即使链路状态没有发生变化,OSPF 路由信息也会被周期性地刷新。每个 LSA 条目都有它自己的生存计时器,默认的计时器值是 30min。当一个 LSA 条目过期后,该条目的发源路由器会对网络发送一个 LSU 以核实该链路仍然是活跃的。

6.2.3　OSPF 协议配置

在单个区域内的路由器上配置 OSPF 路由协议的基本过程。

1. 声明使用 OSPF 路由协议

声明使用 OSPF 路由协议的命令如下:

```
router(config)#router ospf process-id
```

其中,process-id 是进程号,范围是 1~65535,由网络管理员选定。进程 ID 仅在本地有效,这意味着路由器之间建立邻接关系时无须匹配该值。在同一个使用 OSPF 路由协议的网络中不同路由器可以使用不同的进程号,而一台路由器可以启用多个 OSPF 进程。

但是,在有些厂商生产的路由器上,只能启动一个 OSPF 路由协议进程,这时 process-id 不能被配置。

2. 发布网段

在 OSPF 路由协议里发布网段,命令格式如下:

```
router(config-router)#network address wildcard-mask area area-id
```

其中,address 可以是网段、子网或者接口的地址;wildcard-mask 称为通配符掩码,它与子网掩码正好相反,但是作用是一样的;area-id 是区域标识,它的范围是 0~65535,区域 0 是骨干区域,OSPF 路由协议在发布网段时必须指明其所属的区域。

如果所有路由器都处于同一个 OSPF 区域,则必须在所有路由器上使用相同的 area-id 来配置 network 命令。尽管可使用任何 area-id,但比较好的做法是在单区域 OSPF 中使用 area-id 0。此惯例便于以后将该网络配置为多个 OSPF 区域,从而使区域 0 变成主干区域。

3. 为提高稳定性而配置一个环回地址

当 OSPF 进程启动时,Cisco IOS 使用最高的本地 IP 地址作为其 OSPF 路由器 ID。但是,如果为环回接口配置了 IP 地址,它将会使用该环回接口地址,而不管它的值是大或是小。使用环回接口地址作为路由器 ID 可以确保稳定性,因为该接口不会出现链路失效的情

况。要取代最高的接口 IP 地址,该环回接口必须在 OSPF 进程开始之前被配置。

给一个环回接口配置一个 IP 地址为 192.168.1.1。

```
router(config)♯ interface loopback0
router(config-if)♯ ip address 192.168.1.1 255.255.255.255
```

注意:本例使用了一个 32bit 的掩码来防止路由器安装到网络 192.168.1.0/24 的路由。

4. 修改 OSPF 路由器优先级

网络管理员可以通过修改默认的 OSPF 路由器优先级来操纵 DR/BDR 的选举,而为 0 的优先级值将防止路由器被选举为 DR 或 BDR。与 OSPF 只有单个路由器 ID 不同,每个 OSPF 接口都可以宣告一个不同的优先级值。此时,可以用 ip ospf priority 命令来配置优先级值(范围是 0~255),其语法如下:

```
router(config-if)♯ ip ospf priority number
```

要将路由器 RTB 接口 FastEthernet 0/0 的优先级值设为 0(以使它不会赢得其网络上的 DR/BDR 选举),将使用下面命令。

在一个接口上配置 OSPF 优先级值。

```
router(config)♯ interface Fastethernet 0/0
router(config-if)♯ ip ospf priority 0
```

要让该优先级值在选举中能起作用,必须在选举开始之前就将它配置好。此时,可以用另一个重要的 OSPF show 命令,即 show ip ospf interface 命令来显示接口的优先级值等其他关键信息。

5. 修改链路成本(Cost)

OSPF 路由器使用与接口相关联的链路成本来确定最佳路由。Cisco IOS 用下面的公式根据接口的带宽来自动确定链路成本:10^8/带宽。

表 6.5 示出了各种传输介质的默认链路成本。

表 6.5　Cisco IOS 的默认 OSPF 链路成本

传 输 介 质	成本	传 输 介 质	成本
ATM,FDDI	1	E1(2.048 Mbps 串行链路)	48
100Mbps 快速以太网或更高速以太网	1	T1(1.544Mbps 串行链路)	64
16Mbps 令牌环	6	56Kbps 重新链路	1785
以太网	10	X.25	5208
4Mbps 令牌环	25		

要让 OSPF 能正确地计算路由,连接到同一条链路上的所有接口必须对该链路使用相同的链路成本。在一个多厂商设备的路由环境中,网络管理员可以用 ip ospf cost 命令来修改接口上的默认链路成本,以使之与其他厂商设备的值相等,该命令的语法如下:

```
router(config-if)♯ ip ospf cost number
```

可以用该命令来修改路由器 RTB 接口 Serial 0/0 的默认链路成本。新的链路成本值的范围为 1~65535。

在一个接口上配置 OSPF 链路成本值。

```
router(config) # interface serial 0/0
router(config-if) # ip ospf cost 1000
```

ip ospf cost 命令也可以被用来操纵路由的选择,因为路由器是将成本最低的路径放到它的路由表中。

要让 Cisco IOS 的链路成本计算公式准确,必须为串行接口配置适当的带宽值。Cisco 路由器认为所有串行接口的默认速率是 T1(1.544Mbps),所以对于所有其他带宽值都需要手工修改接口的带宽配置值。

在一个串行接口上设置带宽值。

```
router(config) # interface serial 0/1
router(config-if) # bandwidth 56
```

6. 重分布 OSPF 默认路由

和其他路由协议一样,OSPF 可以传播默认路由。在图 5.2 中,添加一条通向 ISP 的链路。就像在 RIP 中一样,连接到 Internet 的路由器用于向 OSPF 路由域内的其他路由器传播默认路由。此路由器有时也称为边缘路由器、入口路由器或网关路由器。然而,在 OSPF 术语中,位于 OSPF 路由域和非 OSPF 网络间的路由器称为自治系统边界路由器(ASBR)。

```
router(config) # ip route 0.0.0.0 0.0.0.0 interface mod/num
```

与 RIP 相似的一点是,OSPF 需要使用 default-information originate 命令来将 0.0.0.0/0 静态默认路由通告给区域内的其他路由器。如果未使用 default-information originate 命令,则不会将默认的"全零"路由传播给 OSPF 区域内的其他路由器。

该命令语法如下:

```
router (config-router) # default-information originate
```

7. 检验 OSPF 配置的命令

可以使用多个 show 命令来显示有关 OSPF 配置的信息,常用的命令如下:

(1) 使用 show ip protocols 命令显示路由器中有关定时器、过滤器、度量值和网络的参数以及其他信息。

(2) 使用 show ip route 命令显示路由器知道的路由以及这些路由是如何获悉的,它是判断当前路由器同互联网络其他部分的连接性的最佳途径之一。

(3) 使用 show ip ospf interface 命令查看特定区域中的接口。如果没有指定环回地址,则最大的地址将被用作路由器 ID。该命令还显示定时器的值(包括 Hello 间隔)以及邻接关系。

(4) 使用 show ip ospf neighbor 命令显示接口上的 OSPF 邻居信息。

6.3　方 案 设 计

　　为了将新合并的两所学校的校园网连接到主校区的校园网,并将主校区的校园网连接到 Internet,两个校区的局域网的路由器可以采用同步串口线路或快速以太网接口连接到主校区的路由器上,然后再连接到互联网上(用一台路由器和一台计算机来模拟)。然后,通过分别对路由器的接口分配 IP 地址,并配置 OSPF 动态路由协议,从而使分布在不同地理位置的校园网之间互联互通。

6.4　项 目 实 施

6.4.1　项目目标

　　通过本项目的完成,使学生掌握以下技能。
　　(1) 能够配置路由器的名称、控制台口令、超级密码。
　　(2) 能够配置路由器各接口地址。
　　(3) 能够配置路由器的动态路由 OSPF 协议。
　　(4) 能够配置默认静态路由。

6.4.2　实训任务

　　在实训室或 Packet Trace 中搭建图 6.6 所示的网络拓扑来模拟完成本项目,将 4 台计算机连接到交换机上再连接到路由器上,使用 OSPF 动态路由协议实现 3 个校区网络的联通。同时,完成如下的配置任务。

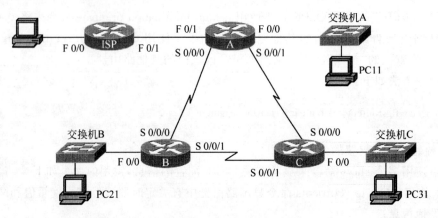

图 6.6　路由器动态路由协议 OSPF

　　(1) 配置路由器的名称、控制台口令、超级密码。
　　(2) 配置路由器各接口地址。
　　(3) 配置路由器的动态路由 OSPF 协议。
　　(4) 配置默认静态路由。

6.4.3 设备清单

为了搭建图 6.6 所示的网络环境,需要如下的网络设备。

(1) Cisco 2811 路由器(4 台)。

(2) Cisco Catalyst 2960 交换机(3 台)。

(3) PC(4 台)。

(4) 双绞线(若干根)。

(5) 反转电缆(2 根)。

6.4.4 实施过程

步骤 1:规划设计。

(1) 规划各路由器名称,各接口 IP 地址、子网掩码,见表 6.6。

表 6.6 路由器名称、接口 IP 地址、子网掩码

部 门	路由器名称	接 口	IP 地 址	子网掩码	描 述
主校区 A	Router A	S 0/0/0	172.16.3.1	255.255.255.252	Router B-S 0/0/0
		S 0/0/1	192.168.10.9	255.255.255.252	Router C-S 0/0/0
		F 0/0	172.16.2.1	255.255.255.0	LAN 172.2
		F 0/1	192.168.10.11	255.255.255.252	ISP-F 0/1
分校区 B	Router B	S 0/0/0	172.16.3.2	255.255.255.252	Router A-S 0/0/0
		S 0/0/1	192.168.10.5	255.255.255.252	Router C-S 0/0/1
		F 0/0	172.16.1.1	255.255.255.0	LAN 172.1
分校区 C	Router C	S 0/0/0	192.168.10.10	255.255.255.252	Router A-S 0/0/1
		S 0/0/1	192.168.10.6	255.255.255.252	Router B-S 0/0/1
		F 0/0	192.168.1.1	255.255.255.0	LAN 192.1
ISP	isp	F 0/1	10.1.1.2	255.255.255.252	Router A-F 0/1
		F 0/0	211.81.192.1	255.255.255.0	LAN 211

(2) 规划各计算机的 IP 地址、子网掩码和网关,见表 6.7。

表 6.7 计算机的 IP 地址、子网掩码和网关

计算机	IP 地 址	子网掩码	网 关
PC0	211.81.192.10	255.255.255.0	211.81.192.1
PC11	172.16.2.10	255.255.255.0	172.16.2.1
PC21	172.16.1.10	255.255.255.0	172.16.1.1
PC31	192.168.1.10	255.255.255.0	192.168.1.1

步骤 2:实训环境准备。

(1) 在路由器、交换机和计算机断电的状态下,按图 6.6 连接硬件。

(2) 给各设备供电。

步骤 3:设置各计算机的 IP 地址、子网掩码、默认网关。

步骤 4:清除各路由器配置。

步骤 5：测试网络连通性。

使用 ping 命令分别测试 PC0、PC11、PC21、PC31 这 4 台计算机之间的连通性。

步骤 6：配置路由器 A、B、C 的主机名和各接口的 IP 地址（略）。

步骤 7：查看各路由器的路由表（略）。

步骤 8：配置各路由器都采用 OSPF 路由协议。

```
routera(config)#router ospf 100
routera(config-router)# network 192.168.10.8 0.0.0.3 area 10
routera(config-router)# network 172.16.3.0 0.0.0.3 area 10
routera(config-router)# network 172.16.0.0 0.0.0.255 area 10
routera(config-router)#end
routera#write

routerb(config)#router ospf 100
routerb(config-router)# network 172.16.1.0 0.0.0.255 area 10
routerb(config-router)# network 172.16.3.0 0.0.0.3 area 10
routerb(config-router)# network 192.168.10.4 0.0.0.3 area 10
routerb(config-router)#end
routerb#write

routerc(config)#router ospf 100
routerc(config-router)#network 192.168.10.8 0.0.0.3 area 10
routerc(config-router)#network 192.168.10.4 0.0.0.3 area 10
routerc(config-router)#network 192.168.1.0 0.0.0.255 area 10
routerc(config-router)#end
routerc#write
00:07:33:%OSPF-5-ADJCHG:Process 100, Nbr 192.168.10.9 on Serial 0/0/0 from LOADING to
FULL,
Loading Done
00:07:41:%OSPF-5-ADJCHG:Process 100, Nbr 192.168.10.5 on Serial 0/0/1 from EXCHANGE
to FULL,
Exchange Done
routerc(config-router)#exit
routerc(config)#
```

在第二个路由器上配置正确的 OSPF 路由后，就在建立邻接关系的路由器上弹出上述信息。

步骤 9：查看各路由器的路由表。

```
routera#show ip route
...
Gateway of last resort is not set
    172.16.0.0/16 is variably subnetted, 3 subnets, 2 masks
O       172.16.1.0/24 [110/65] via 172.16.3.2, 00:03:32, Serial 0/0/0
C       172.16.2.0/24 is directly connected, FastEthernet 0/0
C       172.16.3.0/30 is directly connected, Serial 0/0/0
O    192.168.1.0/24 [110/65] via 192.168.10.10, 00:38:28, Serial 0/0/1
     192.168.10.0/30 is subnetted, 2 subnets
O       192.168.10.4 [110/128] via 172.16.3.2, 00:38:28, Serial 0/0/0
                     [110/128] via 192.168.10.10, 00:38:28, Serial 0/0/1
C       192.168.10.8 is directly connected, Serial 0/0/1
routera#
```

其中,注意以下几点。

(1) O 表示使用 OSPF 动态路由协议,该字符代表 OSPF。

(2) 192.168.1.0:该路由的网络地址。

(3) /24:该路由的子网掩码,该掩码显示在上一行(即父路由)中。

(4) [110/65]:该动态路由的管理距离(110)和度量(65)。

(5) via 192.168.10.10:下一跳路由器的 IP 地址。

(6) 00:38:28:自上次更新以来经过了多少秒。

(7) Serial 0/0/1:路由器用来向该远程网络转发数据的送出接口。

```
routerb#show ip route
...
Gateway of last resort is not set
     172.16.0.0/16 is variably subnetted, 2 subnets, 2 masks
C        172.16.1.0/24 is directly connected, FastEthernet 0/0
C        172.16.3.0/30 is directly connected, Serial 0/0/0
O     192.168.1.0/24 [110/65] via 192.168.10.6, 00:39:20, Serial 0/0/1
      192.168.10.0/30 is subnetted, 2 subnets
C        192.168.10.4 is directly connected, Serial 0/0/1
O        192.168.10.8 [110/128] via 192.168.10.6, 00:39:20, Serial 0/0/1
                      [110/128] via 172.16.3.1, 00:39:20, Serial 0/0/0
routerb#
routerc#show ip route
...
Gateway of last resort is not set
     172.16.0.0/16 is variably subnetted, 2 subnets, 2 masks
O        172.16.1.0/24 [110/65] via 192.168.10.5, 00:05:11, Serial 0/0/1
O        172.16.3.0/30 [110/128] via 192.168.10.9, 00:40:01, Serial 0/0/0
                       [110/128] via 192.168.10.5, 00:39:51, Serial 0/0/1
C     192.168.1.0/24 is directly connected, FastEthernet 0/0
      192.168.10.0/30 is subnetted, 2 subnets
C        192.168.10.4 is directly connected, Serial 0/0/1
C        192.168.10.8 is directly connected, Serial 0/0/0
routerc#
```

步骤10:查看各路由器的路由协议及邻接关系。

(1) 查看路由器 A 的路由协议及邻接关系。

```
routera#show ip protocols
Routing Protocol is "ospf 100"
    Outgoing update filter list for all interfaces is not set
    Incoming update filter list for all interfaces is not set
    Router ID 192.168.10.9
    Number of areas in this router is 1. 1 normal 0 stub 0 nssa
    Maximum path: 4
    Routing for Networks:
      192.168.10.8 0.0.0.3 area 10
      172.16.3.0 0.0.0.3 area 10
      172.16.1.0 0.0.0.255 area 10
    Routing Information Sources:
      Gateway          Distance      Last Update
```

```
        192.168.10.10        110        00:07:18
        172.16.3.2           110        00:07:20
     Distance: (default is 110)
routera# show ip ospf neighbor
Neighbor ID      Pri    State      Dead Time    Address          Interface
192.168.10.10     0    FULL/-     00:00:36     192.168.10.10    Serial 0/0/1
192.168.10.5      0    FULL/-     00:00:39     172.16.3.2       Serial 0/0/0
routera#
```

（2）查看路由器 B 的路由协议及邻接关系。

```
routerb# show ip protocols
routerb# show ip ospf neighbor
Neighbor ID      Pri    State      Dead Time    Address          Interface
192.168.10.9      0    FULL/-     00:00:33     172.16.3.1       Serial 0/0/0
192.168.10.10     0    FULL/-     00:00:32     192.168.10.6     Serial 0/0/1
routerb#
```

（3）查看路由器 C 的路由协议及邻接关系。

```
routerc# show ip protocols
routerc# show ip ospf neighbor
Neighbor ID      Pri    State      Dead Time    Address          Interface
192.168.10.5      0    FULL/-     00:00:37     192.168.10.5     Serial 0/0/1
192.168.10.9      0    FULL/-     00:00:39     192.168.10.9     Serial 0/0/0
routerc#
```

步骤 11：测试计算机之间的连通性。

使用 ping 命令分别测试 PC0、PC11、PC21、PC31 这 4 台计算机之间的连通性。

步骤 12：配置路由器 A 的默认路由。

```
routera(config)# interface Fastethernet 0/1
routera(config-if)# ip address 10.1.1.1 255.255.255.252
routera(config-if)# no shutdown
routera(config-if)# exit
routera(config)# ip route 0.0.0.0 0.0.0.0 10.1.1.2
routera(config)# default-information originate
routera# show ip route
...
Gateway of last resort is 10.1.1.2 to network 0.0.0.0
     10.0.0.0/30 is subnetted, 1 subnets
C       10.1.1.0 is directly connected, FastEthernet 0/1
     172.16.0.0/16 is variably subnetted, 2 subnets, 2 masks
C       172.16.2.0/24 is directly connected, FastEthernet 0/0
C       172.16.3.0/30 is directly connected, Serial 0/0/0
O     192.168.1.0/24 [110/65] via 192.168.10.10, 00:01:47, Serial 0/0/1
     192.168.10.0/30 is subnetted, 2 subnets
O       192.168.10.4 [110/128] via 172.16.3.2, 00:01:47, Serial 0/0/0
                     [110/128] via 192.168.10.10, 00:01:47, Serial 0/0/1
C       192.168.10.8 is directly connected, Serial 0/0/1
```

```
S *    0.0.0.0/0 [1/0] via 10.1.1.2
routera#
routerb# show ip route
routerc# show ip route
```

步骤13：配置 ISP 路由器。

（1）配置接口地址及名称（略）。

（2）配置路由。

```
isp(config)# ip route 172.16.2.0 255.255.255.0 10.1.1.1
isp(config)# ip route 172.16.1.0 255.255.255.0 10.1.1.1
isp(config)# ip route 192.168.1.0 255.255.255.0 10.1.1.1
isp(config)# exit
isp# write
isp# show ip route
...
Gateway of last resort is not set
     10.0.0.0/30 is subnetted, 1 subnets
C       10.1.1.0 is directly connected, FastEthernet 0/0
     172.16.0.0/24 is subnetted, 2 subnets
S       172.16.1.0 [1/0] via 10.1.1.1
S       172.16.2.0 [1/0] via 10.1.1.1
S     192.168.1.0/24 [1/0] via 10.1.1.1
C     211.81.192.0/24 is directly connected, FastEthernet 0/1
isp#
```

步骤14：测试计算机之间的连通性。

使用 ping 命令分别测试 PC0、PC11、PC21、PC31 这 4 台计算机之间的连通性。

步骤15：配置各路由器的各种口令，然后远程登录。

步骤16：保存配置文件。

通过控制台和远程终端分别保存配置文件为文本文件。

步骤17：清除路由器的所有配置。

清除路由器启动配置文件。

习　　题

一、选择题

1. 两台 OSPF 路由器已经交换了 Hello 数据包并形成邻接关系，下一步（　　）。

　　A. 它们互相广播完整的路由表

　　B. 将开始发送链路状态数据包

　　C. 它们将协商确定 OSPF 域的根路由器

　　D. 它们将调整 Hello 时间以防止互相干扰

2. 链路状态路由协议（　　），来限制路由改变的范围。

　　A. 通过支持主类地址　　　　　　　　　　B. 发送地址时也发送掩码

C. 只发送拓扑变化更新　　　　　　D. 将网络分为区域层次

3. LSA 的目的是(　　　)。

　　A. 构造拓扑数据库　　　　　　　B. 确定到达目的地的成本

　　C. 确定到达目的地的最佳路径　　D. 检测邻居是否正常

4. 下列有关 OSPF 的说法正确的是(　　　)。

　　A. 它是一种距离矢量协议　　　　B. 它是一种层次性协议

　　C. 它使用多播更新　　　　　　　D. 它只在链路状态发生变化时才发送通告

　　E. 它发送广播更新　　　　　　　F. 它是一种分类路由选择协议

5. 网络管理员输入 router ospf 100 命令,命令中数字 100 的作用是(　　　)。

　　A. 自治系统编号　　　B. 度量　　　C. 进程 ID　　　D. 管理距离

6. 使用 OSPF 协议,每个路由器都会根据相同的链路信息建立一棵自己的 SPF 树,但是拓扑的(　　　)不同。

　　A. 状态　　　　　　　B. 认识　　　C. 版本　　　　D. 配置

7. OSPF 的管理距离是(　　　)。

　　A. 110　　　　　　　B. 100　　　C. 155　　　　D. 90

8. 要在地址为 192.168.255.1/27 的接口上运行 OSPF,并将其加入区域 0 中,可使用的 network 命令是(　　　)。

　　A. **network** 192.168.255.0 0.0.0.0 area 0

　　B. **network** 192.168.255.0 0.0.0.255 area 1

　　C. **network** 192.168.255.1 255.255.255.224 area 0

　　D. **network** 192.168.255.1 0.0.0.0 area 0

二、简答题

1. 链路状态路由协议使用什么算法?

2. 在链路状态路由协议术语中,什么是链路? 什么是链路状态?

3. 在链路状态路由协议术语中,什么是邻居? 如何发现邻居?

4. 链路状态泛洪过程是什么? 最后的结果是什么?

5. 在两台路由器形成 OSPF 邻接关系前,什么值需要匹配?

6. DR 和 BDR 的选择要解决什么问题? DR 和 BDR 是如何选择的?

7. 若到达一个网络,有静态路由、RIP 路由、IGRP 路由、OSPF 路由 4 条可达路由,则路由表首选是哪条路由? 为什么?

8. 使用 OSPF 传播默认路由必须使用什么命令?

三、实训题

1. 某公司搭建了图 6.7 所示的计算机网络,有 9 个网段,若采用静态路由配置解决路由问题,则会比较复杂,且效率低下,因此拟采用路由协议 OSPF 解决网络的路由问题。

(1) 路由器 R1、R2、R3 之间的连接采用串口连接。

(2) 路由器 R1 和 R6、R2 和 R4、R3 和 R5 之间采用以太网连接。

(3) ISP 路由器模拟互联网的路由器,从路由器 R1 到路由器 ISP 采用默认路由。

(4) 配置完成后 PC0、PC1、PC2、PC3 之间能够互联互通。

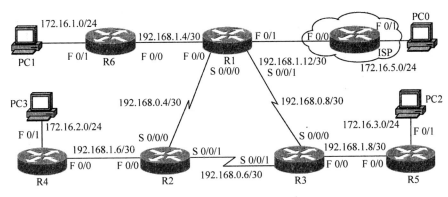

图 6.7　路由器动态路由协议 OSPF

2. 某公司搭建了图 6.8 所示的计算机网络,有 10 个网段,若采用静态路由配置解决路由问题,则会比较复杂,且效率低下,因此拟采用路由协议 EIGRP 解决网络的路由问题。

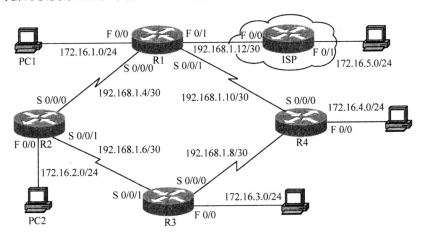

图 6.8　路由器动态路由协议 EIGRP

(1) 路由器 R1、R2、R3、R4 之间的连接采用串口连接。

(2) ISP 路由器模拟互联网的路由器,从路由器 R1 到路由器 ISP 采用默认路由。

(3) 配置完成后 PC0、PC1、PC2、PC3 之间能够互联互通。

模块三

分支机构的宽带 Internet 接入

当企业发展到拥有分支机构、电子商务业务或需要跨国运营的规模时，单一的 LAN 网络已不足以满足其业务需求。广域网（WAN）接入成为当今大型企业的重要需求。

各种各样的 WAN 技术足以满足不同企业的需求，网络的扩展方法也层出不穷。企业在引进 WAN 接入时，需考虑网络安全性和地址管理等因素。因此，设计 WAN 和选择合适的电信网络服务并非易事。

为了掌握广域网技术，掌握对路由器进行 PPP、帧中继和 VPN 配置。下面通过 6 个项目来实现。

项目 7　广域网 PPP 协议封装

项目 8　广域网帧中继连接

项目 9　使用访问控制列表管理数据流

项目 10　私有局域网接入互联网

项目 11　DHCP 动态分配地址的应用

项目 12　虚拟专用网配置

广域网 PPP 协议封装

7.1 用 户 需 求

　　某公司下属多个分公司,并且总公司与分公司分别设在不同的城市,总公司与分公司之间的网络通过路由器相连,保持网络连通。现要在路由器上做适当配置,以实现公司内部主机相互通信。

7.2 相 关 知 识

　　路由器主要用于广域网。当前,存在着各种各样的广域网技术,性能和价格千差万别。专线、帧中继、ISDN、xDSL 技术是目前企业经常采用的服务。

7.2.1 广域网简介

1. WAN 的概念

　　WAN 是一种超越 LAN 的地理范围的数据通信网络,如图 7.1 所示。WAN 与 LAN 的不同之处在于 LAN 连接一栋大楼内或其他较小地理区域内的计算机、外围设备和其他设备,WAN 则允许跨越更远的地理距离传输数据。此外,企业必须向 WAN 服务提供商订购服务才可使用 WAN 电信网络服务,而 LAN 通常归使用 LAN 的公司或组织所有。

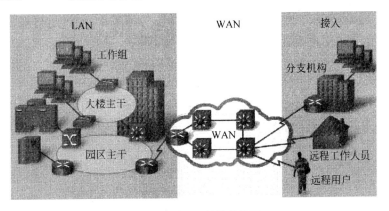

图 7.1　WAN 所处的位置

　　WAN 借助服务提供商或运营商(如电话或电缆公司)提供的设施来实现组织内部场所之间,与其他组织场所、外部服务以及远程用户的互联。WAN 常用来传输多种类型的流量,例如语音、数据和视频。

2. 应用 WAN 的场所

对于地理跨度较小的组织而言,使用 LAN 技术传输数据便可实现较高的速度和成本效益。但是,有一些组织需要在远程场所之间进行通信,具体如下:

(1) 分区或分支机构的员工需要与总部通信并共享数据。

(2) 公司经常需要与其他公司远距离共享信息。例如,软件生产商通常需要与将其产品销售给最终用户的经销商交流产品和促销信息。

(3) 经常出差的员工需要访问公司网络信息。

此外,家庭用户收发数据的地理区域也在日趋扩大。下面举几个远距离通信的例子。

(1) 许多家庭消费者常常通过计算机与银行、商店和各种商品与服务的提供商进行通信。

(2) 学生通过访问本国或其他国家的图书馆的索引和出版物来开展课题研究。

但是,要像局域网中的计算机那样,通过电缆来连接一个国家乃至整个世界的计算机,这显然不切实际。为满足上述需求,新的技术应运而生。对于某些方面的应用,企业越来越多地使用 Internet 代替昂贵的企业 WAN。新技术为它们的 Internet 通信和事务提供安全和隐私保护。广域网的使用(无论是单独使用,还是与 Internet 结合使用)无疑满足了组织和个人的广域通信需求。

3. WAN 设备

根据具体的 WAN 环境,WAN 使用的设备有许多种,如图 7.2 所示。其主要包括以下几方面。

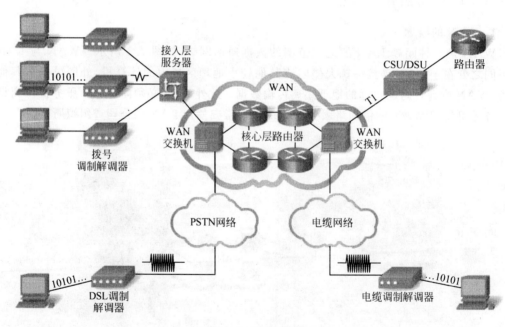

图 7.2　WAN 设备

(1) 调制解调器:调制模拟载波信号以便编码为数字信息,还可接收调制载波信号以便对传输的信息进行解码。

(2) CSU/DSU:数字线路(例如 T1 或 T3 电信线路)需要一个通道服务单元(CSU)和一个数据服务单元(DSU)。

（3）接入服务器：集中处理拨入和拨出用户通信。接入服务器可以同时包含模拟和数字接口，且能够同时支持数以百计的用户。

（4）WAN 交换机：电信网络中使用的多端口互联设备。这些设备通常交换帧中继、ATM 或 X.25 之类的流量，并在 OSI 参考模型的数据链路层上运行。在网云中，还可使用公共交换电话网（PSTN）交换机来提供电路交换连接，如综合业务数字网络（ISDN）或模拟拨号。

（5）路由器：提供网际互联和用于连接服务提供商网络的 WAN 接入接口端口。

（6）核心路由器：驻留在 WAN 中间或主干（而非外围）上的路由器。要能胜任核心路由器的角色，路由器必须能够支持多个电信接口在 WAN 核心中同时以最高速度运行，还必须能够在所有接口上同时全速转发 IP 数据包。此外，路由器还必须支持核心层中需要使用的路由（Routing）协议。

4．WAN 物理层标准

在介绍 OSI 参考模型时提到，WAN 主要运行在第一层（物理层）和第二层（数据链路层）。

WAN 物理层协议描述连接 WAN 服务所需的电气、机械、操作和功能特性。WAN 物理层还描述 DTE 和 DCE 之间的接口。DTE/DCE 接口使用不同的物理层协议，包括 EIA/TIA-232、EIA/TIA-449/530、EIA/TIA-612/613、V.35、X.21 等。

这些协议制订了设备之间相互通信所必须遵循的标准和电气参数。协议的选择主要取决于服务提供商的电信服务方案。

5．数据链路层协议

WAN 要求数据链路层协议建立穿越整个通信线路（从发送设备到接收设备）的链路。数据链路层协议定义如何封装传向远程站点的数据以及最终数据帧的传输机制。采用的技术有很多种，如 ISDN、帧中继或 ATM。最常用的 WAN 数据链路协议有 HDLC、PPP、帧中继和 ATM 等。

6．WAN 封装

从网络层发来的数据会先传到数据链路层，然后通过物理链路传输，这种传输在 WAN 连接上通常是点到点进行的。所有 WAN 连接都使用第二层协议对在 WAN 链路上传输的数据包进行封装。为确保使用正确的封装协议，必须为每个路由器的串行接口配置所用的第二层封装类型。

常用的帧的封装格式有 HDLC（高级数据链路控制）、PPP（点到点）、帧中继、ISDN 等，不同的帧封装适合应用在不同的场合。

7．WAN 连接方式

目前，WAN 解决方案的实施有许多种。各种方案之间存在技术、速度和成本方面的差异。WAN 连接可以构建在私有基础架构之上，也可以构建在公共基础架构（如 Internet）之上，如图 7.3 所示。

（1）私有 WAN 连接方案

私有 WAN 连接包括专用通信链路和交换通信链路两种方案。

① 专用通信链路。当需要建立永久专用连接时，可以使用点到点线路，其带宽受到底层物理设施的限制，同时也取决于用户购买这些专用线路的意愿。点到点链路通过提供商网络预先建立从客户驻地到远程目的位置的 WAN 通信路径。点到点线路通常向运营商租

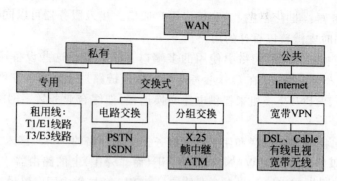

图 7.3　WAN 链路连接方式

用,因此也叫作租用线路。每个租用线路连接都需要一个路由器串行端口。此外,还需要一个 CSU/DSU 和服务提供商提供的实际电路。

路由器的同步串行连接使用 EIA/TIA-232(RS-232)、EIA/TIA-449、V.35、X.21 和 EIA-530 等标准连接到 DCE(如 CSU/DSU)。

② 交换通信链路。交换通信链路可以是电路交换或分组交换。

电路交换网络在发送方和接收方之间建立专用连接以用于传输语音或数据。要进行通信,必须通过服务提供商网络建立连接,通常有模拟拨号、综合业务数字网等。

在包交换式网络中,提供商通过配置自己的交换设备产生虚拟电路(Virtual Circuit, VC)来提供端到端连接。

帧中继、SMDS 和 X.25 都属于包交换式的广域网技术。

(2) 公共 WAN 连接方案

现在,随着 VPN 技术的应用,在性能保证并非关键因素的情况下,Internet 已成为连接远程工作人员和远程办公室的既经济又安全的方案。Internet WAN 连接链路通过宽带服务(例如 DSL、电缆调制解调器和无线宽带)提供网络连接,同时利用 VPN 技术确保 Internet 传输的隐私性。

7.2.2　点到点连接(PPP)

点到点连接是最常见的一种 WAN 连接。点到点连接用于将 LAN 连接到服务提供商 WAN 以及将企业网络内部的各个 LAN 段互联在一起。

点到点协议(PPP)提供同时处理 TCP/IP、IPX 和 AppleTalk 的多协议 LAN 到 WAN 连接,可用于双绞线、光纤线路和卫星传输链路。PPP 可在 ATM、帧中继、ISDN 和光纤链路上传输。在现代网络中,安全性是关键的考虑因素之一。PPP 允许使用口令验证协议(PAP)或更有效的挑战握手验证协议(CHAP)。

1. 串行通信标准

串行通信标准有许多种,每种标准使用的信号传输方法各不相同。影响 LAN 到 WAN 连接的串行通信标准主要有以下 3 种。

(1) RS-232:个人计算机上的大多数串行端口都符合 RS-232C 或更新的 RS-422 和 RS-423 标准。这些标准都使用 9 针和 25 针连接器。

(2) V.35:通常用于调制解调器到复用器的通信,此 ITU 标准可以同时利用多个电话电路的带宽,适合高速同步数据交换。

（3）HSSI：高速串行接口（HSSI）支持最高 52Mbps 的传输速率。工程师使用 HSSI 将 LAN 上的路由器连接到诸如 T3 线路之类的高速 WAN 线路。工程师还通过 HSSI 提供了采用令牌环或以太网的 LAN 之间的高速互联。HSSI 是由 Cisco Systems 和 T3 Plus Networking 联合开发的 DTE/DCE 接口,用于满足在 WAN 链路上实现高速通信的需求。

2. 数据终端设备和数据通信设备

数据终端设备（DTE）是指用于用户-网络接口的用户端的设备,它充当信源、目的地或两者。DTE 通过数据通信设备（DCE）连接到网络。DCE 提供了到网络的物理连接,并提供时钟信号用于同步 DCE 和 DTE 之间的数据传输。

（1）DTE-DCE

从 WAN 连接的角度来看,串行连接的一端连接的是 DTE,另一端连接的是 DCE。两个 DCE 之间的连接由 WAN 服务提供商传输网络。在这种情况下,应注意以下两点。

① CPE 通常是路由器,也就是 DTE。如果 DTE 直接连接到服务提供商网络,那么 DTE 也可以是终端、计算机、打印机或传真机。

② DCE 通常是调制解调器或 CSU/DSU,利用 DCE 将来自 DTE 的用户数据转换为 WAN 服务提供商传输链路所能接受的格式。此信号由远程 DCE 接收,远程 DCE 将信号解码为位序列。然后,远程 DCE 将该序列传送到远程 DTE。

（2）电缆标准

一般有两种不同类型的电缆：一种用于将 DTE 连接到 DCE；另一种用于直接互联两个 DTE。

用于连接 DTE 和 DCE 的电缆是屏蔽串行转接电缆的。屏蔽串行转接电缆的路由器端可以是 DB-60 连接器,用于连接串行 WAN 接口卡的 DB-60 端口。串行转接电缆的另一端可以带有适合待用标准的连接器。WAN 提供商或 CSU/DSU 通常决定了此电缆的类型。Cisco 设备支持 EIA/TIA-232、EIA/TIA-449、V. 35、X. 21 和 EIA/TIA-530 等串行标准。

为了以更小的尺寸支持更高的端口密度,Cisco 开发了智能串行电缆。智能串行电缆的路由器接口端是一个 26 针连接器,此连接器要比 DB-60 连接器小得多,如图 7.4 所示。

图 7.4　Cisco 路由器的智能串行电缆连接器

在使用调制解调器时,切记同步连接需要的时钟信号。时钟信号可由外部设备或某一台 DTE 生成。在默认情况下,当连接 DTE 和 DCE 时,路由器上的串行端口用于连接 DTE,而时钟信号通常由 CSU/DSU 或类似的 DCE 提供,如图 7.5 所示。但是,当在路由器到路由器的连接中使用调制解调器时,要为该连接提供时钟信号,且必须将其中一个串行接口配置为 DCE 端。

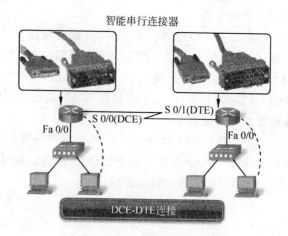

图 7.5　实验室串行 WAN 连接

3. HDLC 封装

WAN 使用多种第二层协议,包括 PPP、帧中继、ATM、X.25 和 HDLC。

（1）第二层 WAN 封装协议

在每个 WAN 连接上,数据在通过 WAN 链路传输之前都会封装成帧。要确保使用正确的协议,需要配置适当的第二层封装类型。协议的选择取决于 WAN 技术和通信设备。图 7.6 列出常见的 WAN 协议及其适用场合。

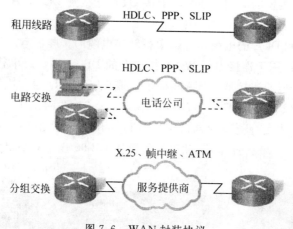

图 7.6　WAN 封装协议

①HDLC：当链路两端均为 Cisco 设备时,HDLC 是点到点连接、专用链路和交换电路连接上的默认封装类型。HDLC 现在是同步 PPP 的基础,而许多服务器使用同步 PPP 连接到 WAN(最常见的是连接到 Internet)。

②PPP：通过同步电路和异步电路提供路由器到路由器和主机到网络的连接。PPP 可以和多种网络层协议协同工作,例如 IP 和互联网分组交换(IPX)。PPP 还具有内置安全机制,例如 PAP 和 CHAP。

③串行线路 Internet 协议(SLIP)：使用 TCP/IP 实现点到点串行连接的标准协议。在很大程度上,SLIP 已被 PPP 取代。

④X.25/平衡式链路接入协议(LAPB)：ITU-T 标准,它定义了如何为公共数据网络

中的远程终端访问和计算机通信维持 DTE 与 DCE 之间的连接。X.25 指定 LAPB,而 LAPB 是一种数据链路层协议。X.25 是帧中继的前身。

⑤ 帧中继:行业标准,是处理多个虚电路的交换数据链路层协议。帧中继是 X.25 之后的下一代协议。帧中继消除了 X.25 中使用的某些耗时的过程(例如纠错和流控制)。

⑥ ATM:信元中继的国际标准。在此标准下,设备以固定长度(53bytes)的信元发送多种类型的服务(例如语音、视频或数据)。固定长度的信元可通过硬件处理,从而减少了传输延迟。ATM 使用高速传输介质(Media),例如 E3、SONET 和 T3。

(2) HLDC 封装

HDLC 是由国际标准化组织(ISO)开发的、面向比特的同步数据链路层协议。当前的 HDLC 标准是 ISO 13239。HDLC 是根据 20 世纪 70 年代提出的同步数据链路控制(SDLC)标准开发的,同时提供面向连接的服务和无连接服务。

HDLC 采用同步串行传输,可以在两点之间提供无错通信。HDLC 定义的第二层帧结构采用确认机制进行流量控制和错误控制。无论是数据帧还是控制帧,每个帧的格式都相同。

(3) 配置 HLDC 封装

Cisco HDLC 是 Cisco 设备在同步串行线路上使用的默认封装方法。在连接两个 Cisco 设备的租用线路上,可以使用 Cisco HDLC 作为其点到点协议。如果连接的不是 Cisco 设备,则应使用同步 PPP。

如果已更改默认封装方法,则可以在特权模式下使用 encapsulation hdlc 命令重新启用 HDLC。

启用 HDLC 封装分为以下步骤。

步骤 1:进入串行接口的接口配置模式。

```
router(config)＃interface serial 0/0/0
```

步骤 2:输入 encapsulation hdlc 命令指定接口的封装协议。

```
router(config-if)＃encapsulation hdlc
```

步骤 3:查看串行接口的封装配置。

在项目 3~项目 6 中,查看路由器 A 的串行接口配置。

```
routera＃show interfaces serial 0/0/0
Serial 0/0/0 is up, line protocol is up (connected)
   Hardware is HD64570
   Internet address is 192.168.100.1/24
   MTU 1500 bytes, BW 1544 Kbit, DLY 20000 usec,
      reliability 255/255, txload 1/255, rxload 1/255
   Encapsulation HDLC, loopback not set, keepalive set (10 sec)
   Last input never, output never, output hang never
   Last clearing of "show interface" counters never
...
routera＃
routera＃show controllers serial 0/0/0
```

```
Interface Serial 0/0/0
Hardware is PowerQUICC MPC860
DCE V.35, clock rate 64000
idb at 0x81081AC4, driver data structure at 0x81084AC0
...
```

4. PPP 协议

HDLC 是连接两台 Cisco 路由器的默认串行封装方法。Cisco 版本的 HDLC 是专有版本,它增加了一个协议类型字段。因此,Cisco HDLC 只能用于连接其他 Cisco 设备。但是,在需要连接非 Cisco 路由器时,应该使用 PPP 封装。

(1) PPP 简介

PPP 封装能够与最常用的支持硬件兼容。PPP 对数据帧进行封装,以便在第二层物理链路上传输。PPP 使用串行电缆、电话线、中继(trunk)线、手机、专用无线链路或光缆链路建立直接连接。PPP 具有许多优点,包含许多 HDLC 中没有的功能。

① 链路质量管理功能监视链路的质量。如果检测到过多的错误,则 PPP 会关闭链路。

② PPP 支持 PAP 和 CHAP 身份验证。

(2) PPP 主要组件

PPP 包含以下 3 个主要组件。

① 用于在点到点链路上封装数据包的 HDLC 协议。

② 用于建立、配置和测试数据链路连接的可扩展链路控制协议(LCP)。

③ 用于建立和配置各种网络层协议的一系列网络控制协议(NCP)。PPP 允许同时使用多个网络层协议,较常见的 NCP 有 Internet 协议控制协议、AppleTalk 控制协议、Novell IPX 控制协议、Cisco 系统控制协议、SNA 控制协议和压缩控制协议。

(3) PPP 分层架构

图 7.7 所示描绘了 PPP 的分层体系结构与开放式系统互联(OSI)模型的对应关系。PPP 和 OSI 有相同的物理层,但 PPP 将 LCP 和 NCP 功能分开设计。

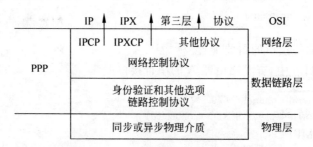

图 7.7 WAN 分层架构

① PPP 架构:物理层。在物理层上,可在一系列接口上配置 PPP,这些接口包括异步串行接口、同步串行接口、HSSI、ISDN 等。

② PPP 架构:链路控制协议层。LCP 是 PPP 中实际工作的部分。LCP 位于物理层的上方,其职责是建立、配置和测试数据链路连接。LCP 建立点到点链路,还负责协商和设置 WAN 数据链路上的控制选项,而这些选项由 NCP 处理。一旦建立了链路,PPP 还会采用

LCP 自动批准封装格式(身份验证、压缩、错误检测)。

③ PPP 体系结构:网络控制协议层。PPP 允许多个网络层协议在同一通信链路上运行。对于所使用的每个网络层协议,PPP 都分别使用独立的 NCP。例如,IP 使用 IP 控制协议(IPCP),IPX 使用 Novell IPX 控制协议(IPXCP)。

(4) 建立 PPP 会话

建立 PPP 会话包括 3 个阶段,这些操作是由 LCP 执行的。

第 1 阶段(链路建立和配置协商):在 PPP 交换任何网络层数据报(如 IP)前,LCP 必须先打开链接并协商配置选项。当接收路由器向启动连接的路由器发送配置确认帧时,此阶段结束。

第 2 阶段(链路质量确认(可选)):LCP 测试链路以确定链路质量是否足以启用这些网络层协议。LCP 可将网络层协议信息的传输延迟到此阶段结束之前。

第 3 阶段(网络层协议配置协商):在 LCP 完成链路质量确认阶段后,适当的 NCP 可以独立配置网络层协议,还可以随时启动或关闭这些协议。如果 LCP 关闭链路,则它会通知网络层协议以便协议采取相应的措施。

(5) PPP 配置选项

对 PPP 进行配置,使之支持各种功能,包括以下几方面。

① 使用 PAP 或 CHAP 验证身份。

② 使用 Stacker 或 Predictor 进行压缩。

③ 合并两个或多个通道以增加 WAN 带宽的多链路。

(6) PPP 配置命令

① 封装 PPP 协议。要将 PPP 设置为串行或 ISDN 接口使用的封装方法,可使用以下接口配置命令。

```
router(config-if)#encapsulation ppp
```

要使用 PPP 封装,必须给路由器配置 IP 路由选择协议。

② 设置压缩算法。当启用 PPP 封装后,可在串行接口上配置点到点软件压缩。该选项将调用软件压缩进程,因此可能影响系统性能。

```
router(config-if)#compress[predictor| stac| MPPC]
```

Cisco 路由器支持 Stacker、Predictor 和 MPPC 压缩。

其中,Stacker、MPPC 压缩更耗费 CPU,Predictor 压缩更耗费内存。

Cisco 建议如果 CPU 负载超过 65%,则关闭压缩。此时,可以使用 show proc cpu 命令来显示 CPU 负载。

当瓶颈是路由器上的高负载时,推荐使用 Predictor 压缩;当瓶颈是线路带宽限制时,推荐使用 Stacker 压缩。

③ 链路质量监视。LCP 负责可选的链路质量确认阶段。在此阶段中,LCP 将对链路进行测试,以确定链路质量是否足以支持第三层协议的运行。使用 ppp quality percentage 命令确保链路满足设定的质量要求,否则链路将关闭。

router(config-if)#**ppp quality** *percentage*

百分比是针对入站和出站两个方向分别计算的。出站链路质量的计算方法是将已发送的数据包及字节总数与目的节点收到的数据包及字节总数进行比较。入站链路质量的计算方法是将已收到的数据包及字节总数与目的节点发送的数据包及字节总数进行比较。

如果未能控制链路质量百分比，那么链路的质量注定不高，链路将陷入瘫痪。链路质量监控(LQM)实现了时滞功能，这样链路不会时而正常运行，时而瘫痪。

使用 no ppp quality 命令禁用 LQM。

5. PPP 身份验证协议

在 PPP 会话中，验证阶段是可选的。如果需要验证，那么验证将发生在网络层协议配置阶段之前，在链路建立完毕并且已经选择了验证协议后，通信双方就可以被验证了。

在配置 PPP 验证时，可以选择使用密码验证协议(Password Authentication Protocol，PAP)或询问握手验证协议(Challenge Handshake Authentication Protocol，CHAP)。在一般情况下，CHAP 是首选协议。使用这两种验证方式必须使用 PPP 封装。

PAP 或 CHAP 验证是一个双向的过程。在该过程中，被验证方(如主叫用户)向验证方(如接入服务器)不断发送一个身份识别/密码对，直到该验证通过或者连接被拆除。

(1) 密码验证协议

如图 7.8 所示，密码验证协议利用双向握手信号的简单方法建立远端节点的验证。在 PPP 链路建立阶段完成后，远端节点会通过链路反复传送用户名和密码到路由器直到验证完成确认，否则连接被终止。

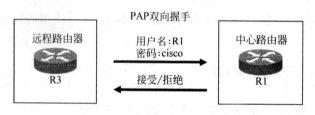

图 7.8　密码验证协议

PAP 并不是一个功能很强大的验证协议，并且验证过程不是很安全，密码在链路上是以明文传输的，如果在线路上设置一个协议分析仪就能看到用户口令。同时，此验证协议不能提供回放(Playback)模仿(通过连接到线路上的捕获数据包一起就可以捕获带有用户名和密码的数据包，然后就可以通过回放这个被捕获的用户名和密码登录到网络上)或重复尝试型攻击的保护。远端节点能控制验证重试的频率和时间。

如果对安全接入控制有较高的要求，就应该采用 CHAP 验证方式。只有当 PAP 是远程节点唯一支持的验证方式时，才使用 PAP。

当 PAP 用于主机和接入服务器之间时，它是单向验证；而当它用于两个路由器之间时，则是一个双向验证。

PAP 可用于如下情形。

① 安装了大量不支持 CHAP 的客户端应用程序。

② 不同厂商的 CHAP 实现互不兼容。

③ 必须使用明文密码模拟主机远程登录。

（2）询问握手验证协议

如图7.9所示，询问握手验证协议利用3次握手周期性地检验远端节点的身份。这一过程在初始链路建立时便完成了，而且在链路完成后建立随时可以重复执行。

图7.9 询问握手验证协议

CHAP通过3次握手验证对等体的身份，是一种比PAP更强大的身份验证方法。CHAP验证过程如图7.9所示。

在PPP链路建立阶段完成后，本地路由器向远程节点发送一个"挑战"信息，远端节点用密码和单向散列函数（典型为MD5）对挑战信息进行计算，会产生一个回应的计算结果值返回给本地路由器。本地路由器将该结果与根据它本身按同样方法计算出来的结果值进行比较来检验回应，如果两个值相互匹配则验证通过，否则连接中断。

CHAP使用不同的挑战值来防御重放攻击，挑战值是独一无二的、不可预测的。由于挑战值是独一无二和唯一的，因此计算得到的散列值也是独一无二和随机的。使用重复挑战旨在限制向任何一次攻击暴露的时间。本地路由器（或者是第三方的验证服务器，如Netscape Commerce Server）可以控制挑战的频率和时间。

6. 配置PPP身份验证

要在接口上启用使用PAP或CHAP身份验证的PPP封装，按照如下步骤进行。

（1）启用PPP封装，将其作为接口的第二层协议。

```
router#config terminal
Enter configuration commands, one per line. End with CNTL/Z.
router(config)#interface serial 0/0/0
router(config-if)#encapsulation ppp
```

（2）配置路由器的主机名以标识路由器。要指定主机名，可在全局配置模式下使用hostname name命令。该名称必须与链路另一端的对等路由器上配置的某个用户名相同。

（3）配置用户名和密码以便验证PPP对等体的身份。

在每台路由器使用**username** *name* **password** {0|7} *password* 全局配置命令定义远程路由器的用户名和密码。

其中，name是远程路由器的主机名，区分大小写；对于password，在Cisco路由器上，连接双方的密码必须相同。

对于本地路由器要与之通信并验证其身份的路由器，都需要添加一个用户名条目；同时，在远程设备上也需要添加一个对应于本地路由器的用户名条目，并使用匹配的密码。

（4）使用接口配置命令的身份验证方法。

要在接口上指定使用身份验证方法（CHAP和PAP）的顺序，可使用如下接口配置命令。

```
routera(config-if)♯ppp authentication
    chap    Challenge Handshake Authentication Protocol<CHAP>
    pap     Password Authentication Protocol<PAP>
routera(config-if)♯ppp authentication{pap | chap | pap chap |chap pap}
```

其中,要注意以下几点。

① pap:在串行接口上启用 PAP。

② chap:在串行接口上启用 CHAP。

③ chap pap:在串行接口上启用 CHAP 和 PAP,并在 PAP 前执行 CHAP 身份验证。

④ pap chap:在串行接口上启用 CHAP 和 PAP,并在 CHAP 前执行 PAP 身份验证。

(5) 排除 PPP 身份验证配置故障。

在特权模式下,使用 debug ppp authentication 命令。

7.3　方　案　设　计

针对客户提出的要求,公司网络工程师计划通过广域网端口 S 0/0 连接总公司与公司间网络,并将分公司两台路由器通过 Serial 接口与总公司的路由器的 Serial 接口相连接。此时,分别对路由器的端口分配 IP 地址,并配置 PPP 协议和静态路由协议,这样在对总公司与公司网内的主机设置 IP 地址及网关后就可以相互通信了。

7.4　项　目　实　施

7.4.1　项目目标

通过本项目的实施,使学生掌握以下技能。

(1) 能够配置 PPP 封装。

(2) 能够配置 PAP 验证。

(3) 能够配置 CHAP 验证。

7.4.2　实训任务

在实训室或 Packet Trace 中搭建图 7.10 所示的网络实训环境来模拟完成本项目,并完成如下的配置任务。

(1) 配置 PPP 封装。

(2) 配置 PAP 验证。

(3) 配置 CHAP 验证。

7.4.3　设备清单

为了构建图 7.10 所示的网络实训环境,需要如下网络设备。

(1) Cisco 2811 路由器(3 台)。

(2) Cisco Catalyst 2960 交换机(3 台)。

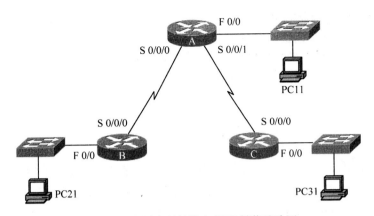

图 7.10 配置串行链路上 PPP 封装及验证

（3）PC（3 台）。

（4）双绞线（若干根）。

7.4.4 实施过程

步骤 1：规划设计。

（1）规划各路由器名称，各接口的 IP 地址、子网掩码见表 7.1。

表 7.1 路由器名称、接口 IP 地址、子网掩码

部 门	路由器名称	接 口	IP 地 址	子网掩码	描 述
总公司	Router A	S 0/0/0	192.168.100.1	255.255.255.0	Router B-S 0/0/0
		S 0/0/1	192.168.200.1	255.255.255.0	Router C-S 0/0/0
		F 0/0	192.168.10.1	255.255.255.0	LAN 10
分公司 1	Router B	S 0/0/0	192.168.100.2	255.255.255.0	Router A-S 0/0/0
		F 0/0	192.168.20.1	255.255.255.0	LAN 20
分公司 2	Router C	S 0/0/0	192.168.200.2	255.255.255.0	Router A-S 0/0/1
		F 0/0	192.168.30.1	255.255.255.0	LAN 30

（2）规划各计算机的 IP 地址、子网掩码和网关见表 7.2。

表 7.2 计算机的 IP 地址、子网掩码和网关

计算机	IP 地 址	子网掩码	网 关
PC11	192.168.10.10	255.255.255.0	192.168.10.1
PC21	192.168.20.10	255.255.255.0	192.168.20.1
PC31	192.168.30.10	255.255.255.0	192.168.30.1

步骤 2：实训环境准备。

（1）硬件连接。在路由器、交换机和计算机断电的状态下，按照如图 7.10 所示连接硬件。

（2）给各设备通电。

步骤 3：按照表 7.2 所列参数设置各计算机的 IP 地址、子网掩码和默认网关。

步骤 4：清除各路由器配置（略）。

步骤 5：测试网络连通性。

使用 ping 命令分别测试 PC11、PC21、PC31 这 3 台计算机之间的连通性。

步骤 6：按照项目 3 配置路由器 A、B、C(略)。

当配置完成后，PC11、PC21、PC31 这 3 台计算机之间应该是互联的。

步骤 7：查看路由器的串行接口的状态。

```
routera#show ip interface brief
Interface          IP-Address      OK Method                  Status     Protocol
FastEthernet 0/0   192.168.10.1    YES manual                       up         up
FastEthernet 0/1   unassigned       YES unset administratively    down       down
Serial 0/0/0       192.168.100.1   YES manual                       up         up
Serial 0/0/1       192.168.200.1   YES manual                       up         up
Vlan1              unassigned       YES unset administratively    down       down
routera#
routera#show interfaces serial 0/0/0
Serial 0/0/0 is up, line protocol is up (connected)
  Hardware is HD64570
  Internet address is 192.168.100.1/24
  MTU 1500 bytes, BW 1544 Kbit, DLY 20000 usec,
    reliability 255/255, txload 1/255, rxload 1/255
  Encapsulation HDLC, loopback not set, keepalive set (10 sec)
  Last input never, output never, output hang never
  Last clearing of "show interface" counters never
  Input queue: 0/75/0 (size/max/drops); Total output drops: 0
...
routera#

routerb#show interfaces serial 0/0/0
Serial 0/0/0 is up, line protocol is up (connected)
  Hardware is HD64570
  Internet address is 192.168.100.2/24
  MTU 1500 bytes, BW 1544 Kbit, DLY 20000 usec,
    reliability 255/255, txload 1/255, rxload 1/255
  Encapsulation HDLC, loopback not set, keepalive set (10 sec)
  Last input never, output never, output hang never
...
routerb#
routerc:show ip interface brief
Interface          IP-Address      OK   Method                    Status     Protocol
FastEthernet 0/0   192.168.30.1    YES  manual                    up         up
FastEthernet 0/1   unassigned       YES  unset administratively   down       down
Serial 0/0/0       192.168.200.2   YES  manual                    up         up
Vlan1              unassigned       YES  unset administratively   down       down
routerc#
routerc#show interfaces serial 0/0/0
Serial 0/0/0 is up, line protocol is up (connected)
  Hardware is HD64570
  Internet address is 192.168.200.2/24
  MTU 1500 bytes, BW 1544 Kbit, DLY 20000 usec,
    reliability 255/255, txload 1/255, rxload 1/255
```

```
    Encapsulation HDLC, loopback not set, keepalive set (10 sec)
    Last input never, output never, output hang never
    …
routerc#
```

步骤 8：封装不带认证的 PPP 协议。

（1）配置 PPP 封装。

```
routera(config)#interface serial 0/0/0
routera(config-if)#encapsulation ppp
routera(config-if)#exit
routera(config)#interface serial 0/0/1
routera(config-if)#encapsulation ppp
routerb(config)#interface serial 0/0/0
routerb(config-if)#encapsulation ppp
routerc(config)#interface serial 0/0/0
routerc(config-if)#encapsulation ppp
```

（2）查看各串行接口的封装。

```
routera#show interfaces s0/0/0
Serial 0/0/0 is up, line protocol is up (connected)
   Hardware is HD64570
   Internet address is 192.168.100.1/24
   MTU 1500 bytes, BW 1544 Kbit, DLY 20000 usec,
     reliability 255/255, txload 1/255, rxload 1/255
   Encapsulation PPP, loopback not set, keepalive set (10 sec)
   LCP Open
   Open: IPCP, CDPCP
   …
routera#
routerb#show interfaces serial 0/0/0
Serial 0/0/0 is up, line protocol is up (connected)
   Hardware is HD64570
   Internet address is 192.168.100.2/24
   MTU 1500 bytes, BW 128 Kbit, DLY 20000 usec,
     reliability 255/255, txload 1/255, rxload 1/255
   Encapsulation PPP, loopback not set, keepalive set (10 sec)
   LCP Open
   Open: IPCP, CDPCP
   …
routerb#
routerc#show interfaces serial 0/0/0
Serial 0/0/0 is up, line protocol is up (connected)
   Hardware is HD64570
   Internet address is 192.168.200.2/24
   MTU 1500 bytes, BW 128 Kbit, DLY 20000 usec,
     reliability 255/255, txload 1/255, rxload 1/255
   Encapsulation PPP, loopback not set, keepalive set (10 sec)
```

```
    LCP Open
    Open: IPCP, CDPCP
 ...
 routerc #
```

（3）使用 ping 命令分别测试 PC11、PC21、PC31 这 3 台计算机之间的连通性。

步骤 9：封装带 PAP 认证的 PPP 协议。

（1）配置 PPP 封装。

```
 routera(config) # interface serial 0/0/0
 routera(config-if) # encapsulation ppp
 routera(config-if) # ppp authentication pap
 routera(config-if) # ppp pap sent-username routera password router
 routera(config-if) # no shutdown
 routera(config-if) # interface serial 0/0/1
 routera(config-if) # encapsulation ppp
 routera(config-if) # ppp authentication pap
 routera(config-if) # ppp pap sent-username routera password router
 routera(config-if) # no shutdown
 routera(config-if) # exit
 routera(config) # username routerb password router
 routera(config) # username routerc password router
 routera(config) #
 routerb(config) # interface serial 0/0/0
 routerb(config-if) # encapsulation ppp
 routerb(config-if) # ppp authentication pap
 routerb(config-if) # ppp pap sent-username routerb password router
 routerb(config-if) # no shutdown
 routerb(config-if) # exit
 routerb(config) # username routera password router
 routerb(config) #
 routerc(config) # interface serial 0/0/0
 routerc(config-if) # encapsulation ppp
 routerc(config-if) # ppp authentication pap
 routerc(config-if) # ppp pap sent-username routerc password router
 routerc(config-if) # no shutdown
 routerc(config-if) # exit
 routerc(config) # username routera password router
 routerc(config) #
```

（2）使用 ping 命令分别测试 PC11、PC21、PC31 这 3 台计算机之间的连通性。

步骤 10：封装带 CHAP 认证的 PPP 协议。

（1）配置 PPP 封装。

```
 routera(config) # interface serial 0/0/0
 routera(config-if) # encapsulation ppp
 routera(config-if) # ppp authentication chap
 routera(config-if) # no shutdown
```

```
routera(config-if) # interface serial 0/0/1
routera(config-if) # encapsulation ppp
routera(config-if) #  ppp authentication chap
routera(config-if) # no shutdown
routera(config-if) # exit
routera(config) # username routerb password router
routera(config) # username routerc password router
routera(config) #
routerb(config) # interface serial 0/0/0
routerb(config-if) # encapsulation ppp
routerb(config-if) #  ppp authentication chap
routerb(config-if) # no shutdown
routerb(config-if) # exit
routerb(config) # username routera password router
routerb(config) #
routerc(config) # interface serial 0/0/0
routerc(config-if) # encapsulation ppp
routerc(config-if) #  ppp authentication chap
routerc(config-if) # no shutdown
routerc(config-if) # exit
routerc(config) # username routera password router
routerc(config) #
```

（2）使用 ping 命令分别测试 PC11、PC21、PC31 这 3 台计算机之间的连通性。

步骤 11：配置路由器口令，然后进行远程登录。

步骤 12：保存配置文件。

步骤 13：清除路由器的配置。

习   题

一、选择题

1. 在 Cisco 路由器上串行线路默认的二层封装是（   ）。

    A. CHAP   B. HDLC   C. PPP   D. SLIP

2. （   ）类型的验证使用 3 次握手。

    A. CHAP   B. HDLC   C. PPP   D. SLIP

3. 如果配置了 PPP 身份验证协议，将在（   ）验证客户端或用户工作站的身份。

    A. 建立链路前   B. 链路建立阶段

    C. 配置网络层协议前   D. 配置网络层协议后

4. 下列选项正确描述了 PAP 身份验证协议的是（   ）。

    A. 默认情况下发送加密的密码   B. 使用两次握手验证身份

    C. 可防范试错攻击   D. 要求在每台路由器中配置相同的用户名

5. 当使用 CHAP 身份验证时，要在两台路由器之间成功地建立连接，必须满足的条件是（   ）。

    A. 两台路由器的主机名必须相同

    B. 两台路由器的用户名必须相同

    C. 两台路由器配置的特权加密密码必须相同

    D. 在两台路由器中,配置的用户名和密码必须相同

    E. 在两台路由器中使用的 PPP chap sent-username 配置命令必须相同

6. 在下列接口上可配置 PPP 的是(　　)。

    A. 异步串行接口　　　B. HSSI　　　　　　　C. 同步串行接口　　　　D. 以太网口

7. PPP 中负责协商链路选项的部分是(　　)。

    A. MP　　　　　　　　B. NCP　　　　　　　　C. LCP　　　　　　　　D. CDPCP

8. 在两台路由器之间的连接上启用 PPP 身份验证后,必须配置用户名和密码的路由器是(　　)。

    A. 主机路由器　　　　B. 主叫路由器　　　　C. PAP 主机路由器

    D. CHAP 路由器　　　E. 两台路由器

二、简答题

1. PPP 和 HDLC 相比,它的优势是什么?

2. PPP 和 CHAP 分别是如何工作的?

3. Cisco 路由器串行接口的默认第二层封装是什么?

4. 如何启用 PPP 封装?

5. PPP 有哪两种身份验证方式?哪种方式是以明文的方式发送的?

6. 如果同时启用了 PAP 和 CHAP,那么将首先尝试哪种方法?

7. 哪条命令用于查看封装配置?

三、实训题

    某公司是一家国内企业,经过多年的发展,成为一家著名的跨国公司,分别在国内、国外各设有 3 家分公司,逐步建成了图 7.11 所示的计算机广域网。

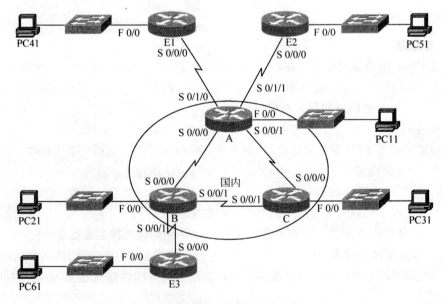

图 7.11　配置 PPP 封装及验证

　　公司决定国内部分路由器与公司分布路由器之间的广域网链路的连接必须封装 PPP,并配置 PAP 或 CHAP 认证。国外 E1、E2 两地的网络连接到公司总部,E3 连接到分公司 B,要求封装 PPP,并配置 CHAP 认证。

　　自己进行如下规划设计,达到国内和国外总公司与分公司网络的互联互通。

　　(1) 各路由器接口子网地址。

　　(2) 国内外各部门资源划分。

　　(3) 采用静态路由。

　　(4) 采用动态路由协议。

广域网帧中继连接

8.1 用户需求

某公司下属多个分公司,并且总公司与分公司分别设在不同的城市,总公司与分公司之间的网络由于业务的需要,需要连接起来。目前,公司计划花费较少的费用实现公司内部主机的相互通信。

8.2 相关知识

帧中继是一种在 OSI 参考模型的物理层和数据链路层工作的高性能 WAN 协议。帧中继是 X.25 协议的简化版,起初用于综合业务数字网络(ISDN)接口。如今,在其他各种网络接口上也得到了广泛应用。

8.2.1 帧中继简介

随着企业的发展壮大和信息化的发展,成本比专用线路低的帧中继成为应用最广泛的 WAN 协议之一。

1. 帧中继: 一种高效而灵活的 WAN 技术

帧中继已成为世界上使用最广泛的 WAN 技术之一。大型企业、政府、ISP 和小公司纷纷选用帧中继,主要是因为帧中继具有成本低、灵活性高的优点。

2. 帧中继的成本效益

帧中继是较具成本效益的方案,原因有以下两个。

(1) 当使用专用线路时,用户需要为端到端连接付费,这包括本地环路和网络链路;而当使用帧中继时,用户只需为本地环路以及从网络提供商购买的带宽付费,节点之间的距离无关紧要。

(2) 帧中继允许众多用户共享带宽。

3. 帧中继的灵活性

在网络设计中,虚电路能够提供很高的灵活性。如图 8.1 所示,公司的所有办公室都通过各自的本地环路连接到帧中继网络云,此时暂不考虑帧中继网络云内部的通信机制。现在要知道的是,在公司任何办公室希望与其他办公室通信时,它所需要做的只是连接到通往其他办公室的虚电路。在帧中继中,每个连接的端点都有一个标识该连接的编号,该编号被称为数据链路连接标识符(DLCI)。只需提供对方站点的地址和要使用的线路的 DLCI 编号,任何站点都可方便地连接到其他站点;并且,帧中继可以经过配置,使得来自所有已配置 DLCI 的数据都流经路由器的同一端口。

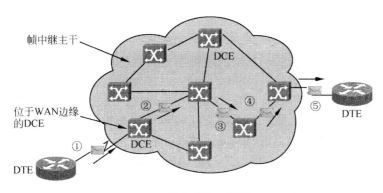

图 8.1　帧中继的工作原理

4. 帧中继 WAN

在架设帧中继 WAN 时，无论选择何种传输方案，也无论是连接哪两个站点，都至少需要涉及 3 个基本的组件或组件群。每个站点都需要有自己的设备(DTE)来访问为该地区服务的电话公司的中心局(DCE)。第 3 个组件位于前两者中间，负责连接两个接入点。在图 8.1 中的帧中继主干即为第 3 个组件，也就是通常所说的帧中继网络云。

5. 帧中继的工作原理

当运营商使用帧中继互联 LAN 时，每个 LAN 中的路由器充当 DTE。在运营商最近的入网点(POP)，串行连接(例如 T1/E1 租用线路)将路由器连接到运营商的帧中继交换机，而帧中继交换机则是 DCE。网络交换机在网络上传输来自某个 DTE 的帧，这些帧途经各个 DCE 后被发送到另一个 DTE。即使计算设备不在 LAN 上，数据也可通过帧中继网络来发送。计算设备使用帧中继接入设备(FRAD)作为 DTE。FRAD 有时也叫作帧中继组合器/分解器，是一种专用设备或为支持帧中继而配置的路由器。它位于用户驻地并连接到服务提供商网络的交换机端口上，而服务提供商会将各台帧中继交换机相互连接起来。图 8.1 说明了帧中继的工作原理。下面为图 8.1 的几点说明。

(1) ①：DTE 将帧发送到 WAN 边缘的 DCE。

(2) ②~④：帧在 WAN 中从一台交换机传递到另一台交换机，最终到达 WAN 边缘的目标 DCE 交换机。

(3) ⑤：目标 DCE 将帧传输给目标 DTE。

8.2.2　虚电路和 DLCI

两个 DTE 之间通过帧中继网络实现的连接叫作虚电路(VC)。这种电路之所以叫虚电路，是因为端到端之间并没有直接的电路连接，而是逻辑连接，数据不通过任何直接电路即从一端移动到另一端。通过使用虚电路，帧中继允许多个用户共享带宽，而无须使用多条专用物理线路，即可在任意站点间实现通信。

帧中继虚电路分为以下两类。

(1) SVC，即交换虚电路，是临时性连接，适用于只需偶尔通过帧中继网络在 DTE 之间传输数据的情形。使用 SVC 进行的通信会话有 4 种运行状态：呼叫建立、数据传输、空闲和呼叫终止。

(2) PVC，即永久虚电路，是永久性建立的连接，适用于需要不断通过帧中继网络在

DTE 之间传输数据的情形。在通过 PVC 进行通信时,不需要用于 SVC 的呼叫建立和终止状态。PVC 总是处于两种状态之一:数据传输和空闲。PVC 有时也称私有虚电路,即 VC。

帧中继创建虚电路的过程如下:在每台帧中继交换机的内存中存储输入端口到输出端口的映射,以便将各台交换机首尾相接,直到找到从电路的一端到另一端的连续路径为止。虚电路可以经过帧中继网络范围内任意数量的中间设备(交换机)。

虚电路提供一台设备到另一台设备之间的双向通信路径,且它是以 DLCI 标识的。DLCI 值通常由帧中继服务提供商(如电话公司)分配。帧中继 DLCI 仅具有本地意义,也就是说这些值本身在帧中继 WAN 中并不是唯一的。DLCI 标识是通往端点处设备的虚电路,而 DLCI 在单链路之外没有意义。虚电路连接的两台设备可以使用不同的 DLCI 值来使用同一个连接。

具有本地意义的 DLCI 已成为主要的编址方法,这是因为同一地址可用于若干不同的位置并使用不同的连接。本地编址方案可防止因网络的不断发展而导致用户用尽 DLCI 的问题的出现。

如图 8.2 所示,当数据帧在网络中移动时,帧中继会为每条虚电路标注 DLCI。DLCI 储存在被传输的每个数据帧的地址字段中,它被用来告诉网络如何发送该数据帧。帧中继服务提供商负责分配 DLCI 编号。

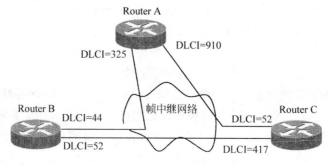

图 8.2　帧中继 DLCI

帧中继采用统计复用电路,这意味着它每次只传输一个数据帧,但在同一物理线路上允许同时存在多个逻辑连接。连接到帧中继网络的帧中继接入设备(FRAD)或路由器,可能通过多条虚电路连接到各个端点。同一物理线路上的多条虚电路可以相互区分,因为每条虚电路都有自己的 DLCI,如图 8.2 所示的 Router B。

当帧中继为许多逻辑数据会话提供多路复用的手段时,将进行如下操作:第一步,服务提供商的交换设备将建立一个表,用来把不同的 DLCI 值映射到出站端口;第二步,当接收到一个帧时,交换设备将分析这个连接标识并将该帧传递到相应的出站端口;第三步,在第一帧发送前,将建好一条通往目的地的完全路径。

8.2.3　帧中继中的帧

帧中继将来自网络层协议(如 IP 或 IPX)的分组封装在帧中继的帧中作为数据部分,然后将帧传递给物理层通过电缆传输。

图 8.3 示出了帧中继如何封装要传输的数据,并传递给物理层进行传输。首先,帧中继接收网络层协议(如 IP)发来的数据分组。然后,将其放在包含 DLCI 的地址字段和校验和

之间。接着,添加标志字段以标识帧的开头和结尾,这种标志总是不变的,为十六进制值 7E 或二进制值 01111110。封装分组后,帧中继将数据分组传递给物理层以便传输。

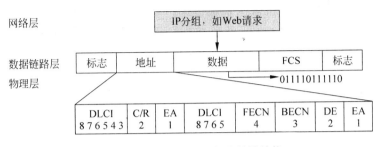

图 8.3　帧中继封装和标准的帧结构

物理层通常有 EIA/TIA-232、EIA/TIA-449、V.35、X.21 或 EIA/TIA-503。帧中继帧是一种 HDLC 帧,因此使用标志字段定界。

8.2.4　帧中继地址映射

Cisco 路由器要在帧中继上传输数据,需要先知道哪个本地 DLCI 映射到远程目的地的第三层地址。Cisco 路由器支持帧中继上的所有网络层协议,例如 IP、IPX 和 AppleTalk。这种地址到 DLCI 的映射可通过静态映射或动态映射完成。

1. 逆向 ARP

逆向地址解析协议(逆向 ARP)从第二层地址(例如帧中继网络中的 DLCI)中获取其他站点的第三层地址。逆向地址解析协议主要用于帧中继和 ATM 网络,在这两种网络中,虚电路的第二层地址有时从第二层信号中获取,但在虚电路投入使用前,必须解析出对应的第三层地址。ARP 将第三层地址转换为第二层地址,而逆向 ARP 则反其道而行之。

2. 动态映射

动态地址映射依靠逆向 ARP 将下一跳的网络协议地址解析为本地 DLCI 值。帧中继路由器在其永久虚电路上发送逆向 ARP 请求,以向帧中继网络告知远程设备的协议地址。路由器将请求的响应结果填充到帧中继路由器或接入服务器上的地址到 DLCI 的映射表中。路由器建立并维护该映射表,映射表中包含所有已解析的逆向 ARP 请求,它包括动态和静态映射条目。

在 Cisco 路由器上,对于物理接口上启用的所有协议默认启用逆向 ARP。对于接口上未启用的协议,则不会发送逆向 ARP 数据包。

3. 配置静态映射

静态映射的建立应根据网络需求而定。若要在下一跳协议地址和 DLCI 目的地址之间进行映射,则使用以下命令。

```
router(config-if) # frame-relay map protocol protocol-address dlci [broadcast] [ietf] [cisco]
```

在连接到非 Cisco 路由器时,使用关键字 ietf。

在配置开放最短路径优先(OSPF)协议时,可以添加可选的关键字 broadcast,这样可以大大简化配置过程。

4. 本地管理接口(LMI)

LMI 是一种 Keepalive(保持连接)的机制,提供路由器(DTE)和帧中继交换机(DCE)之间的帧中继连接的状态信息。终端设备每 10s(或大概如此)轮询一次网络,请求哑序列响应或通道状态信息。如果网络没有响应请求的信息,则用户设备可能会认为连接已关闭。当网络作出 FULL STATUS 响应时,响应中包含为该线路分配的 DLCI 的状态信息。终端设备可以使用此信息判断逻辑连接是否能够传递数据。

LMI 有几种类型,每一种都与其他类型不兼容。路由器上配置的 LMI 类型必须与服务提供商使用的类型一致。Cisco 路由器支持以下 3 种 LMI。

(1) Cisco:原始 LMI 扩展。

(2) Ansi:对应于 ANSI 标准 T1.617 Annex D。

(3) q933a:对应于 ITU 标准 Q933 Annex A。

从 Cisco IOS 软件版本 11.2 开始,默认的 LMI 自动感应功能可以检测直接连接的帧中继交换机所支持的 LMI 类型。根据从帧中继交换机收到的 LMI 状态消息,路由器自动使用经帧中继交换机确认且受支持的 LMI 类型配置其接口。

如果需设置 LMI 类型,则可以使用以下接口配置命令。

router(config-if)# **frame-relay lmi-type** [*cisco* | *ansi* | *q933a*]

利用以上命令来配置 LMI 类型,并禁用自动检测功能。

当手动设置 LMI 类型时,必须在帧中继接口上配置存活消息间隔,以防止路由器和交换机之间的状态交换超时。LMI 状态交换消息确定永久虚电路连接的状态。例如,路由器和交换机之间的存活消息间隔差距太大会导致交换机认为路由器已断开。

5. 使用 LMI 和逆向 ARP 来映射地址

通过结合使用 LMI 状态消息和逆向 ARP 消息,路由器可以将网络层和数据链路层的地址相关联。如果路由器需要将虚电路映射为网络层地址,则会在每条虚电路上发送一条逆向 ARP 消息。逆向 ARP 消息包括路由器的网络层地址,因此远程 DTE 或路由器也可执行映射。逆向 ARP 回复允许路由器在其地址到 DLCI 映射表中建立必要的映射条目。如果链路上支持多个网络层协议,那么系统会为每个协议发送逆向 ARP 消息。

8.2.5 帧中继配置

在 Cisco 路由器上,配置帧中继是一个相当简单的过程。这归功于 IOS 能够自动检测 LMI 类型以及通过反向 ARP 自动配置 DLCI,通常这就能够建立基本的连接了。

此时,必须执行的任务如下:

(1) 在接口上启用帧中继封装。

(2) 配置动态或静态地址映射。

此时,可选任务如下:

(1) 配置 LMI。

(2) 配置帧中继 SVC。

(3) 配置帧中继流量整形。

(4) 为网络定制帧中继。

（5）监视和维护帧中继连接。

帧中继使用 Cisco IOS 命令行界面(CLI)在 Cisco 路由器上配置,可按照图 8.4 进行帧中继的配置。

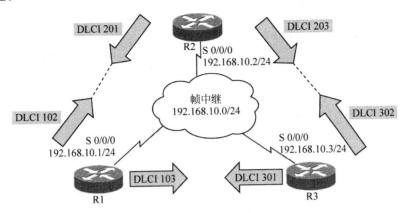

图 8.4 帧中继配置

1. 启用帧中继封装

在连接本地 DTE 帧中继交换机的串行接口上配置帧中继,其步骤如下:

步骤 1:配置 IP 地址。

在 Cisco 路由器中,同步串行接口通常都支持帧中继。使用 ip address 命令设置接口的 IP 地址。

```
router(config-if)#ip address ip_address ip_netmask
```

其配置如下:

```
router1(config-if)#ip address 192.168.10.1 255.255.255.0
router2(config-if)#ip address 192.168.10.2 255.255.255.0
router3(config-if)#ip address 192.168.10.3 255.255.255.0
```

步骤 2:配置封装。

在 Cisco 路由器上,默认的封装类型是 Cisco 公司私有的 HDLC 协议。要将封装从 HDLC 改为帧中继,可使用下面的命令。

```
router(config-if)#encapsulation frame-relay [cisco|ietf]
```

如果连接一个非 Cisco 设备,则应该选择 IETF。

```
router1(config-if)#encapsulation frame-relay
router2(config-if)#encapsulation frame-relay
router3(config-if)#encapsulation frame-relay
```

步骤 3:配置带宽。

如果必要,则设置串行接口带宽。当指定带宽时,以 Kbps 为单位。该命令通知路由选择协议,静态地配置了链路的带宽;通知路由协议已为该链路静态配置了带宽。EIGRP 和 OSPF 路由协议使用带宽值计算并确定链路的度量。

> router(config-if) # **bandwidth** *bandwidth*

步骤 4:设置 LMI 类型(可选)。

在 Cisco 路由器自动感应 LMI 类型时,此步骤为可选步骤。前面讲过 Cisco 支持 3 种类型的 LMI:Cisco、NSI Annex D 和 Q933-A Annex A。Cisco 路由器默认的 LMI 类型是 Cisco。

> router(config-if) # **frame-relay lmi-type** [*ansi* | *cisco* | *q933a*]

使用 show interface 命令检查配置的封装类型以及 LMI 类型状态信息。

2. 配置静态帧中继映射

如果远端路由器不支持 inverse ARP,则必须以静态方式建立本地 DLCI 与远端路由器的三层地址之间的映射。如果需要控制 VC 上是否传输广播和多播流量,则要建立静态映射。其配置命令如下:

> router(config-if) # **frame-relay map** *protocol protocol-address dlci* [**broadcast**]

其中,要注意以下几点。

(1) protocol:指定支持的协议、桥接或逻辑链路控制,可能的取值为 appletalk、decnet、dlsw、ip、ipx、llc2、rsrb、vines 和 xns。

(2) protocol-address:指定目标路由器接口的网络层地址。

(3) dlci:指定用于连接到远程协议地址的本地 DLCI。

(4) broadcast 参数允许通过 VC 传输广播和多播,这样才允许动态路由协议运行。

图 8.5 显示了网络中 3 个节点通过帧中继云相连且每个节点只用一条接入线路。在全网状设计中,每个远端节点必须为另外两个网络建立一个静态映射。

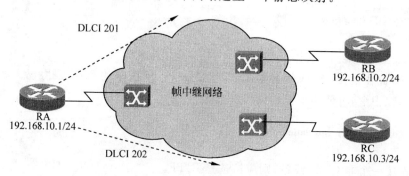

图 8.5　全网状帧中继网络

在 RA 路由器上的配置如下:

```
interface serial 0/1
   bandwidth 56
   ip address 192.168.10.1 255.255.255.0
```

```
encapsulation frame-relay ietf
frame-relay map ip 192.168.10.2 201 broadcast
frame-relay map ip 192.168.10.3 202 broadcast
frame-relay lmi-type ansi
```

3．相关调试命令

在 EXEC 模式下监控帧中继连接，可使用下面的命令。

（1）show interface serial number：显示帧中继 DLCI 和 LMI 信息。

（2）show frame-relay lmi［type number］：显示 LMI 状态。

（3）show frame-relay PVC［type number［dlci］］：显示 PVC 状态。

（4）show frame-relay map：显示网络层协议和 DLCI 间的映射及帧中继接口的状态和封装。

（5）show frame-relay route：显示帧中继传输状态。

8.2.6　帧中继子接口

在帧中继网络中，为了能够完全路由选择更新消息，可以为路由器配置逻辑划分的接口，这些接口也叫作子接口。它们是物理接口的逻辑划分块。在子接口的配置过程中，每个PVC 可被当作一个点到点的连接，从而允许子接口像专线那样使用，如图 8.6 所示。

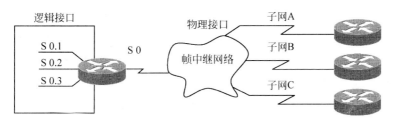

图 8.6　帧中继物理子接口

通过把一个单独的广域网串行物理接口逻辑地划分成多个虚拟的子接口，可以使一个帧中继的总体成本大大降低。如图 8.7 所示，单独的一个路由器可以通过不同的子接口为多个远端单元提供服务。

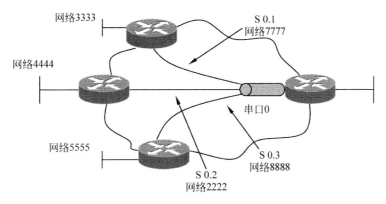

图 8.7　帧中继物理子接口

1. 水平分割路由选择环境

在水平分割路由选择环境中,路由依赖于一个可以被其他子接口通告的子接口。因此,当一个物理接口接收到路由选择更新消息后,通过拒绝向同一物理接口广播该路由选择的更新消息,水平分割可以降低路由选择环路的发生。

2. 帧中继子接口的类型

一般有两种类型帧中继子接口,如图 8.8 所示。

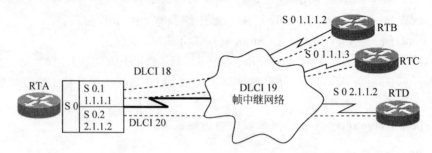

图 8.8　帧中继点到点和点到多点配置示例

（1）点到点：在一个子接口上,建立一条到远端路由器上某个物理接口或某个子接口的 PVC 连接。在这种情况下,一条 PVC 连接两端的接口在同一子网中,并且每个(子)接口都有一个 DLCI 号码。在这种情况下,广播不是什么问题,因为路由器的连接是点到点的,如同专线一样。

（2）点到多点：在一个子接口上建立多条到远端路由器上某个物理接口或某个子接口的 PVC 连接。在这种情况下,所有涉及的接口都在同一个子网中,并且每个(子)接口都有它自己的本地 DLCI 号。在这种情况下,因为每个子接口像一个常规的 NBMA 帧中继网络物理接口一样工作,所以对路由更新广播数据包的转发遵从水平分割示例。

3. 配置帧中继子接口

图 8.8 给出了帧中继点到点和点到多点子接口配置示例。在一个物理接口上配置子接口,必须使用帧中继封装配置接口(Cisco 或 IETF)。同时,必须删除在物理接口上配置的所有 IP 地址,因为每个子接口都有其自己的 IP 地址。如果物理接口有一个地址,那么数据帧就不会被本地子接口接收。

（1）使用帧中继子接口配置物理接口。

```
RTA(config)# interface s0
RTA(config-if)# encapsulation frame-relay ietf
RTA(config-if)# no ip address
```

（2）使用如下的命令指定子接口或者想创建的子接口。

```
router(config-if)# interface serial number.subinterface-number { multipoint | point-to-point}
```

其中,注意以下几点。

① number.subinterface-number：取值为 1～4294967293 的子接口号。句点前面的接口号必须与子接口所属的物理接口的编号相同。

② multipoint：如果所有路由器都位于同一个子网内，则指定该关键字。

③ point-to-point：如果每对点到点路由器都位于独立的子网中，则指定该关键字。点到点链路通常使用子网掩码：255.255.255.252。

创建一个在串口 0 上的点到点子接口 2，命令如下：

```
RTA(config-if)#interface serial s0.2 point-to-point
RTA(config-subif)#   //注意：提示符发生变化，处于子接口配置模式
```

（3）可以在接口配置模式或者全局配置模式中指定子接口数。

Cisco IOS 可选择 1~4294967295 的任何数作为子接口的序号。序号 0 指物理接口，而不是子接口。在配置点到点子接口时，一般会根据 PVC 的 DLCI 号码给子接口分配序号。例如，在串口 0 上创建一个连接到使用 DLCI16 的 PVC 的子接口时，使用如下命令。

```
RTA(config-if)#interface serial s0.16 point-to-point
```

指定逻辑配置参数，比如 IP 地址，对图 8.8 中的 RTA，可以使用如下命令。

```
RTA(config-if)#ip address 2.1.1.2 255.255.255.0
```

如果为一个点到点子接口配置 IP 地址，则可以指定无 IP 地址，可使用如下命令。

```
RTA(config-if)#ip unnumbered interface
```

（4）在子接口配置模式上，既可以配置静态帧中继映射，也可以使用 frame-relay interface-dlci 命令。

```
RTA(config-if)#frame-relay interface-dlci dlci-number
```

frame-relay interface-dlci 命令与用 DLCI 选择的子接口有关。该命令对所有点到点子接口都是必需的，且对反向 ARP 启用的多点子接口也要求使用该命令，但对用静态映射配置的多点子接口则不需要使用该命令。

8.3 方 案 设 计

为了将分布在 3 个城市的总公司和两个分公司之间的网络连接起来，目前最经济的就是采用帧中继将分布在不同城市的网络互联起来。

8.4 项 目 实 施

8.4.1 项目目标

通过本项目的实施，使学生掌握以下技能。

（1）能够配置帧中继交换机。

（2）能够配置 CHAP 验证。

8.4.2 实训任务

在实训室或 Packet Trace 中构建图 8.9 所示的网络实训环境来模拟完成本项目。在 Packet Trace 中选用帧中继云作为帧中继交换机使用，使各计算机之间互联互通，并完成如下的配置任务。

(1) 配置帧中继交换机。

(2) 配置 CHAP 验证。

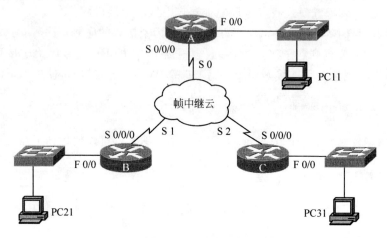

图 8.9　配置帧中继

8.4.3 设备清单

为了构建图 8.9 所示的网络实训环境，需要如下网络设备。

(1) 帧中继交换机(1 台)，实际也可用路由器模拟。

(2) Cisco 2811 路由器(3 台)。

(3) Cisco Catalyst 2960 交换机(3 台)。

(4) PC(3 台)。

(5) 双绞线(若干根)。

8.4.4 实施过程

步骤 1：规划设计。

(1) 规划各路由器的名称及各接口的 IP 地址、子网掩码，具体见表 8.1。

表 8.1　路由器名称、接口 IP 地址及子网掩码

部　门	路由器名称	接　口	IP 地址	子网掩码	描　述
总公司	Router A	S 0/0/0	192.168.100.1	255.255.255.0	Framy-Serial 0
		F 0/0	192.168.10.1	255.255.255.0	LAN 10
分公司 1	Router B	S 0/0/0	192.168.100.2	255.255.255.0	Framy-Serial 1
		F 0/0	192.168.20.1	255.255.255.0	LAN 20
分公司 2	Router C	S 0/0/0	192.168.100.3	255.255.255.0	Framy-Serial 2
		F 0/0	192.168.30.1	255.255.255.0	LAN 30

（2）规划各计算机的 IP 地址、子网掩码和网关，具体见表 8.2。

表 8.2 计算机的 IP 地址、子网掩码和网关

计算机	IP 地址	子网掩码	网 关
PC11	192. 168. 10. 10	255. 255. 255. 0	192. 168. 10. 1
PC21	192. 168. 20. 10	255. 255. 255. 0	192. 168. 20. 1
PC31	192. 168. 30. 10	255. 255. 255. 0	192. 168. 30. 1

（3）ISP 分配的 DLCI 号见表 8.3。

表 8.3 DLCI 号

路由器	接 口	PVC	DLCI
Router A	S 0/0/0	R1-Fr-R2	102
Router A	S 0/0/0	R1-Fr-R3	103
Router B	S 0/0/0	R1-Fr-R2	201
Router C	S 0/0/0	R1-Fr-R3	301

步骤 2：实训环境准备。

（1）硬件连接。在路由器、交换机和计算机断电的状态下，按照图 8.9 连接硬件。

（2）分别打开设备，给设备加电。

步骤 3：按照表 8.2 所列参数设置各计算机的 IP 地址、子网掩码和默认网关。

步骤 4：测试网络连通性。

使用 ping 命令分别测试 PC11、PC21、PC31 这 3 台计算机之间的连通性。

步骤 5：配置帧中继云。

表 8.3 中的 DLCI 信息是通过配置帧中继云来完成的。帧中继云有 4 个串口，分别是 Serial 0、Serial 1、Serial 2、Serial 3。在这里使用 3 个串口。

（1）配置串口的 DLCI 号。

选择帧中继云中的 Config 选项，再选择 Interface 选项，打开帧中继云接口。

选择"Serial 0"选项，在 DLCI 文本框中输入串口 Serial 0 的 DLCI 号，并在 Name 文本框中输入名称，如图 8.10 所示。在这里创建 102、103，是 Router A 的物理接口 Serial 0/0/0 的两条 PVC，即 R1-Fr-R2 和 R1-Fr-R3。

选择"Serial 1"选项，在 DLCI 文本框中输入串口 Serial 1 的 DLCI 号，并在 Name 文本框中输入名称，如图 8.11 所示。在这里创建 201，是 Router B 的物理接口 Serial 0/0/0 的一条 PVC，即 R1-Fr-R2。

选择"Serial 2"选项，在 DLCI 文本框中输入串口 Serial 2 的 DLCI 号，并在 Name 文本框中输入名称，如图 8.12 所示。在这里创建 301，是 Router C 的物理接口 Serial 0/0/0 的一条 PVC，即 R1-Fr-R3。

（2）配置 Framy Relay。

选择 Connections 选项，打开帧中继连接。选择 Framy Relay 选项，如图 8.13 所示，得到两条 PVC。

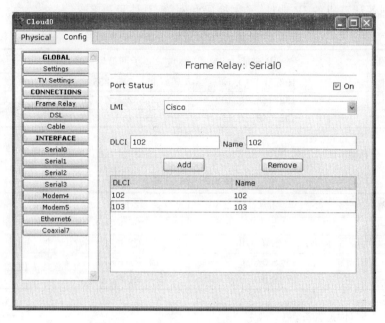

图 8.10 配置 Serial 0 的帧中继参数

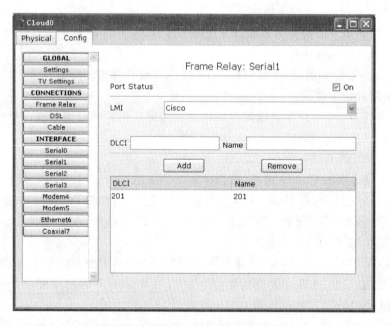

图 8.11 配置 Serial 1 的帧中继线路

步骤 6：配置各路由器的名称、接口地址。

按照表 8.1 所列参数，配置各路由器的名称、接口地址及描述。

步骤 7：配置路由。

```
routera(config)#router rip
routera(config-router)#network 192.168.10.0
```

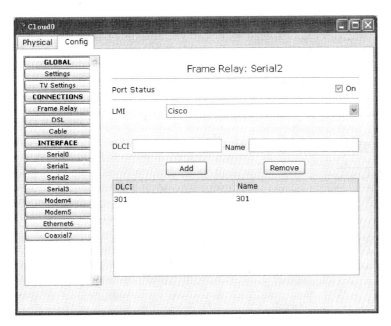

图 8.12 配置 Serial 2 的帧中继线路

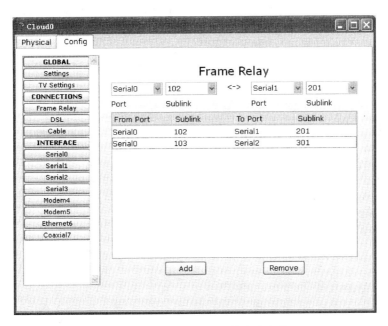

图 8.13 配置 Serial 2 的帧中继参数

```
routera(config-router)#network 192.168.1.0
routera(config-router)#end
routera#
routerb(config)#router rip
routerb(config-router)#network 192.168.20.0
routerb(config-router)#network 192.168.1.0
```

```
routerb(config-router) # end
routerb #
routerc(config) # router rip
routerc(config-router) # network 192.168.1.0
routerc(config-router) # network 192.168.30.0
routerc(config-router) # end
routerc #
```

步骤 8：查看路由器的路由表。

```
routera # show ip route
...
Gateway of last resort is not set
C    192.168.10.0/24 is directly connected, FastEthernet 0/0
//发现路由器只有直连路由为什么配置了 RIP 路由,路由器却没有学习到路由呢
routera # show interface serial 0/0/0
Serial 0/0/0 is up, line protocol is down (disabled)
  Hardware is HD64570
  Internet address is 192.168.1.1/24.
...
```

可看到链路状态处于 up 状态,而链路协议处于 down 状态,因此该接口工作不正常。该路由器收不到其他路由器的路由通告信息,因此上述路由表中无动态路由表项。该接口工作不正常的原因是没有配置帧中继协议。

步骤 9：配置帧中继协议。

```
routera(config) # interface serial 0/0/0
routera(config-if) # encapsulation frame-relay
routera(config-if) # frame-relay lmi-type cisco
routera(config-if) # end
routera # write

routerb(config) # interface serial 0/0/0
routerb(config-if) # encapsulation frame-relay
routerb(config-if) # frame-relay lmi-type cisco
routerb(config-if) # end
routerb # write

routerc(config) # interface serial 0/0/0
routerc(config-if) # encapsulation frame-relay
routerc(config-if) # frame-relay lmi-type cisco
routerc(config-if) # end
routerc # write
```

步骤 10：查看各路由器的路由表。

```
routera # show ip route
...
Gateway of last resort is not set
```

```
C      192.168.1.0/24 is directly connected, Serial 0/0/0
C      192.168.10.0/24 is directly connected, FastEthernet 0/0
R      192.168.20.0/24 [120/1] via 192.168.1.2, 00:00:25, Serial 0/0/0
R      192.168.30.0/24 [120/1] via 192.168.1.3, 00:00:14, Serial 0/0/0
routera#
routerb#show ip route
...
Gateway of last resort is not set
C      192.168.1.0/24 is directly connected, Serial 0/0/0
R      192.168.10.0/24 [120/1] via 192.168.1.1, 00:00:18, Serial 0/0/0
C      192.168.20.0/24 is directly connected, FastEthernet 0/0
R      192.168.30.0/24 [120/2] via 192.168.1.1, 00:00:47, Serial 0/0/0
routerb#
routerc#show ip route
...
Gateway of last resort is not set
C      192.168.1.0/24 is directly connected, Serial 0/0/0
R      192.168.10.0/24 [120/1] via 192.168.1.1, 00:00:11, Serial 0/0/0
R      192.168.20.0/24 [120/2] via 192.168.1.1, 00:00:39, Serial 0/0/0
C      192.168.30.0/24 is directly connected, FastEthernet 0/0
routerc#
```

步骤 11：使用 ping 命令测试 PC11、PC21、PC31 各计算机之间的连通性。

步骤 12：查看路由器的静态映射。

```
routera#show frame-relay map
Serial 0/0/0 (up): ip 192.168.1.2 dlci 102, dynamic, broadcast, CISCO, status defined, active
Serial 0/0/0 (up): ip 192.168.1.3 dlci 103, dynamic, broadcast, CISCO, status defined, active
routera#
routerb#show frame-relay map
Serial 0/0/0 (up): ip 192.168.1.1 dlci 201, dynamic, broadcast, CISCO, status defined, active
routerb#
routerc#show frame-relay map
Serial 0/0/0 (up): ip 192.168.1.1 dlci 301, dynamic, broadcast, CISCO, status defined, active
routerc#
```

步骤 13：查看帧中继虚电路。

```
routera#show frame-relay pvc
.PVC Statistics for interface Serial 0/0/0 (Frame Relay DTE)
DLCI=102, DLCI USAGE=LOCAL, PVC STATUS=ACTIVE, INTERFACE=Serial 0/0/0
input pkts 14055       output pkts 32795      in bytes 1096228
out bytes 6216155      dropped pkts 0         in FECN pkts 0
in BECN pkts 0         out FECN pkts 0         out BECN pkts 0
in DE pkts 0           out DE pkts 0
out bcast pkts 32795   out bcast bytes 6216155
DLCI=103, DLCI USAGE=LOCAL, PVC STATUS=ACTIVE, INTERFACE=Serial 0/0/0
input pkts 14055       output pkts 32795      in bytes 1096228
out bytes 6216155      dropped pkts 0         in FECN pkts 0
```

```
in BECN pkts 0          out FECN pkts 0          out BECN pkts 0
in DE pkts 0          out DE pkts 0
out bcast pkts 32795          out bcast bytes 6216155
routera#


routerb# show frame-relay map
Serial 0/0/0 (up): ip 192.168.1.1 dlci 201, dynamic, broadcast, CISCO, status defined, active
routerb# show frame-relay pvc
PVC Statistics for interface Serial 0/0/0 (Frame Relay DTE)
DLCI=201, DLCI USAGE=LOCAL, PVC STATUS = ACTIVE, INTERFACE=Serial 0/0/0
input pkts 14055          output pkts 32795          in bytes 1096228
out bytes 6216155          dropped pkts 0          in FECN pkts 0
in BECN pkts 0          out FECN pkts 0          out BECN pkts 0
in DE pkts 0          out DE pkts 0
out bcast pkts 32795          out bcast bytes 6216155
routerb#
routera# show frame-relay lmi
LMI Statistics for interface Serial 0/0/0 (Frame Relay DTE) LMI TYPE=CISCO
   Invalid Unnumbered info 0          Invalid Prot Disc 0
   Invalid dummy Call Ref 0          Invalid Msg Type 0
   Invalid Status Message 0          Invalid Lock Shift 0
   Invalid Information ID 0          Invalid Report IE Len 0
   Invalid Report Request 0          Invalid Keep IE Len 0
   Num Status Enq. Sent 450          Num Status msgs Rcvd 449
   Num Update Status Rcvd 0          Num Status Timeouts 16
routera#
routerb# show frame-relay lmi
```

步骤 14：关闭 Router A 的水平分割功能。

```
routera(config)# interface serial 0/0/0
routera(config-if)# no ip split-horizon
routera(config-if)# end
routera#
```

步骤 15：配置路由器口令，然后进行远程登录。

步骤 16：保存配置文件。

步骤 17：清除配置文件。

习　题

一、选择题

1. 帧中继经常部署在(　　)。

    A. 在端用户的 DCE 和服务提供商的 DTE 之间

    B. 在端用户的 DTE 和服务提供商的 DCE 之间

    C. 在服务提供商的 DCE 设备之间

    D. 在端用户的 DTE 设备之间

2. 帧中继工作在 OSI 模型的(　　)。

    A. 应用层　　　　　　B. 网络层　　　　　C. 物理层　　　　　D. 数据链路层

3. Cisco 设备上默认的 LMI 类型是(　　)。

    A. ANSI　　　　　　B. Cisco　　　　　C. IETF　　　　　D. q933a

4. 帧中继路径被称为虚电路的原因是(　　)。

    A. 没有连接到帧中继运营商的专用电路

    B. 根据需要创建和拆除帧中继 PVC

    C. PVC 端点之间的连接类似于电话拨号

    D. 帧中继运营商网络云中没有专用电路

5. 使用(　　)标识通往帧中继网络中下一台帧中继交换机的路径。

    A. CIR　　　　　　B. DLCI　　　　　C. FECN　　　　　D. BECN

6. 在帧中继环境中配置子接口的优点是(　　)。

    A. DLCI 将有全局意义　　　　　　　B. 避免了使用反向 ARP

    C. 解决了水平分割问题　　　　　　　D. 改善了流量控制和带宽使用效率

7. DLCI 号是如何分配的？(　　)

    A. 由 DLCI 服务器分配　　　　　　　B. 由用户随意分配

    C. 由服务供应商分配　　　　　　　　D. 根据主机 IP 地址分配

8. 某台路由器可通过同一帧中继接口到达多个网络,该路由器通过(　　)得知远程网络 IP 地址对应的 DLCI。

    A. 查询帧中继映射

    B. 查询路由选择表

    C. 使用帧中继交换机表将 DLCI 映射到 IP 地址

    D. 使用 RARP 查找 DLCI 对应的 IP 地址

9. 要通过帧中继网络连接到一台非 Cisco 设备,必须配置(　　)。

    A. LMI 类型 ANSI　　　　　　　　　B. LMI 类型 q933a

    C. 封装 IETF　　　　　　　　　　　D. IP 反向 ARP

10. 当在 Cisco 路由器的帧中继接口上执行 framy-relay map ip 192.168.1.1 130 命令后,下述说法正确的是(　　)。

    A. 远程设备的 IP 地址为 192.168.1.1　　B. 远端 DLCI 为 130

    C. 本地 DLCI 为 130　　　　　　　　D. 要到达远程网络,可能需要静态路由

二、简答题

1. 帧中继运行在 OSI 模型的哪一层?

2. 路由器和帧中继交换机之间本地逻辑连接由什么标识?

3. 帧中继使用哪种方法动态地将地址映射到 DLCI?

4. Cisco 路由器支持哪些 LMI 类型?

5. 在 Cisco 路由器上,默认的帧中继封装类型是什么?

6. 默认的子接口类型是点到点还是点到多点连接?

7. 在帧中继网络中,LMI 有什么作用?

8. 什么是逆向 ARP? 它是如何工作的?

三、实训题

在 Packet Trace 中模拟图 8.14 所示的网络拓扑图。调试路由器、帧中继云使 PC11、PC21、PC31、PC41 等计算机之间互联互通。

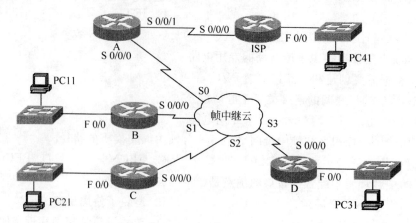

图 8.14　配置帧中继

自己进行如下规划设计,使各计算机之间互联互通。

(1) 设计路由器各接口的 IP 地址和子网掩码。

(2) 计算机 IP 地址、子网掩码。

(3) 各虚电路 DLCI。

(4) 配置路由(静态和动态)。

使用访问控制列表管理数据流

9.1　用　户　需　求

　　某公司组建自己的企业网,在企业网内有公司的财务处、公司领导、企业员工等部门,并且其合作伙伴的局域网也接入了其企业网。为保证公司信息安全,公司决定不允许合作伙伴的局域网访问公司的财务处,但允许其与其他部门的主机之间通信;同时,不允许企业员工访问公司的 FTP 服务器和使用 Telnet。

9.2　相　关　知　识

9.2.1　ACL 概述

1. ACL 功能

　　网络管理员经常面临必须设法拒绝那些不希望的访问连接,同时又要允许那些正常访问的连接问题。例如,网络管理员或许想允许局域网内的用户访问 Internet,同时他却不愿意局域网以外的用户通过 Internet 使用 Telnet 登录到本局域网。ACL 是一个控制网络的有力工具,使用 ACL 可以完成以下两项主要功能:分类和过滤。

　　(1) 分类。路由器使用 ACL 来识别特定的数据流。当 ACL 识别数据流并将其分类后,便可通过配置指示路由器如何处理这些数据流。例如,可使用 ACL 识别来自××子网的数据流,然后在拥塞的 WAN 链路上授予这些数据流高于其他数据流的优先级。

　　分类可以让网络管理员对 ACL 定义的数据流进行特殊的处理,具体如下:

　　① 识别通过虚拟专用网(VPN)连接进行传输时需要加密的数据流。

　　② 识别要将其从一种路由选择协议重分发到另一种路由选择协议中的路由。

　　③ 结合使用路由过滤来确定要将哪些路由包含在路由器之间传输的路由选择更新中。

　　④ 结合使用基于策略的路由选择来确定通过专用链路传输哪些数据流。

　　⑤ 结合使用网络地址转换(NAT)来确定要转发哪些地址。

　　⑥ 结合使用服务质量(QoS)来确定发生拥塞时应调度队列中的哪些数据包。

　　(2) 过滤。ACL 通过在路由器接口处控制路由数据包是被转发还是被阻塞来过滤网络通信流量。路由器根据 ACL 中指定的条件来检测通过路由器的每个数据包,从而决定是转发还是丢弃该数据包。ACL 中的条件既可以是数据包的源地址,也可以是目的地址,还可以是上层协议或其他因素。

　　Cisco 提供了拒绝或允许如下数据流通过的 ACL。

　　① 前往或来自特定路由器接口的数据流。

　　② 前往或离开路由器 VTY 端口,用于管理路由器的 Telnet 数据流。

在默认情况下,所有数据流都被允许进入和离开所有的路由器接口。

ACL 可以被当作一种网络控制的有力工具,用来过滤流入、流出路由器接口的数据包。

2. 建立 ACL 的作用

建立 ACL 的作用主要有以下几方面。

(1) 控制网络流量,提高网络性能。将 ACL 应用到路由器接口,对经过接口的数据包进行检查,并根据检查的结果决定数据包被转发还是被丢弃,以达到控制网络流量、提高网络性能的目的。例如,通过 ACL 限制用户访问大型的 P2P 站点以及过滤常用 P2P 软件使用的端口方式,来达到限制网络流量的目的。

(2) 控制用户网络行为。在路由器接口处,决定哪种类型的通信流量被转发、哪种类型的通信流量被阻塞。例如,禁止单位员工看股票、用 QQ 聊天,只靠管理手段是不够的,还必须从技术上进行控制。此时,可以用两种方法限制用户的行为:第一种是使用 ACL 限制用户只能使用常用的互联网服务,其他服务全部过滤掉;第二种是封堵软件的端口或禁止用户登录软件的服务器。

(3) 控制网络病毒的传播。这是 ACL 使用最广泛的功能。例如,蠕虫病毒在局域网传播的常用端口为 TCP 135、TCP 139 和 TCP 445,通过 ACL 过滤掉目的端口为 TCP 135、TCP 139 和 TCP 445 的数据包,就可以控制病毒的传播。

(4) 提供网络访问的基本安全手段。例如,ACL 允许某一主机访问一个网络,而阻止另一主机访问同样的网络。

3. ACL 的工作原理

ACL 定义了一组规则来控制进入入站接口的数据包、通过路由器进行转发的数据包以及离开路由器出站接口的数据包;ACL 不影响源自当前路由器的数据包,它是一些指定路由器如何对流经指定接口的数据流进行处理的语句。ACL 以下列两种方式运行。

(1) 入站 ACL。负责过滤进入路由器接口的数据流量。在到来的数据包被转发到出站接口前,对其进行处理。入站 ACL 的效率很高,因此当数据包因未能通过过滤测试而被丢弃时,将节省查找路由选择表的时间;仅当数据包通过测试后,才对其进行路由选择方面的处理。

(2) 出站 ACL。负责过滤从路由器接口发出的数据流量。入站数据包首先被转发到出站接口,然后根据出站 ACL 对其进行处理。

路由器出站 ACL 的工作原理如图 9.1 所示。当一个数据包进入了一个入站接口时,路由器对它进行检查,看它是否是可路由的。如果遇到任何不可路由的情况,那么这个数据包就被丢弃;如果数据包是可路由的,那么一个路由选择表的入口为它指出了一个目标网络以及要使用的具体接口。

然后,路由器检查出站接口是否有 ACL。如果出站接口没有 ACL,那么就把这个数据包直接送到出站接口 S0 输出;如果出站接口有 ACL,那么就根据该 ACL 中的语句进行测试,再根据测试结果决定拒绝还是允许数据包。

对于入站 ACL,当数据包进入接口后,路由器检查该接口是否有 ACL。如果入站接口没有 ACL,那么路由器将检查路由选择表,以确定数据包是否是可路由的。如果数据包不可路由,那么路由器就将丢弃它。如果入站接口有 ACL,那么路由器将根据该 ACL 中的语句进行测试,再根据测试结果决定拒绝还是允许数据包。就入站 ACL 而言,允许意味着数

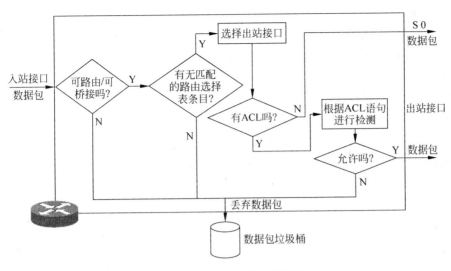

图 9.1　出站 ACL 的工作原理

据包将被接着处理,而拒绝则意味着数据包将被丢弃。

路由器按顺序自上而下地处理 ACL 中的语句,每次将数据包与一条语句进行比较。当找到与数据包报头匹配的语句后,将跳过其他语句,并根据匹配的语句允许或拒绝数据包。如果数据包报头与当前语句不匹配,则将其与下一跳语句进行比较。这一过程将不断进行下去,直到到达 ACL 末尾。图 9.2 所示说明了语句的匹配过程。

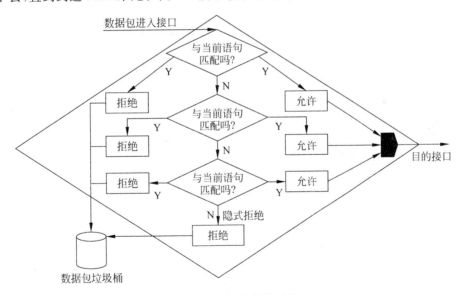

图 9.2　ACL 的操作过程

最后的隐式语句同不符合任何条件的数据包匹配。这个测试条件与遗留的所有数据包匹配,并执行拒绝操作,因此路由器不是将它们发送到出站接口,而是将它们丢弃。这条最后的语句常被称为"拒绝一切的隐式语句"。鉴于这条隐式语句,ACL 至少应包含一条允许语句,否则它将拒绝所有数据流。在路由器配置中,不会显示拒绝所有数据流的隐式语句。

4. ACL 的类型

根据所使用的判断条件不同,ACL 分为以下两大类。

(1)标准 ACL。标准 ACL 检查数据包的源地址,结果是根据源网络、子网或主机 IP 地址允许或拒绝整个协议簇。

(2)扩展 ACL。扩展 ACL 检查数据包的源地址、目的地址、协议及数据所要访问的端口及其他参数。在判断条件上,扩展 ACL 具有比标准 ACL 更加灵活的优势,能够完成很多标准 ACL 不能完成的工作。

可使用以下两种方式标识标准 ACL 和扩展 ACL。

(1)编号 ACL 使用数字进行标识。

(2)命名 ACL 使用描述性名称或编号进行标识。

5. 标识 ACL

(1)当创建编号的 ACL 时,将 ACL 编号作为全局 ACL 语句的第 1 个参数。根据 ACL 编号可以判断是标准 ACL 还是扩展 ACL。表 9.1 列出了每种协议的 ACL 编号范围。

表 9.1　协议的 ACL 编号范围

协　　议	ACL 编号的范围	是否为有名字的访问列表
IP 标准	1～99	是
	1300～1999(IOS 从 12.0 版开始支持)	
Extended IP(扩展)	110～199	是
	2000～2699(IOS 从 12.0 版开始支持)	

(2)命名 ACL 使用字母数字字符串(名称)来标识标准 ACL 或扩展 ACL,可以让管理员更灵活地处理 ACL 语句。

(3)ACL 语句序列号。

从 IOS 12.3 版开始支持 ACL 语句序列号。ACL 语句将加入什么位置取决于是否使用了序列号。ACL 语句序列号能够轻松地在 IP ACL 中添加或删除语句以及调整语句的顺序。通过使用 ACL 语句序列号,可以将语句添加到 ACL 的任何位置。在 IOS 12.3 版前,其不适用,所有语句都将加入 ACL 末尾。

6. 定义 ACL 时所应遵循的规范

设计和实现良好的 ACL 给网络添加了重要的安全功能,为确保创建的 ACL 能够得到所需的结果,需遵循如下通用原则。

(1)在每个接口的每个方向上,对于每种协议只能应用一个 ACL。在同一个接口上可应用多个 ACL,但它们的方向和协议不能相同。

(2)ACL 的语句顺序决定了对数据包的控制顺序。在 ACL 中,各描述语句的放置顺序是很重要的。当路由器决定某一数据包是被转发还是被阻塞时,Cisco IOS 软件按照各描述语句在 ACL 中的顺序,根据各描述语句的判断条件,对数据包进行检查,一旦找到了某一匹配条件,就结束比较过程,不再检查以后的其他条件判断语句。

(3)最有限制性的语句应该放在 ACL 语句的首行。把最有限制性的语句放在 ACL 语句的首行或者语句中靠近前面的位置上,而把"全部允许"或者"全部拒绝"这样的语句放在末行或接近末行,可以防止出现诸如本该拒绝的数据包被放行之类的情况。

（4）在 ACL 末尾有一条隐含的"deny any"语句，所以每个 ACL 都应至少包含一条 permit 语句，否则所有数据流都将被拒绝。

（5）通常应将扩展 ACL 放在离要拒绝的数据流的信源尽可能近的地方。由于标准 ACL 没有指定目的地址，故必须将标准 ACL 放在离要拒绝的数据流的目的地尽可能近的地方，以便信源无法将数据流传输到中转网络。

9.2.2　通配符掩码位

地址过滤是根据 ACL 地址通配符进行的，通配符掩码是一个 32bits 的数字字符串，它被点号分成 4 个 8 位组，每组包含 8bits。在通配符掩码位中，"0"表示"检查相应的位"，而"1"表示"不检查（忽略）相应的位"。

ACL 使用通配符掩码位来标识一个或几个地址是被允许还是被拒绝。通配符掩码位是"ACL 掩码位配置过程"的简称，它和 IP 子网掩码不同，而是一个颠倒的子网掩码（例如 0.255.255.255 和 255.255.255.0）。

通配符掩码还有两个特殊的关键字，具体如下：

（1）通配符 any。其表示所有主机，是通配符掩码 255.255.255.255 的简写形式。例如，允许所有 IP 地址的数据都通过，可使用以下两种 ACL 语句。

```
router(config)# access-list 1 permit 0.0.0.0 255.255.255.255
router(config)# access-list 1 permit any
```

以上两个语句的作用一样。

（2）通配符 host。其表示一台主机，是通配符掩码 0.0.0.0 的简写形式。例如，只检查 IP 地址为 172.33.160.69 的数据包，可以使用以下两种 ACL 语句。

```
router(config)# access-list 1 permit 172.33.160.69 0.0.0.0
router(config)# access-list 1 permit host 172.33.160.69
```

以上两个语句的作用一样。

9.2.3　ACL 的配置

1. 标准 IP ACL 的配置过程

步骤 1：定义。

使用 access-list 全局配置命令来定义一个标准 ACL，并给它分配一个数字表号。其命令如下。

```
router(config)# access-list access-list-number {permit|deny} source-address [source-wildcard]
```

其中，应注意以下几点。

（1）access-list-number：ACL 表号。

（2）deny：匹配的数据包将被过滤掉。

（3）permit：允许匹配的数据包通过。

（4）source-address：数据包的源地址，可以是主机 IP 地址，也可以是网络地址。

（5）source-wildcard：用来跟源地址一起决定哪些位需要进行匹配操作。

在全局模式下，采用 **no access-list** *access-list-number* 命令可以删除整个 ACL，然后再重新创建。在 IOS 12.3 及更高版本的 IOS 中，可使用 no sequence-number 命令来删除特定的 ACL 语句。

步骤 2：应用到接口。

使用 access-group 命令可以把某个现有的 ACL 与某个接口联系起来。在每个端口、每个协议、每个方向上只能有一个 ACL。access-group 命令的语法格式如下：

```
router(config-if)# ip access-group access-list-number {in|out}
```

其中，应注意以下两点。

（1）access-list-number：ACL 表号，用来指出链接到这一接口的 ACL 表号。

（2）in|out：用来指示该 ACL 是被应用到流入接口（in），还是流出接口（out）。如果 in 和 out 都没有指定，那么默认地被认为是 out。

若要删除，则首先输入 no access-group 命令，并带有它的全部设定参数，然后再输入 no access-list 命令，并带有 access-list-number。

2. 扩展 ACL 配置过程

步骤 1：定义扩展 ACL。

```
router(config)# access-list access-list-number {permit|deny} {protocol} source-address source-wildcard
[operator source-port-number] destination-address destination-wildcard [operator destination-port-number] [established] [options]
```

表 9.2 列出了扩展 ACL 命令参数的详细说明。

表 9.2　扩展 ACL 命令参数说明

参　　数	参　数　说　明
access-list-number	ACL 表号，使用一个 100～199 或 2300～2699 的数字来标识一个 ACL
permit | deny	指定允许还是拒绝符合指定条件的数据流通过
protocol	协议，定义了需要被过滤的协议类型，如 IP、TCP、UDP、ICMP、IGRP（内部网关路由选择协议）、GRE（通用路由选择封装）等
source-address and destination-address	分别用来标识源地址和目的地址
source-wildcard and destination-wildcard	通配符掩码，source-wildcard 是源掩码，跟源地址相对应；destination-wildcard 是目的掩码，跟目的地址相对应；"0"表示该比特位必须严格匹配；而"1"则表示该比特位不需要进行检查
operator source-port-number/ destination-port-number	it(小于)，gt(大于)，eq(等于)或 neq(不等于)；source-port-number 源端口号，destination-port-number 目标端口号；也可使用著名的应用程序名（如 Telnet、FTP 或 SMTP）来替代端口号
established	只适用于入站 TCP 数据流；如果 TCP 数据流是对出站会话的响应，则允许它通过，且这种数据流的确认（ACK）被设置

步骤 2：应用到接口。

```
router(config-if)# ip access-group access-list-number {in|out}
```

其中,应注意以下两点。

(1) access-list-number:指出连接到这个接口的 ACL 表号。

(2) in|out:该 ACL 是应用到入站接口还是出站接口。如果 in 和 out 都没有指定,那么将默认为 out。

3. 查看 ACL 正确性的命令

在配置完访问列表后,可以使用以下命令查看所配制的 ACL。

(1) router#**show** {*protocol*} **access-list** {*access-list-number*}:用来查看所建立的 ACL。

(2) router#**show** {*protocol*} **interface** {*type/number*}:用来查看在接口上应用的 ACL 及其方向。

(3) router#**show running-config**:用来显示所配置过的所有命令,包括 ACL。

4. ACL 的位置

在适当的位置放置 ACL 可以过滤掉不必要的流量,从而使网络更加高效。ACL 可以充当防火墙来过滤数据包,并减少不必要的流量。ACL 的放置位置决定了是否能有效减少不必要的流量。例如,会被远程目的地拒绝的流量不应该消耗通往该目的地的路径上的网络资源。

每个 ACL 都应该放置在最能发挥作用的位置。其基本的规则如下:

(1) 将扩展 ACL 尽可能靠近要拒绝流量的源,这样才能在不需的流量流经网络前将其过滤掉。

(2) 因为标准 ACL 不会指定目的地址,所以其位置应该尽可能靠近目的地。

对于过滤从同一个源到同一个目的的数据流量,在网络中应用标准 ACL 和应用扩展 ACL 的位置是不同的,如图 9.3 所示。

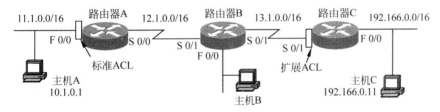

图 9.3　不同种类的 ACL 在网络中的位置

如果要禁止主机 C 访问主机 A,可以在网络中使用标准 ACL,命令如下:

```
router(config)#access-list 10 deny host 192.166.0.11
router(config)# access-list 10 permit any
```

此外,也可在网络中使用扩展 ACL,命令如下:

```
router(config)#access-list 101 deny ip host 192.166.0.11 host 11.1.0.1
router(config)# access-list 101 permit ip any any
```

两者的位置如图 9.3 所示。如果把使用两种 ACL 的位置颠倒,例如在路由器的 S 0/0 接口上应用标准 ACL,那么主机 C 将会无法访问其他网段的主机,如主机 B,这显然是错误的。

9.3 方案设计

首先,在公司内部的局域网中,为了管理方便,划分 4 个子网,VLAN 10 为财务处,VLAN 20 为公司员工,VLAN 30 为公司领导,VLAN 99 为服务器使用。然而,公司的路由器上只有两个以太网口,将服务器连接到以太网端口 F 0/0,另外 4 个子网连接到 F 0/1,通过在二层交换机上划分 VLAN,在路由器上通过单臂路由来实现 VLAN 之间通信。为了不允许公司临时员工访问公司的 FTP 服务器和使用 Telnet,可以通过在路由器上使用扩展 ACL 来实现。若不允许合作伙伴的局域网访问公司的财务部门,而可以访问公司的其他部门,则可以通过在路由器上使用标准 ACL 来实现。

9.4 项目实施

9.4.1 项目目标

通过本项目的实施,使学生掌握以下技能。

(1) 能够配置单臂路由。

(2) 能够配置路由器的静态或动态路由协议。

(3) 能够配置 ACL。

9.4.2 实训任务

在实训室或 Packet Trace 中构建图 9.4 所示的网络拓扑来模拟实现本项目,并完成如下的配置任务。

(1) 配置路由器的名称、控制台口令、超级密码。

(2) 配置路由器各接口地址。

(3) 配置交换机 VLAN。

(4) 配置单臂路由。

(5) 配置路由器的静态或动态路由协议。

(6) 配置 ACL。

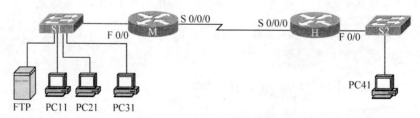

图 9.4 使用 ACL 控制数据流

9.4.3 设备清单

为了完成本项目,搭建如图 9.4 所示的网络实训环境,需要如下的设备及材料。

(1) Cisco 2811 路由器(2 台)。

（2）Cisco Catalyst 2960 交换机(2 台)。

（3）PC(4 台)。

（4）双绞线(若干根)。

9.4.4 实施过程

步骤 1：规划设计。

（1）规划各路由器名称以及各接口 IP 地址、子网掩码,具体参数见表 9.3。

表 9.3 路由器名称、接口 IP 地址和子网掩码

部门	路由器名称	接　口		IP 地 址	子网掩码	描　　述
公司	路由器 M	S 0/0/0		192.168.100.1	255.255.255.0	Link to hrouter-S 0/0/0
		F 0/0	F 0/0.1	192.168.200.1	255.255.255.0	Link to S 1
			F 0/0.2	192.168.10.1	255.255.255.0	
			F 0/0.3	192.168.20.1	255.255.255.0	
			F 0/0.4	192.168.30.1	255.255.255.0	
合作伙伴	路由器 H	S 0/0/0		192.168.100.2	255.255.255.0	Link to mrouter-S 0/0/0
		F 0/0		192.168.40.1	255.255.255.0	Link to S 2

（2）规划各计算机的 IP 地址、子网掩码和网关,具体参数见表 9.4。

表 9.4 计算机 IP 地址、子网掩码和网关

计算机	VLAN ID	VLAN 名称	IP 地 址	子 网 掩 码	网 关
PC11	10	Finance	192.168.10.10	255.255.255.0	192.168.10.1
PC21	20	Lead	192.168.20.10	255.255.255.0	192.168.20.1
PC31	30	Employee	192.168.30.10	255.255.255.0	192.168.30.1
PC41			192.168.40.10	255.255.255.0	192.168.40.1
FTP	99	Server	192.168.200.10	255.255.255.0	192.168.200.1

（3）规划交换机的名称、管理地址等。

在本项目中,交换机 S 2 作为傻瓜交换机使用即可,不用进行配置。在交换机 S 2 上需要划分 VLAN,并进行配置,端口所属 VLAN 见表 9.5。

表 9.5 交换机 S 1 端口所属 VLAN

交 换 机	管 理 地 址	端　口	所属 VLAN
S 2	192.168.100.200/24	F 0/2	VLAN 99
		F 0/3	VLAN 10
		F 0/4	VLAN 20
		F 0/15	VLAN 30

步骤 2：实训环境准备。

（1）硬件连接。在路由器、交换机和计算机断电的状态下,按照图 9.4 连接硬件。

（2）分别打开设备,给各设备供电。

步骤 3：按照表 9.3 所列参数设置各计算机的 IP 地址、子网掩码和默认网关。

步骤 4：清除各网络设备配置。

步骤 5：测试网络连通性。

使用 ping 命令分别测试 PC11、PC21、PC31、PC41、FTP 这 5 台计算机之间的连通性。

步骤 6：配置交换机。

(1) 按照表 9.3、表 9.4 在交换机 S 2 上创建 VLAN，配置接口(略)。

(2) 配置交换机 S 1 的中继端口。

```
switch(config)# interface fastethernet 0/1
switch(config-if)# switchport mode trunk
```

步骤 7：配置公司路由器。

在 PC11 计算机上，通过超级终端登录到路由器 M 上，并进行配置。

(1) 配置路由器主机名。

```
router# config terminal
router(config)# hostname mrouter
mrouter(config)# exit
```

(2) 为路由器 M 各接口分配 IP 地址(单臂路由器)。

```
mrouter (config)# interface serial 0/0/0
mrouter (config)# description link to hrouter-s 0/0/0
mrouter (config-if)# ip address 192.168.100.1 255.255.255.0
mrouter (config-if)# clock rate 64000
mrouter (config-if)# no shutdown
mrouter (config-if)# exit
mrouter (config)# interface fastethernet 0/0
mrouter (config)# description link to sw1
mrouter (config-if)# no shutdown
mrouter (config-if)# exit
mrouter(config-if)# interface fastethernet 0/1.1
mrouter(config-subif)# encapsulation dot1Q 200
mrouter(config-subif)# ip address 192.168.200.1 255.255.255.0
mrouter(config-subif)# no shutdown
mrouter(config-subif)# interface fastethernet 0/0.2
mrouter(config-subif)# encapsulation dot1Q 10
mrouter(config-subif)# ip address 192.168.10.1 255.255.255.0
mrouter(config-subif)# interface fastethernet 0/0.3
mrouter(config-subif)# encapsulation dot1Q 20
mrouter(config-subif)# ip address 192.168.20.1 255.255.255.0
mrouter(config-subif)# interface fastethernet 0/0.4
mrouter(config-subif)# encapsulation dot1Q 30
mrouter(config-subif)# ip address 192.168.30.1 255.255.255.0
mrouter(config-subif)# exit
mrouter (config-if)# no shutdown
mrouter (config-if)# exit
```

（3）配置静态路由。

```
mrouter # configure terminal
mrouter (config) # ip route 192.168.40.0 255.255.255.0 192.168.100.2
```

或

```
mrouter (config) # ip route 192.168.40.0 255.255.255.0 serial 0/0/0
mrouter (config) # end
mrouter # write
```

步骤 8：配置合作伙伴路由器。

在 PC41 上，通过超级终端登录到合作伙伴路由器上，并进行配置。

（1）配置路由器主机名（略）。

（2）为路由器 H 各接口分配 IP 地址（略）。

（3）配置静态路由。

```
hrouter # config terminal
hrouter(config) # ip route 192.168.10.0 255.255.255.0 192.168.100.1
hrouter(config) # ip route 192.168.20.0 255.255.255.0 192.168.100.1
hrouter(config) # ip route 192.168.30.0 255.255.255.0 192.168.100.1
hrouter(config) # ip route 192.168.200.0 255.255.255.0 192.168.100.1
hrouter(config) # end
hrouter # write
```

步骤 9：测试网络的连通性。

（1）使用 ping 命令分别测试 PC11、PC21、PC31、PC41、FTP 这 5 台计算机之间的连通性。此时，应该是全通的。如果有部分不通，需检查原因。

（2）在 PC41 上，在 MS-DOS 方式下，执行以下命令（Telnet）。

```
PC>telnet 192.168.100.1
Trying 192.168.100.1 ...Open
User Access Verification
Password:
mrouter>
```

（3）在 PC41 上，在 MS-DOS 方式下，执行以下命令（FTP）。

```
PC>ftp 192.168.100.100
Trying to connect...192.168.100.100
Connected to 192.168.100.100
220-Welcome to PT Ftp server
Username:cisco
331-Username ok, need password
Password:cisco
230-Logged in
(passive mode On)
ftp>
```

步骤 10：在路由器 M 上配置 IP 标准 ACL。

```
//允许来自 192.168.10.0/24、192.168.20.0/24 和 192.168.30.0/24 网段的主机发出的数据包通过
mrouter (config)# access-list 10 permit 192.168.10.0 0.0.0.255
mrouter (config)# access-list 10 permit 192.168.20.0 0.0.0.255
mrouter (config)# access-list 10 permit 192.168.30.0 0.0.0.255
//不允许来自和 192.168.40.0/24 网段(合作伙伴)主机发出的数据包通过
mrouter (config)# access-list 10 deny 192.168.40.0 0.0.0.255
//查看 ACL
mrouter # show access-list 10
Standard IP access list 10
    permit 192.168.10.0 0.0.0.255 (4 match(es))
    permit 192.168.20.0 0.0.0.255 (4 match(es))
    permit 192.168.30.0 0.0.0.255 (4 match(es))
    deny 192.168.40.0 0.0.0.255 (6 match(es))
mrouter#//把 ACL 应用在公司路由器的 fa 0/0 接口输出方向上
mrouter (config)# interface fastethernet 0/0
mrouter (config-if)# ip access-group 10 out
```

步骤 11：在路由器 M 上配置 IP 扩展 ACL。

FTP 使用端口 20 和 21，因此为拒绝 FTP 需要指定 eq 20 和 eq 21。

```
//不允许使用 FTP.
mrouter(config)# access-list 110 deny tcp 192.168.40.0 0.0.0.255 192.168.100.0 0.0.0.255 eq 20
mrouter(config)# access-list 110 deny tcp 192.168.40.0 0.0.0.255 192.168.100.0 0.0.0.255 eq 21
//不允许 Telnet
mrouter(config)# access-list 110 deny tcp 192.168.40.0.0.0.0.255 any eq 23
//允许其他数据流
mrouter(config)# access-list 110 permit ip any any
//查看 ACL
mrouter # show access-lists
Extended IP access list 110
    deny tcp 192.168.40.0 0.0.0.255 192.168.100.0 0.0.0.255 eq 20
    deny tcp 192.168.40.0 0.0.0.255 192.168.100.0 0.0.0.255 eq 21
    deny tcp 192.168.40.0 0.0.0.255 any eq telnet
    permit ip any any
mrouter#
mrouter#//把 ACL 应用在公司路由器的 fa 0/1.4 接口输出方向上
mrouter (config)# interface fastethernet 0/1
mrouter (config-if)# ip access-group 110 in
```

步骤 12：测试网络的连通性。

(1) 使用 ping 命令分别测试 PC11、PC21、PC31、PC41、FTP 这 5 台计算机之间的连通性。

(2) 在 PC41 上，在 MS-DOS 方式下，执行以下命令(Telnet)。

```
PC>telnet 192.168.100.1
Trying 192.168.100.1 ...
% Connection timed out; remote host not responding
PC>
```

以上信息表示已经不能远程登录到路由器了。

（3）在 PC41 上,在 MS-DOS 方式下,执行以下命令(FTP)。

```
PC>ftp 192.168.100.100
Trying to connect...192.168.100.100
%Error opening ftp://192.168.100.100/ (Timed out)
Packet Tracer PC Command Line 1.0
PC>(Disconnecting from ftp server)
Packet Tracer PC Command Line 1.0
PC>
```

以上信息表示已经不能登录到 FTP 服务器了。

步骤 13：配置各路由器的各种口令,然后进行远程登录。

步骤 14：保存路由器的配置文件。

步骤 15：清除各网络设备的配置。

步骤 16：测试网络的连通性。

9.5　扩　展　知　识

9.5.1　命名 ACL

不管是标准 IP ACL,还是扩展 IP ACL,仅用编号区分的 ACL 不便于网络管理员对 ACL 作用的识别。所以,Cisco 公司在 IOS 11.2 中引入了命名的 ACL。

命名的 ACL 可用于标准 ACL 和扩展 ACL 中,名称区分大小写,并且必须以字母开头。在名称的中间可以包含任何字母和数字混合使用的字符,也可以在其中包含[]、{}、_、－、＋、/、\、&、$、#、@、!以及?等特殊字符。名称的最大长度为 100 个字符。

1. 命名 IP ACL 的特性

命名 IP ACL 和编号的工作原理是一样的,其主要区别如下：

（1）名字能更直观地反映出 ACL 完成的功能。

（2）命名 ACL 没有数目的限制。

（3）命名 ACL 允许删除个别语句,而编号 ACL 只能删除整个 ACL。把一个新语句加入命名的 ACL 需要删除和重新加入该新语句后的各语句。

（4）单个路由器上命名 ACL 的名称在所有协议和类型的命名 ACL 中必须是唯一的,而不同路由器上的命名 ACL 名称可以相同。

（5）命名 ACL 是一个全局命令,它将使用者进入到命名 IP 列表的子模式,在该模式下建立匹配和允许/拒绝动作的相关语句。

2. 命名标准 ACL 配置

（1）给标准 ACL 命名的命令,语法格式如下：

```
router(config)♯ip access-list standard name
```

（2）指定检测参数。

在 ACL 子模式下,通过指定一个或多个允许及拒绝条件来决定一个数据包是允许通过还是被丢弃。其语法格式如下：

router(config-std-nacl) # [sequence-number]**deny** {*source-address* [*source-wildcard*] |*any*}
router(config-std-nacl) # [sequence-number]**permit** {*source-address* [*source-wildcard*] | *any*}

（3）删除 ACL。

（4）应用于接口。

9.5.2 动态 ACL

除了前面介绍的标准和扩展 ACL 外，在这两种 ACL 的基础上，还有几种常用的提供更多功能的其他 ACL，这些 ACL 类型包括以下几种。

（1）动态 ACL。

（2）自反 ACL。

（3）基于时间的 ACL。

下面首先介绍动态 ACL。

动态 ACL(Lock-and-key)依赖于 Telnet 连接、身份验证（本地或远程）和扩展 ACL。Lock-and-key 配置首先使用扩展 ACL 来阻止数据流穿过路由器。用户一开始被扩展 ACL 阻止穿过路由器，直到使用 Telnet 连接到路由器并通过身份验证。接着，该 Telnet 连接被断开，并在扩展 ACL 中添加一个包含单条语句的动态 ACL。这让数据流在特定时段通过，还可设置空闲超时时间和绝对超时时间。

1. 动态 ACL 的使用场合

（1）在要允许特定的远程用户或用户组从其远程主机通过 Internet 访问自己网络内部的主机时，可使用动态 ACL。使用 Lock-and-key 验证用户的身份，并允许它在限定的时间内通过防火墙路由器对主机进行有限的访问。

（2）在要允许本地网络中某个子网内的主机访问防火墙保护的远程网络中的主机时，可使用动态 ACL。通过使用 Lock-and-key，可以只允许特定的本地主机访问远程主机。Lock-and-key 要求用户向 TACACS＋服务器（或其他安全服务器）验证身份，然后才允许其主机访问远程主机。

2. 动态 ACL 的优点

与标准 ACL 和静态扩展 ACL 相比，动态 ACL 具有如下安全方面的优点。

（1）使用挑战机制验证每个用户的身份。

（2）在大型互联网络中管理起来更简单。

（3）在很多情况下，可减少 ACL 占用的路由器处理能力。

（4）降低了网络黑客攻破网络的机会。

（5）在不破坏其他安全措施的情况下，动态地提供了用户通过防火墙访问网络的权限。

3. 动态 ACL 的配置

如图 9.5 所示，管理员在 PC1 计算机上，它要求通过后门访问与路由器 R3 相连的网络 192.168.30.0/24。在路由器 R3 上配置动态 ACL，它允许 FTP 和 HTTP 在限定的时间内穿越路由器 R3。

为满足这个要求，可在路由器 R3 的串行接口上配置一个动态 ACL，过程如下：

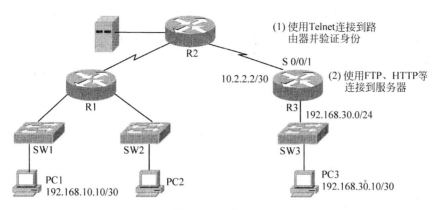

(1) 使用Telnet连接到路由器并验证身份

(2) 使用FTP、HTTP等连接到服务器

图 9.5　动态 ACL

步骤 1：创建一个登录名和密码，以便用于身份验证。

r3(config)♯ **username** *test* **password** *test*

步骤 2：允许用户建立到路由器的 Telnet 连接。在锁和钥匙被触发前，将忽略动态 ACL 条目。窗口打开 15min，然后将自动关闭，而不管用户是否在使用它。

让用户能够连接到路由器的 Telnet 连接以便验证身份，同时阻断其他所有数据流。

r3(config)♯ **access-list** *110* **permit** *tcp any host 10.2.2.2 eq telnet*
r3(config)♯ **access-list** *110 dynamic testlist timeout 15* **permit ip** *192.168.10.0 0.0.0.255 192.168.30.0 0.0.0.255*

步骤 3：将 ACL 应用于接口 S 0/0/0。

r3(config)♯ **interface** *serial 0/0/0*
r3(config-if)♯ **ip address** *10.2.2.2 255.255.255.252*
r3(config-if)♯ **ip access-group** *110 in*

步骤 4：当用户使用 Telnet 通过身份验证后，执行 autocommand 命令，而 Telnet 会话将终止。现在，用户可访问网络 192.168.30.0。如果连续 5min 没有活动，则窗口将关闭。

r3(config)♯ **line vty** *0 4*
r3(config-line)♯ **login local**
r3(config-line)♯ **autocommand access-enable host timeout** *5*
r3(config-line)♯ **end**
r3♯

9.5.3　自反 ACL

通过使用自反 ACL，可根据高层会话信息过滤分组。它们通常用于实现这样的目的：允许出站数据流，但只允许响应路由器内部发起的会话的入站数据流。这样，可以更加严格地控制哪些流量能进入网络，并提升了扩展访问列表的能力。

1. 自反 ACL 的概念

网络管理员使用自反 ACL 来允许从内部网络发起的会话的 IP 流量，同时拒绝外部网络发起的 IP 流量，如图 9.6 所示。此类 ACL 使路由器能动态管理会话流量。路由器检查出站流量,当发现新的连接时,便会在临时 ACL 中添加条目以允许应答流量进入,而自反 ACL 仅包含临时条目。当新的 IP 会话开始时(例如数据包出站),这些条目会自动创建,并在会话结束时自动删除。

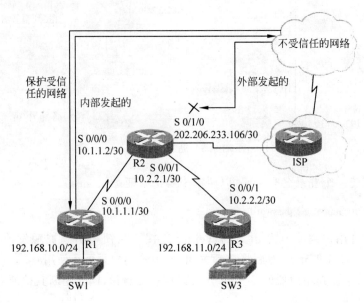

图 9.6 自反 ACL

与带 established 参数的扩展 ACL 相比,自反 ACL 能够提供更为强大的会话过滤。尽管在概念上与 established 参数相似,但自反 ACL 还可用于不含 ACK 或 RST 位的 UDP 和 ICMP。established 选项还不能用于会动态修改会话流量源端口的应用程序。permit established 语句仅检查 ACK 和 RST 位,而不检查源和目的地址。

自反 ACL 不能直接应用到接口,而是"嵌套"在接口所使用的扩展命名 IPACL 中。

自反 ACL 仅可在扩展命名 IP ACL 中定义。自反 ACL 不能在编号 ACL 或标准命名 ACL 中定义,也不能在其他协议 ACL 中定义。自反 ACL 可以与其他标准和静态扩展 ACL 一同使用。

2. 自反 ACL 的优点

自反 ACL 具有以下优点。

(1) 帮助保护用户的网络免遭网络黑客攻击,并可内嵌在防火墙防护中。

(2) 提供一定级别的安全性,防御欺骗攻击和某些 DoS 攻击。自反 ACL 方式较难以欺骗,这是因为允许通过的数据包需要满足更多的过滤条件。例如,源和目的地址及端口号都会检查到,而不只是 ACK 和 RST 位。

(3) 与基本 ACL 相比,自反 ACL 使用更简单,且可更好地控制哪些分组可进入网络。

3. 自反 ACL 配置

如图 9.7 所示,管理员需要一个自反 ACL,它允许出站和入站的 ICMP 数据流,只允许网络内部发起的 TCP 数据流,并拒绝其他所有数据流,该自反 ACL 被应用于 R2 的出站接口 S 0/1/0。

步骤 1:对路由器进行配置使其跟踪来自内部的数据流。

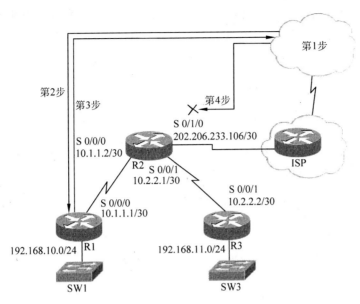

图 9.7 自反 ACL 示例

r2(config)＃**ip access-list extended** *outbound filters*
r2(config-ext-nacl)＃**permit icmp** *192.168.0.0 0.0.255.255 172.16.1.0 0.0.0.255*
r2(config-ext-nacl)＃**permit tcp** *192.168.0.0 0.0.255.255 any reflect*
r2(config-ext-nacl)＃end

步骤 2：创建一种入站策略，要求路由器检查到来的数据流是否是由内部发起的，并将 ACL outboundfilters 的自反 ACL 部分（TCP Traffic）同 ACL inboundfilters 关联起来。

r2(config)＃**ip access-list extended** *inbound filters*
r2(config-ext-nacl)＃**evaluate tcptraffic**

步骤 3：将入站 ACL 和出站应用于接口。

r2(config)＃**interface** *s 0/1/0*
r2(config-if)＃**ip access-group** *inbound filters* in
r2(config-if)＃**ip access-group** *outbound filters* out
r2(config-if)＃

9.5.4 基于时间的 ACL

随着网络的发展和用户要求的变化，Cisco 从 IOS 12.0 开始，新增加了一种基于时间的访问列表。通过基于时间的访问列表可以根据一天中的不同时间，或者根据一星期中的不同日期，或两者相结合来控制网络数据包的转发，从而满足用户对网络的灵活需求。这样，网络管理员可以对周末或工作日中的不同时间段定义不同的安全策略。例如，某高校需要对学生宿舍的上网进行控制，要求学生在星期日到星期四的晚上 10：30 至次日的 7：00 不能上网，而在星期六和星期日可全天上网。要满足这种需求，就必须使用基于时间的 ACL 才能实现。

基于时间的 ACL 能够应用于编号和命名的 ACL。实现基于时间的访问列表，就是在原来的标准访问列表和扩展访问列表中,加入有效的时间范围来更合理有效地控制网络。首先定义一个时间范围,然后在原来的各种访问列表中用 time 范围引用时间范围,如图 9.8 所示。

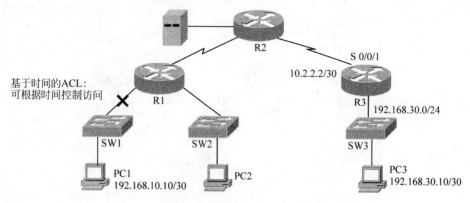

图 9.8　基于时间的 ACL

1. 基于时间的 ACL 的优点

基于时间的 ACL 有很多优点,具体如下:

(1) 网络管理员可更好地控制是否允许用户访问资源。这些资源可以是应用程序(使用 IP 地址、子网掩码和端口号标识)、基于策略的路由选择和按需拨号链路(用感兴趣的数据流进行标识)。

(2) 网络管理员可定制基于时间的安全策略。

(3) 使用 Cisco IOS Firewall 或 ACL 的外围安全。

(4) 使用 Cisco 加密技术(Encryption Technology)或 IP 安全(IPSec)的数据保密性。

(5) 增强了基于策略的路由选择和排队功能。

(6) 当服务提供商的接入速率随时间而异时,可以以成本效率较高的方式重新路由数据流。

(7) 服务提供商可动态地修改承诺接入速率(CAR)配置,以支持随时间而异的 QoS 服务等级协议(SLA)。

(8) 网络管理员可控制日志消息。ACL 条目可将特定时间的数据流写入日志,而不总是这样做。

2. 时间 ACL 的配置

步骤 1:定义要在 ACL 中使用的时间范围,并给其指定一个名称。

用 time-range 命令来指定时间范围的名称,具体命令如下:

router(config) # **time-range** *time-range-name*

其中,time-range-name 参数为时间范围的名称。当定义完时间范围名称后,还要使用 absolute 命令和 periodic 命令定义具体的时间范围。一个时间范围只能包括一个 absolute 绝对时间范围和多个周期时间范围。

(1) 定义绝对时间范围

用 absolute 命令定义绝对时间范围,具体命令如下:

router(config-time-range)♯**absolute** [*start start-time start-date*] [*end end-time end-date*]

其中,start-time 和 end-time 分别用于指定开始时间和结束时间,使用 24 小时制表示,其格式为"小时:分钟";start-date 和 end-date 分别用于指定开始日期和结束日期,使用日/月/年的日期格式来表示。如果省略 start 及其后面的时间,那么表示与之相联系的 permit 或 deny 语句立即生效,并一直作用到 end 处的时间为止;若省略 end 及其后面的时间,那么表示与之相联系的 permit 或 deny 语句在 start 处表示的时间开始生效,并且永远发生作用,一直到 ACL 被删除。

如果要使一个访问列表从 2006 年 12 月 1 日早 5 点开始起作用,直到 2006 年 12 月 31 日晚 24 点停止作用,则语句如下:

r1(config-time-range)♯**absolute** *start 5:00 1 December 2006 end 24:00 31 December 2006*

(2) 定义周期、重复使用的时间范围

用 periodic 命令来定义周期、重复使用的时间范围,具体命令如下:

router(config-time-range)♯**periodic** *days-of-the week hh:mm to* [*days-of-the week*] *hh:mm*

periodic 命令主要是以星期为参数来定义时间范围的一个命令。它可以使用许多参数,其范围可以是一个星期中的某一天、几天的组合,或者使用关键字 daily(每天)、weekday(周一到周五)或者 weekend(周末)。

例如,表示每周一到周五的早 9 点到晚 10 点半,就可以用以下语句。

r1(config-time-range)♯**periodic** *weekday 9:00 to 22:30*

每周一早 7 点到周二的晚 8 点就可以用以下语句。

r1(config-time-range)♯**periodic** *monday 7:00 to Tuesday 20:00*

步骤 2:在 ACL 中使用时间范围。

router (config)♯**access-list** *access-list-number* {**permit** | **deny**} ⟨*protocol*⟩ *source-address source-wildcard time-rangel time-rangel-name*

步骤 3:将 ACL 应用于接口。

router(config)♯**interface** *serial 0/0/0*
router(config-if)♯**ip access-group** *access-list-number out*

9.6 拓 展 训 练

9.6.1 应用 ACL 控制远程登录路由设备

由于 VTY 线路不是路由器的接口,在其上没有绑定任何 IP 地址,所以对路由器的任何接口地址的 Telnet 操作都可以远程登录到路由器上,ACL 也就没有必要限制目的地址和端口号,而只需使用标准的 ACL 对访问 VTY 线路的数据流源 IP 地址进行过滤。

在 Cisco 的路由器设备上限制对远程登录的访问,只能通过应用 ACL 来实现。通过在路由器的 VTY 线路上使用已经定义好的 ACL,就可以过滤访问路由器的 VTY 线路的数据流,将 ACL 中允许的数据流放过,而拦截那些未经 ACL 允许的数据流。

假设网络技术公司对该企业路由器进行管理的技术人员的 IP 地址是 211.81.193.10,则应该在该企业路由器的 VTY 线路上应用一个标准 ACL,只允许以 211.81.193.0/24 为源地址的数据包通过,如图 9.9 所示。

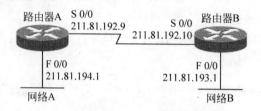

图 9.9 用 ACL 限制 VTY 的访问网络拓扑

在配置 VTY 连接的 ACL 时,要注意以下几点。

(1) 在配置接口的访问时,可以使用带名字或数字的 ACL。

(2) 只有数字的访问列表才可以应用到虚拟连接中。

(3) 因为用户可以连接所有的虚拟终端,所以所有的虚拟终端连接都应用相同的 ACL。

(4) 当应用 VTY ACL 到虚拟连接时,使用 access-class 命令代替 access-group 命令。

```
routerb(config)# access-list 10 permit 211.82.193.0 0.0.0.255
routerb(config)# access-list 10 deny any
routerb(config)# line vty 0 4
routerb(config)# Login
routerb(config)# password cisco
routerb(config)# access-list 10 in
```

9.6.2 应用 ACL 实现单方向访问

某企业有两个办公场所,一个办公场所在市中心,集中了一些管理、财务、人力资源等部门;另一个办公场所在开发区,集中了技术、工程、项目等部门。在市中心的企业总部安装了一台服务器,要求开发区的技术、工程、项目等部门的人员每天将工程进度、计划等信息传递到该服务器;同时,出于企业信息安全的考虑,公司领导要求在开发区办公的各个部门只能访问总部的这台服务器,而不能访问其他部门(如财务等)的主机。

其网络拓扑如图 9.10 所示。在本案例中,企业领导要求企业总部的网络能够访问开发区部门的网络,而不允许开发区部门的网络访问企业总部的网络,这就是一个典型的单方向访问的案例。

所谓单方向访问,即一部分网络主机可以访问另一部分网络主机,反之则不允许访问。对于单方向访问,不能简单地通过 ACL 的 deny 语句来实现,因为在 deny 掉 A 主机向 B 主机的访问的同时,B 主机也无法去访问 A 主机。虽然 B 主机的数据流可以到达 A 主机,但是 A 主机向 B 主机回复的数据流被 ACL deny 掉了。

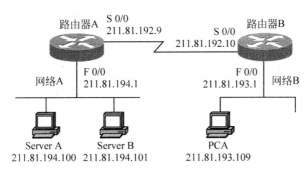

图 9.10　使用扩展的 ACL 过滤数据流网络拓扑

要实现单方向访问,应该使用 permit 语句,让 B 主机访问 A 主机时,A 主机回送的响应数据流通过,而不允许 A 主机发起的向 B 主机的访问通过,这样就实现了主机 B 向主机 A 的单方向访问。这时,需要在 permit 语句中应用 established 参数。

在本案例中,假定 211.81.194.100 设备需要访问 211.91.193.109 设备,而不允许 211.91.193.109 设备访问 211.81.194.100。

以下给出了具体的配置文档,以供参考,其中黑体字为关键的配置步骤。

市内总部路由器 A 的配置如下:

```
rta(config)♯ interface serial 0/0
rta(config-if)♯ ip address 211.81.192.9 255.255.255.0
rta(config-if)♯ ip access-group 100 in //将已经定义好的扩展 ACL 应用在接口上
rta(config-if)♯ interface fastethernet 0/0
rta(config-if)♯ ip address 211.81.194.1 255.255.255.0
rta(config-if)♯ ip address 211.81.194.100 255.255.255.0 secondary
rta(config-if)♯ ip address 211.81.194.101 255.255.255.0 secondary
rta(config-if)♯ speed auto
rta(config-if)♯ ip route 211.81.193.0 255.255.255.0 serial 0/0
rta(config-if)♯ access-list 100 permit tcp any host 211.81.194.100 established log
rta(config-if)♯ access-list 100 deny ip any any log
//定义扩展的单方向 ACL,established 参数表示允许 211.81.193.100 建立的连接回送数据
```

开发区部门路由器 B 的配置如下:

```
rtba(config)♯ interface serial 0/0
rtba(config-if)♯ ip address 211.81.192.10 255.255.255.0
rtba(config-if)♯ interface fastethernet 0/0
rtba(config-if)♯ ip address 211.81.193.1 255.255.255.0
rtba(config-if)♯ ip address 211.81.193.109 255.255.255.0 secondary
rtba(config-if)♯ speed auto
rtba(config-if)♯ exit
rtba(config)♯ ip Router 211.81.194.0 255.255.255.0 serial 0/0
```

习　题

一、选择题

1. 对于与 ACL permit 语句匹配的分组，Cisco 路由器的处理方式是(　　)。
   - A. 将其丢弃
   - B. 将其返回给发送方
   - C. 将其发送到输出缓冲区
   - D. 将其做进一步处理

2. 对于与 ACL deny 语句匹配的分组，Cisco 路由器的处理方式是(　　)。
   - A. 将其丢弃
   - B. 将其返回给发送方
   - C. 将其发送到输出缓冲区
   - D. 将其做进一步处理

3. 可将同一个 ACL 应用于多个接口，在每个接口的每个方向上，针对每种协议可应用(　　)个 ACL。
   - A. 1
   - B. 2
   - C. 4
   - D. 没有限制

4. 在每个 ACL 末尾的默认语句被称为(　　)。
   - A. 隐式拒绝一切
   - B. 隐式拒绝主机
   - C. 隐式允许一切
   - D. 隐式允许主机

5. 按从上到下的顺序处理 ACL 语句，将具体的语句与匹配的可能性较大的语句放在 ACL 的开头的好处是(　　)。
   - A. 可减少处理开销
   - B. ACL 将可用于其他路由器
   - C. ACL 编辑起来将更容易
   - D. 将更容易插入更一般的测试

6. 根据 Cisco 的说法，标准型 ACL 应放置在网络中(　　)。
   - A. 源路由器接口的入方向
   - B. 离源最近的接口
   - C. 最靠近该 ACL 所检查控制的流量源头
   - D. 离目的地址越近越好，使流量不会由于错误而影响通信

7. 标准 ACL 通过(　　)影响网络安全。
   - A. 数据包的数据内容
   - B. 数据包的目的子网
   - C. 数据包的源地址
   - D. 路由通过网络的媒介类型

8. 给定地址 192.168.255.3 和通配符掩码 0.0.0.255，下述地址与之匹配的是(　　)。
   - A. 192.168.255.3
   - B. 192.168.255.7
   - C. 192.168.255.19
   - D. 192.168.255.255
   - E. 192.168.255.51

9. 按照 Cisco 的说法，在网络中放置扩展 ACL 的最佳位置是(　　)。
   - A. 目的路由器接口的出方向
   - B. 离源最近的接口
   - C. 离被控流量源尽可能近的地方
   - D. 离目的地址越近越好，使流量不会由于错误而影响通信

10. 考虑下面的 ACL 陈述,下列选项描述正确的是( )。

Access-list 128 deny udp 123.12.220.0 0.0.255.255 any eq 161
Access-list 128 permit ip any any

  A. 源自主机 123.12.220.12 的流量将被拒绝

  B. 源自主机 123.12.210.15 的流量将被允许

  C. 源自 123.12.220.0 的 ping 流量将被允许

  D. 源自 123.12.220.0 的 Web 流量将被拒绝

11. 下列 ACL 中,将被过滤掉 Telnet 流量,但是允许源自 172.17.0.0 网络中主机的 Web 流量的是( )。

  A. Access-list 168 deny tcp 172.17.0.0 0.0.255.255 any eq 80

   Access-list 168 permit ip any any

  B. Access-list 168 deny tcp 172.17.0.0 0.0.255.255 any eq 23

   Access-list 168 permit ip any any

  C. Access-list 168 deny tcp 172.17.0.0 0.0.255.255 any eq www

   Access-list 168 permit ip any any

  D. Access-list 168 deny tcp 172.17.0.0 0.0.255.255 any eq 23

   Access-list 168 permit ip any any

12. 要允许来自子网 192.168.100.0 的数据流进入接口 Fastethernet 0/0,需要使用的命令是( )。

  A. access-list 10 permit 192.168.100.0

  B. ip access-group 10 in

  C. access-group 101 permit 192.168.100.0 0.0.0.255

  D. interface Fastethernet 0/0

  E. access-list standard ok-traffic

  F. permit 192.168.100.0 0.0.0.255

二、简答题

1. 将 ACL 用作数据流过滤有何用途?

2. ACL 可用于接口的哪个方向?

3. 在接口的同一个方向上,可应用多少个 IP ACL?

4. 用作数据包过滤器的所有 ACL 都必须包含一条什么语句?

5. 在通配符掩码中,什么值表示相应的地址位必须匹配?

6. 如何将 ACL 从接口中删除?

7. 怎样利用 ACL 配置防范网络病毒?

三、实训题

1. 如图 9.11 所示,拒绝 PC2 所在网段访问路由器 R2,同时只允许主机 PC3 访问路由器 R2 的 Telnet 服务。整个网络配置 RIPv2 保证 IP 的连通性。

2. 如图 9.12 所示,shijz1 不能被允许进入 hand1 或者 hand2;xingt 以太网上的主机不能访问 shijz 以太网上的主机;允许其他的所有组合。整个网络配置 OSPF 保证网络的连

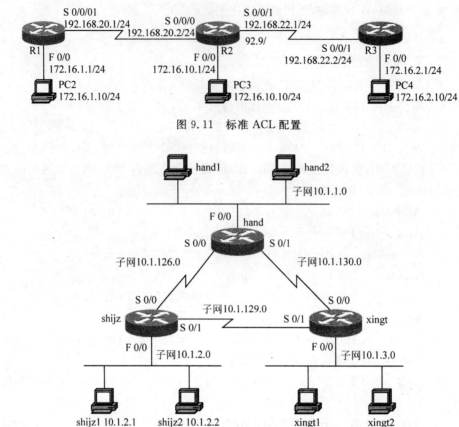

图 9.11　标准 ACL 配置

图 9.12　标准 IP 访问列表实例示意图

通性。

3. 如图 9.13 所示,要求只允许 PC2 所在网段的主机访问路由器 R2 的 WWW 和 Telnet 服务,并拒绝 PC3 所在网段 ping 路由器 R2,整个网络配置 OSPF 保证网络的连通性。

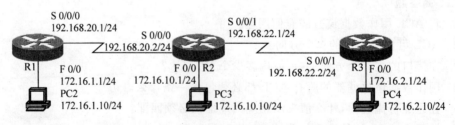

图 9.13　扩展 ACL 配置

4. 如图 9.14 所示,Web 服务器是所有使用者可利用的;hand2 上的基于 UDP 的客户和服务器,对于 IP 地址为每个子网的有效 IP 地址的上半部分的主机来说,是不可利用的(所使用的子网掩码是 255.255.255.0);shijz 以太网上的主机和 xingt 以太网上的主机之间的包仅当包由直接连续链路所路由时才可使用;客户 hand1 和 hand4 可以和 xingt2 以外的所有主机通信;任何其他连接都是可行的。

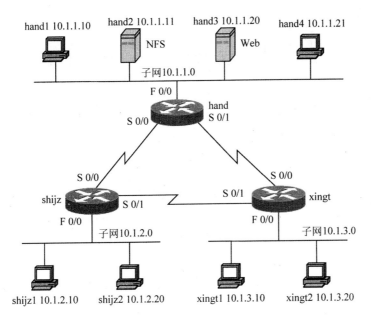

图 9.14 扩展 IP 访问列表实例示意图

私有局域网接入互联网

10.1 用户需求

  某单位组建了一个局域网络,有计算机 500 台,5 个部门,通过路由器上连到互联网。该单位申请了 8 个公网地址,并开发了自己的单位主页,要求单位内部的局域网用户能够访问互联网,而单位主页能够被世界各地的互联网用户访问。

10.2 相关知识

10.2.1 NAT 技术的产生原理

  随着 Internet 网络的快速发展,IP 地址短缺及路由规模越来越大已成为一个相当严重的问题。为了节约 IP 地址,因特网 IP 地址分配与管理机构(ICANN)将 IP 地址划分了一部分出来,规定作为私网地址使用,不同的局域网可重复使用这些私有地址,因特网中的路由器将丢弃源地址或目的地址为私有地址的数据包,以实现局域网间的相互隔离。但这样一来,局域网用户就无法直接访问因特网,位于因特网中的用户也无法访问局域网。

  为了解决局域网用户访问因特网的问题,诞生了网络地址转换(Network Address Translation,NAT)技术,它是一种将一个 IP 地址转换为另一个 IP 地址的技术。

  网络地址转换技术是一个 IETF(Internet Engineering Task Force,Internet 工程工作组)标准。如图 10.1 所示,表示了在路由器上使用 NAT 技术所实现的功能。

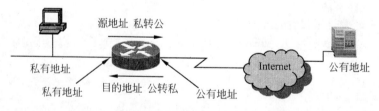

图 10.1 在路由器上使用 NAT 技术实现的功能

  如图 10.1 所示,设置 NAT 功能的路由器至少要有一个 Inside(内部)端口及一个 Outside(外部)接口。当内部网络上的一台主机访问因特网上的一台主机时,内部网络主机所发出的数据包的源 IP 地址是私有地址。当这个数据包到达路由器后,路由器使用事先设置好的公用地址替换私有地址,这样这个数据包的源 IP 地址就变成了因特网上唯一的公用地址了,然后此数据包被发送到因特网上的目的主机处。因特网上的主机并不认为是内部网络中的主机在访问它,而认为是路由器在访问它,因为数据包的源 IP 地址是路由器的地址。换句话说,在使用了 NAT 技术后,因特网上的主机无法"看到"单位的内部网络的地址,从而提高了内部网络的安全性。因特网上的主机会把内部网主机所请求的数据以路由器的公用地址为目的 IP 地址发送数据包,当数据包到达路由器时,路由器再用内部网络主机的私有地址替换掉数据包的目的 IP 地址,然后把这个数据包发送给内部网络主机,这样内部网络主机和因特网上主机的通信完成了。

10.2.2　NAT 技术的术语

1. NAT 表

当内部网络有多台主机访问因特网上的多个目的主机时,路由器必须记住内部网络的哪一台主机访问因特网上的哪一台主机,以防止在地址转换时将不同的连接混淆,所以路由器会为 NAT 的众多连接建立一个表,即 NAT 表,如图 10.2 所示。

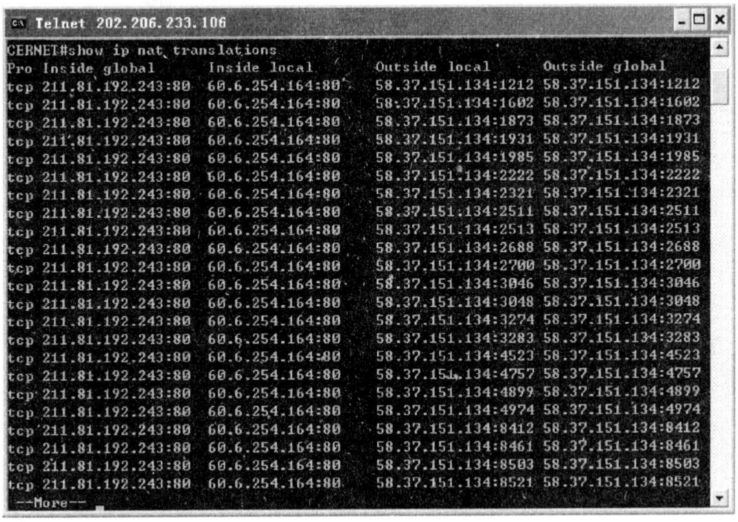

图 10.2　NAT 表

由图 10.2 可以看出,NAT 在做地址转换时,依靠在 NAT 表中记录内部私有地址和外部公有地址的映射关系来保存地址转换的依据。当执行 NAT 操作时,路由器在做某一数据连接操作时只需要查询该表,就可以得知应该如何转换地址,而不会发生数据连接的混淆。

NAT 表中每一个连接条目,都有一个计时器。当有数据在这两台主机之间传递时,数据包不断刷新 NAT 表中的相应条目,则该条目将处于不断被激活的状态,且不会被 NAT 表清除。但是,如果两台主机长时间没有数据交互,则在计时器倒数到零时,NAT 表将把这一条目清除。

路由器所能够保留的 NAT 连接数目与路由器的缓存芯片的空间大小有关。一般情况下,设备越高档,其 NAT 表的空间应该越大。当 NAT 表被装满后,为了缓存新的连接,就会把 NAT 表中时间最久、最不活跃的那一个条目除掉。所以,当网络中的一些连接频繁地被关闭时(如 QQ 频繁掉线),有可能是路由器上的 NAT 表缓存已经不够使用的原因。

2. 内部地址和全局地址

在图 10.2 中,可以看到在 NAT 表中有 4 种地址,它们分别是 inside local(内部本地地

址）、inside global（内部全局地址）、outside local（外部本地地址）、outside global（外部全局地址）。

图10.3表示了这些地址之间的关系。在图10.3中，可以看到网络被分成内部网络和外部网络两部分。

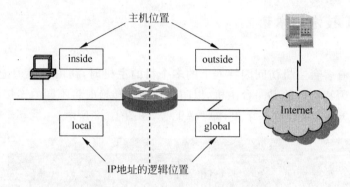

图10.3　内部地址和外部地址

inside：表示内部网络，这些网络的地址需要被转换。在内部网络，每台主机都分配一个内部 IP 地址；但当与外部网络通信时，又表现为另外一个地址。

outside：指内部网络需要连接的网络，一般指互联网，也可以是另外一个机构的网络。

（1）inside local：内部本地地址，指在一个企业或机构内部网络内分配给一台主机的 IP 地址，这个地址通常是私有地址。

（2）inside global：内部全局地址，指设置在路由器等因特网接口设备上，用来代替一个或多个私有 IP 地址的公有地址，在因特网上应该是唯一的。

（3）outside local：外部本地地址，指因特网上的一个公用地址，该地址可能是因特网上的一台主机。

（4）outside global：外部全局地址，指因特网上另一端网络内部的地址，该地址可能是私有的。

在一般情况下，outside local 和 outside global 是同一个公有地址，它们就是内部网络主机所访问的因特网上的主机，只有在特殊情况下，两个地址才不一样。

3．私有地址

私有地址（Private Address）属于非注册地址，专门为组织机构内部使用。在 IPv4 地址中下列地址为私有地址。

（1）A 类：10.0.0.0～10.255.255.255。

（2）B 类：172.16.0.0～172.31.255.255。

（3）C 类：192.168.0.0～192.168.255.255。

10.2.3　NAT 类型

按转换方式来分类，NAT 有 3 种类型：静态 NAT、动态地址转换。

1．静态 NAT

静态 NAT 是指内部网络中的主机 IP 地址（内部本地地址）一对一地永久映射成外部网络中的某个合法的地址。当要求外部网络能够访问内部设备时，静态 NAT 特别有用。

例如,内部网络有 Web 服务器、E-mail 服务器或 FTP 服务器等可以为外部用户提供的服务,这些服务器的 IP 地址必须采用静态地址转换(将一个合法 IP 地址映射到一个内部地址,静态映射将一直存在于 NAT 表中,直到被管理员取消),以便外部用户可以使用这些服务。

2. 动态地址转换

动态 NAT 转换包括动态地址池转换(Pool NAT)和动态端口转换(Port NAT)两种,前者是一对一的转换,后者是多对一的转换。

(1) Pool NAT 转换。Pool NAT 执行本地地址与全局地址的一对一转换,但全局地址与本地地址的对应关系不是一成不变的,它是从内部全局地址池(Pool)中动态地选择一个未使用的地址对内部本地地址进行转换。采用动态 NAT 意味着可以在内部网络中定义很多的内部用户,通过动态分配的方法,共享很少的几个外部 IP 地址;而静态 NAT 则只能形成一对一的固定映射关系。

(2) Port NAT 转换。端口地址转换(Port Address Translation,PAT)又称为复用动态地址转换或 NAT 重载,是把内部本地地址映射到外部网络的一个 IP 地址的不同接口上,因为一个 IP 地址的端口数有 65535 个,即一个全局地址可以和最多达 65535 个内部地址建立映射,所以从理论上说,一个全局地址可供 65535 个内部地址通过 NAT 连接 Internet。在实际应用过程中,仅使用了大于或等于 1024 的端口。在只申请到少量 IP 地址却经常同时有多于合法地址个数的用户上外部网络的情况下,这种转换极为有用。

10.2.4 NAT 配置

1. 静态 NAT 配置基本过程

(1) 配置静态 NAT 地址映射。

在路由器的全局模式下,配置静态 NAT 地址映射的命令如下:

```
router(config)♯ip nat inside source static local-ip global-ip
```

其中,local-ip:内部本地地址,分配给内部网络中的计算机的 IP 地址,通常可使用保留地址;global-ip 为内部全局地址,表示外部的一个公用 IP 地址。

(2) 配置连接 Internet 的接口。

在路由器连接 Internet 的接口(一般是以太网接口或快速以太网接口)上首先要配置 IP 地址,这个地址为公用地址,并且要启动该接口,命令格式如下:

```
router(config)♯interface type mod/num
router(config-if)♯ip address ip-address subnet-mask
```

然后,声明该接口是 NAT 转换的外部网络接口,命令格式如下:

```
router(config-if)♯ip nat outside
```

(3) 配置连接企业内部网络的接口。

在路由器连接企业内部网络的接口(一般是路由器的另一个以太网接口或快速以太网

接口)上也要配置 IP 地址,这个地址应该是私有地址,并且要启动该接口,命令格式如下:

> router(config)♯ **interface** *type mod/num*
> router(config-if)♯ **ip address** *ip-address subnet-mask*

然后,声明该接口是 NAT 转换的内部网络接口,命令格式如下:

> router(config-if)♯ **ip nat inside**

(4) 显示活动的转换条目。

> router♯ **show ip nat** translation [verbose]

2. 动态 NAT 配置基本过程

(1) 定义一个用于分配地址的全局地址池。

在全局配置模式下,通过在路由器上定义一个分配地址的全局地址池,可以把用来进行 NAT 转换的公用地址池放在该池中,以供 NAT 使用。定义公用地址池的命令如下:

> router(config)♯ **ip nat pool** *pool-name start-ip end-ip* 〔 **netmask** *netmask* | **prefix-length** *prefix-length*〕[*rotary*]

其中,应注意以下几点。

① pool-name:地址池的名称。

② start-ip:在地址池中定义地址范围的起始 IP 地址。

③ end-ip:在地址池中定义地址范围的终止 IP 地址。

④ netmask netmask:指示哪些地址比特属于网络和子网络域,哪些比特属于主机域的网络掩码,并规定地址池所属网络的网络掩码。

⑤ prefix-length prefix-length:指示网络掩码中有多少个比特是 1(多少个地址比特代表网络),并规定地址池所属网络的网络掩码。

⑥ rotary:(任选项)该参数指示地址池的地址范围标识了 TCP 负载分担将要发生的真实内部主机。

注意:要删除地址池,可使用 no ip nat pool 全局配置命令。

(2) 定义一个标准 ACL,它允许那些需要转换的地址通过。

在全局设置模式下,定义一个标准 ACL,该列表的作用是用来筛选允许上网的企业内部主机,通过在该列表中使用"允许"语句,能够指定哪些人可以上网。其命令如下:

> router(config)♯ **access-list** *access-list-number* **permit** *source* [*source-wildcard*]

其中,各参数的含义见第 9 章标准 ACL 的应用。

(3) 定义内部网络私有地址与外部网络公用地址之间的映射。

在全局配置模式下,将由 access-list 指定的内部私有地址与指定的公用地址池相映射,从而提供内网私有地址和外网公用地址之间的 NAT 转换。其命令如下:

```
router(config)#ip nat inside source{list {access-list-number|name} pool pool-name[ overload ]|static local-ip global-ip}
```

其中,应注意以下几点。

① list access-list-number:标准 IP ACL 表号。如果数据包中含有在该 ACL 中所定义范围内的源地址,则它就被动态地用所指定地址池中的全球地址进行转换。

② list name:标准 ACL 的名称。如果数据包中含有在该 ACL 中所定义范围内的源地址,则它就被动态地用所指定地址池中的全球地址进行转换。

③ pool-name:要被动态分配的全球 IP 地址池的名称。

④ overload:(任选项)使路由器可以用一个全球地址代表许多本地地址的参数。当配置了复用参数时,由每个内部主机的 TCP 和 UDP 端口号区分使用同一本地 IP 地址的多个会话。

(4) 配置连接 Internet 的接口。

```
router(config-if)#ip nat outside
```

(5) 配置连接企业内部网络的接口。

```
router(config-if)#ip nat inside
```

(6) 定义指向外网的默认路由。

当做好以上步骤后,应定义指向外网的默认路由,命令格式如下:

```
router(config)#ip route 0.0.0.0   0.0.0.0 next-hop-ip
```

其中,next-hop-ip 为专线在 ISP 端的连接地址。

3. Port NAT 配置的基本过程

(1) 定义标准访问列表,允许那些需要转换的内部网络地址通过。

```
router(config)#access-list access-list-number permit source [source-wildcard]
```

其中,各参数的含义见项目 9 标准 ACL 的应用。

(2) 启用动态地址转换,使用前面定义的 ACL 来指定哪些地址将被转换,并指定其地址将被重载的接口。

```
router(config)#ip nat inside source list access-list-number interface interface overload
```

(3) 配置连接 Internet 的接口。

```
router(config-if)#ip nat outside
```

(4) 配置连接企业内部网络的接口。

```
router(config-if)#ip nat inside
```

Port NAT(重载)解决了静态转换的管理问题和动态转换中地址有限的问题。这是通过使用连接唯一的端口号将所有指定的内部本地地址转换为同一个全局地址来实现的。

10.2.5　查看和删除 NAT 配置

当配置 NAT 后,应该核实它是否按预期的那样运行,为此可以使用 clear 和 show 命令。

在默认情况下,当其一段时间内未被使用后,NAT 转换表中的动态地址转换将过期。过期之前,可以使用表 10.1 中的命令之一清除转换条目。

表 10.1　用于清除 NAT 转换条目的命令

命　　令	描　　述
clear ip nat translation *	清除 NAT 转换表中所有的动态地址转换条目
clear ip nat translation inside global-ip local-ip〔outside local-ip global-ip〕	清除包含一个内部转换或者同时包含内部和外部转换的动态转换条目
clear ip nat translation outside local-ip global-ip	清除包含一个外部转换的动态转换条目
clear ip nat translation protocol inside global-ip global-port local-ip local-port〔outside local-ip local-port global-ip global-port〕	清除一条扩展的动态转换条目

此外,也可以在 EXEC 模式下使用表 10.2 中的命令显示转换信息。

表 10.2　用于查看网络地址转换配置的命令

命　　令	描　　述
show ip nat translation〔verbose〕	显示活跃的转换
show ip nat statistic	显示有关转换的统计信息

另外,还可以使用 show running-config 命令查看 NAT、访问列表、接口和地址池。

在默认情况下,动态转换条目在 NAT 转换表中会因超时而被取消,但也可以通过在超时之前就手工清除来转换条目。

10.3　方 案 设 计

某单位内部有 500 台计算机,5 个部门,可以组建基于三层交换技术的交换网络,为了便于管理和维护,划分 6 个子网,其中 5 个子网分属 5 个部门,一个子网属于网络服务器,通过路由器与互联网相连。单位主页通过静态 NAT 转换使互联网用户能够访问,单位局域网内用户通过动态 NAT 转换能够访问互联网。该单位申请的 8 个公网 IP 地址,实际可用的 IP 地址只有 6 个,一个为 Web 服务器静态 NAT 映射的地址,两个地址作为地址池,通过地址池进行网络地址转换访问因特网,其余的地址作为备用。其网络拓扑图如图 10.4 所示。

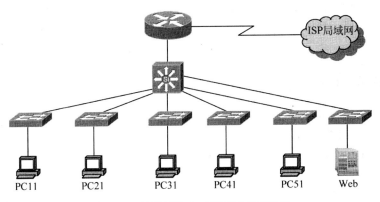

图 10.4　局域网接入互联网网络拓扑图

10.4　项　目　实　施

10.4.1　项目目标

通过本项目的实施,使学生掌握以下技能。

(1) 能够配置静态 NAT。

(2) 能够配置动态 NAT。

10.4.2　实训任务

在实训室或 Packet Trace 中搭建图 10.5 所示网络拓扑图来模拟完成本项目,并完成如下配置任务。

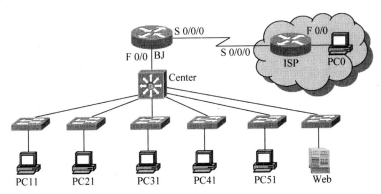

图 10.5　局域网接入互联网网络拓扑图

(1) 采用一台三层交换机作为核心层,6 台二层交换机作为汇聚层兼接入层交换机。为了在实训室模拟本项目,采用一台路由器和一台主机模拟互联网。该单位申请的 8 个公网 IP 地址为 216.12.228.32/29,而分配给边界路由器的外网接口的 IP 地址为 202.206.233.106/30。

(2) 在局域网内划分 7 个 VLAN:VLAN 10 分配给部门 1,VLAN 20 分配给部门 2,VLAN 30 分配给部门 3,VLAN 40 分配给部门 4,VLAN 50 分配给部门 5,VLAN 100 分配给服务器组,VLAN 99 分配给管理 VLAN。

（3）为了实现各部门的主机能够相互访问，在三层交换机上开启路由功能。

（4）在边界路由器上配置静态 NAT，以实现 Web 服务器上网和能够让外网用户访问。

（5）在边界路由器上配置动态 NAT，以实现局域网内用户能够访问互联网。

10.4.3　设备清单

为了搭建图 10.5 所示的网络环境，需要如下的设备。

（1）Cisco 2811 路由器（2 台）。

（2）Cisco Catalyst 3560 交换机（1 台）。

（3）Cisco Catalyst 2960 交换机（6 台）。

（4）PC（7 台）。

（5）双绞线（若干根）。

10.4.4　实施过程

步骤 1：规划设计。

（1）规划各部门子网地址、VLAN ID，名称见表 10.3。

表 10.3　各部门子网、VLAN ID 及名称

部　门	IP 子网	VLAN ID	VLAN 名称
部门 1	192.168.10.0/24	10	bumen10
部门 2	192.168.20.0/24	20	bumen20
部门 3	192.168.30.0/24	30	bumen30
部门 4	192.168.40.0/24	40	bumen40
部门 5	192.168.50.0/24	50	bumen50
服务器	192.168.100.0/24	100	Server100
管理	192.168.101.0/24	99	Manage101

（2）规划各部门计算机 IP 地址、子网掩码和网关，具体参数见表 10.4。

表 10.4　各部门计算机 IP 地址、子网掩码和网关

计算机	IP 地址	子网掩码	网　关
PC11	192.168.10.10	255.255.255.0	192.168.10.1
PC21	192.168.20.10	255.255.255.0	192.168.20.1
PC31	192.168.30.10	255.255.255.0	192.168.30.1
PC41	192.168.40.10	255.255.255.0	192.168.40.1
PC51	192.168.50.10	255.255.255.0	192.168.50.1
Server-Web	192.168.100.10	255.255.255.0	192.168.100.1
PC0	211.81.192.10	255.255.255.0	211.81.192.1

（3）规划各交换机的名称，端口所属 VLAN 以及连接的计算机和各交换机之间的连接关系见表 10.5。

表 10.5 各交换机之间的连接及接口与 VLAN 的关联关系

部 门	交换机型号	交换机名称	远程管理地址	接 口	所属 LAN	连接计算机
部门 1	Cisco Catalyst 2960	bumen10	192.168.100.201	F 0/2-24	10	PC11
部门 2	Cisco Catalyst 2960	bumen20	192.168.100.202	F 0/2-24	20	PC21
部门 3	Cisco Catalyst 2960	bumen30	192.168.100.203	F 0/2-24	30	PC31
部门 4	Cisco Catalyst 2960	bumen40	192.168.100.204	F 0/2-24	40	PC41
部门 5	Cisco Catalyst 2960	bumen50	192.168.100.205	F 0/2-24	50	PC51
服务器	Cisco Catalyst 3560	Server100	192.168.100.210	F 0/2-24	100	Server-Web

（4）规划网络中三层交换机和路由器相连接口三层 IP 地址、路由器各接口 IP 地址，具体参数见表 10.6。

表 10.6 路由器接口地址

设 备	名 称	接 口	IP 地址	子网掩码	描 述
三层交换机	centersw	F 0/24	192.168.1.1	255.255.255.0	bjrouter-F 0/0
边界路由器	bjrouter	F 0/0	192.168.1.2	255.255.255.0	Centersw-F 0/24
		S 0/0/0	202.206.233.106	255.255.255.252	Isprouter-S 0/0/0
ISP 路由器	Isprouter	S 0/0/0	202.206.233.105	255.255.255.252	bjrouter-S 0/0/0
		F 0/0	211.81.192.1	255.255.255.0	LAN-PC0

（5）NAT 转换使用公网 IP 地址。

Web 服务器静态映射使用公网 IP 地址 216.12.228.37，而 216.12.228.35 和 216.12.228.36 为动态地址池地址使用。

步骤 2：实训环境准备。

（1）硬件连接。在交换机和计算机断电的状态下，按照表 10.7 和表 10.8 所示连接硬件。

表 10.7 计算机连接的接口

计算机	部 门	交换机名称	接 口	跳线类型	备 注
PC11	部门 1	bumen10	F 0/2		F 0/2-24 中任意
PC21	部门 2	bumen20	F 0/2		F 0/2-24 中任意
PC31	部门 3	bumen30	F 0/2		F 0/2-24 中任意
PC41	部门 4	bumen40	F 0/2	直通线	F 0/2-24 中任意
PC51	部门 5	bumen50	F 0/2		F 0/2-24 中任意
Server-Web	服务器	Server100	F 0/2		F 0/2-24 中任意
PC0	ISP 路由器	—	F 0/0		—

表 10.8　设备之间的互联

上连接接口			下连接接口			跳线类型
设备名称	接　口	描　述	设备名称	接　口	描　述	
Centersw	F 0/1	bumen10-F 0/1	bumen10	F 0/1	Centersw-F 0/1	交叉线
	F 0/2	bumen20-F 0/1	bumen20	F 0/1	Centersw-F 0/2	
	F 0/3	bumen30-F 0/1	bumen30	F 0/1	Centersw-F 0/3	
	F 0/4	bumen40-F 0/1	bumen40	F 0/1	Centersw-F 0/4	
	F 0/5	bumen50-F 0/1	bumen50	F 0/1	Centersw-F 0/5	
	F 0/6	Server100-F 0/1	Server100	F 0/1	Centersw-F 0/6	
Isprouter	S 0/0/0	bjrouter-S 0/0/0	bjrouter	S 0/0/0	Isprouter-S 0/0/0	直通线
	—	—		F 0/24	Centersw-F 0/24	

（2）分别打开设备，给设备通电。

步骤 3：按照表 10.4 所列参数设置各计算机的 IP 地址、子网掩码和默认网关。

步骤 4：清除各网络设备的配置。

步骤 5：使用 ping 命令分别测试 PC11、PC21、PC31、PC41、PC51、Server-Web 之间的网络连通性。

步骤 6：配置单位内部局域网各部门用户互联互通。

在单位内部局域网内，通过配置 VTP 来实现各部门 VLAN 划分。

（1）配置核心交换机。

① 配置核心交换机的主机名、密码（略）。

② 配置核心交换机为 VTP 服务器端（略）。

③ 在核心交换机上划分 VLAN（略）。

④ 配置三层交换机的三层接口。

```
centersw♯config terminal
centersw(config-if)♯interface fastethernet 0/24
centersw(config-if)♯description link to bjrouter-f 0/0
centersw(config-if)♯no switchport
centersw(config-if)♯ ip address 192.168.1.1 255.255.255.0
centersw(config-if)♯no shutdown
centersw(config-if)♯
```

（2）配置其他交换机的名称及 VTP。

下面以部门 1 的交换机为例进行。

```
switch♯config terminal
switch(config)♯hostname bumen1
bumen1(config)♯vtp domain nat
bumen1(config)♯vtp version 2
bumen1(config)♯vtp password nat
bumen1(config)♯vtp mode client
bumen1(config)♯exit
bumen1♯show vlan
```

（3）配置核心交换机和部门 1 交换机之间的链路中继。

① 配置核心交换机。

```
centersw # config terminal
centersw(config) # interface fastethernet 0/1
centersw(config-if) # description link to bumen10-f 0/1
centersw(config-if) # switchport mode trunk
centersw(config-if) # switchport trunk encapsulation dot1q
centersw(config-if) #
```

② 配置部门交换机。

```
bumen1 # config terminal
bumen1(config) # interface fastethernet 0/1
bumen1 (config-if) # description link to centersw-f 0/1
bumen1(config) #
bumen1(config-if) # switchport mode trunk
bumen1(config-if) # end
bumen1 # show vlan
bumen1 # config terminal
Enter configuration commands, one per line. End with CNTL/Z.
bumen1(config) # interface range fastethernet 0/2-24
bumen1(config-if-range) # switchport mode access
bumen1(config-if-range) # switchport access vlan 10
bumen1(config-if-range) # end
bumen1 # show vlan
...
bumen1 #
```

（4）配置其他部门交换机（略）。

把相应部门的计算机划分到相应的 VLAN 中。

（5）查看核心交换机的接口 trunk 等信息。

```
centersw # show interface trunk
Port     Mode     Encapsulation  Status     Native vlan
Fa0/1    on       802.1q         trunking   1
Fa0/2    on       802.1q         trunking   1
Fa0/3    on       802.1q         trunking   1
Fa0/4    on       802.1q         trunking   1
Fa0/5    on       802.1q         trunking   1
Fa0/6    on       802.1q         trunking   1
...
centersw #
```

（6）测试连通性。

使用 ping 命令分别测试 PC11、PC21、PC31、PC41、PC51、Server-Web 之间的网络连通性。

（7）启动三层核心交换机的路由功能。

```
centersw (config) # ip routing
centersw(config) # ip route 0.0.0.0 0.0.0.0 192.168.1.2
centersw(config) # exit
centersw # show ip route
...
Gateway of last resort is 192.168.1.2 to network 0.0.0.0
C    192.168.1.0/24 is directly connected, FastEthernet 0/24
C    192.168.10.0/24 is directly connected, Vlan 10
C    192.168.20.0/24 is directly connected, Vlan 20
C    192.168.30.0/24 is directly connected, Vlan 30
C    192.168.40.0/24 is directly connected, Vlan 40
C    192.168.50.0/24 is directly connected, Vlan 50
C    192.168.100.0/24 is directly connected, Vlan 100
S *  0.0.0.0/0 [1/0] via 192.168.1.2
centersw #
```

再次使用 ping 命令分别测试 PC11、PC21、PC31、PC41、PC51、Server-Web 之间的网络连通性。此时,各计算机之间是连通的。

步骤 7:配置边界路由器。

(1) 配置边界路由器的接口地址。

```
router > enable
router # config terminal
router(config) # hostname bjrouter
bjrouter(config-if) # interface fastethernet 0/24
bjrouter (config-if) # description link to centersw-f 0/0
bjrouter(config-if) # ip address 192.168.1.2 255.255.255.0
bjrouter(config-if) # no shutdown
bjrouter(config-if) # exit
bjrouter(config) # interface serial 0/0/0
bjrouter (config-if) # description link to isprouter-s 0/0/0
bjrouter(config-if) # ip address 202.206.233.106 255.255.255.252
bjrouter(config-if) # clock rate 64000
bjrouter(config-if) # no shutdown
bjrouter(config-if) # end
```

(2) 配置边界路由器的默认路由。

```
bjrouter # config terminal
bjrouter(config) # ip route 0.0.0.0 0.0.0.0 202.206.233.105
bjrouter(config) #
```

(3) 配置边界路由器到三层交换机的路由。

```
bjrouter(config) # ip route 192.168.10.0 255.255.255.0 192.168.1.1
bjrouter(config) # ip route 192.168.20.0 255.255.255.0 192.168.1.1
bjrouter(config) # ip route 192.168.30.0 255.255.255.0 192.168.1.1
bjrouter(config) # ip route 192.168.40.0 255.255.255.0 192.168.1.1
```

```
bjrouter(config)#ip route 192.168.50.0 255.255.255.0 192.168.1.1
bjrouter(config)#ip route 192.168.100.0 255.255.255.0 192.168.1.1
bjrouter(config)#exit
%SYS-5-CONFIG_I: Configured from console by console
bjrouter#show ip route
...
Gateway of last resort is 202.206.233.105 to network 0.0.0.0
C    192.168.1.0/24 is directly connected, FastEthernet 0/1
S    192.168.10.0/24 [1/0] via 192.168.1.1
S    192.168.20.0/24 [1/0] via 192.168.1.1
S    192.168.30.0/24 [1/0] via 192.168.1.1
S    192.168.40.0/24 [1/0] via 192.168.1.1
S    192.168.50.0/24 [1/0] via 192.168.1.1
S    192.168.60.0/24 [1/0] via 192.168.1.1
S    192.168.100.0/24 [1/0] via 192.168.1.1
     202.206.233.0/30 is subnetted, 1 subnets
C    202.206.233.104 is directly connected, FastEthernet 0/0
S*   0.0.0.0/0 [1/0] via 202.206.233.105
bjrouter#
```

(4) 配置 NAT 转换。

① 配置 Web 服务器的静态 NAT 转换。

```
bjrouter#
bjrouter#config terminal
bjrouter(config)#ip nat inside source static 192.168.100.11 216.12.228.37
bjrouter(config)#
```

② 配置动态 NAT 转换。

```
bjrouter#
bjrouter#config terminal
!定义地址池
bjrouter(config)#ip nat pool mypool 216.12.228.35 216.12.228.36 netmask 255.255.255.248
!定义 ACL
bjrouter(config)#access-list 1 permit 192.168.10.0 0.0.0.255
bjrouter(config)#access-list 1 permit 192.168.20.0 0.0.0.255
bjrouter(config)#access-list 1 permit 192.168.30.0 0.0.0.255
bjrouter(config)#access-list 1 permit 192.168.40.0 0.0.0.255
bjrouter(config)#access-list 1 permit 192.168.50.0 0.0.0.255
bjrouter(config)#exit
!配置内部源地址转换
bjrouter(config)#ip nat inside source list 1 pool mypool
bjrouter(config)#exit
bjrouter#config terminal
bjrouter(config)#interface FastEthernet 0/0
bjrouter(config-if)#ip nat inside
bjrouter(config-if)#exit
bjrouter(config)#interface serial 0/0/0
```

```
bjrouter(config-if)#ip nat outside
bjrouter(config-if)#exit
bjrouter(config)#exit
bjrouter#show access-lists
Standard IP access list 1
    permit 192.168.40.0 0.0.0.255
    permit 192.168.10.0 0.0.0.255
    permit 192.168.20.0 0.0.0.255
    permit 192.168.30.0 0.0.0.255
    permit 192.168.50.0 0.0.0.255
bjrouter#
```

步骤 8：配置 ISP 路由器。

（1）配置 ISP 路由器的接口地址。

```
router>enable
router#config terminal
router(config)#hostname isprouter
isprouter(config)#interface serial 0/0/0
isprouter(config-if)#description link to bjrouter -s 0/0/0
isprouter(config-if)#ip address 216.12.228.34 255.255.255.252
isprouter(config-if)#no shutdown
isprouter(config-if)#exit
isprouter(config)#interface fastEthernet 0/0
isprouter(config-if)#description link to pc0
isprouter(config-if)#ip address 211.81.192.1 255.255.255.0
isprouter(config-if)#no shutdown
%LINK-5-CHANGED: Interface FastEthernet 0/1, changed state to up
isprouter(config-if)#
```

（2）配置到边界路由器的路由。

```
isprouter(config)#ip route 216.12.228.32 255.255.255.224 202.206.233.106
```

步骤 9：测试及检查。

（1）在 Web 服务器的计算机上 ping ISP 路由器的接口及 PC0 的连通性，如果测试连通，则表示静态 NAT 配置正确。

（2）在其他计算机上 ping ISP 路由器的接口及 PC0 的连通性，如果测试连通，则表示动态 NAT 配置正确。

（3）在边界路由器查看 NAT 转换。

```
bjrouter#show ip nat statistics
...
access-list 1 pool mypool refCount 0
pool mypool: netmask 255.255.255.248
    start 216.12.228.35 end 216.12.228.36
    type generic, total addresses 2 , allocated 0 (0%), misses 0
```

```
bjrouter♯ show ip nat translations
Pro     Inside global          Inside local           Outside local          Outside global
icmp    216.12.228.35:1        192.168.10.10:1        211.81.192.11:1        211.81.192.11:1
icmp    216.12.228.35:2        192.168.10.10:2        211.81.192.11:2        211.81.192.11:2
icmp    216.12.228.35:3        192.168.10.10:3        211.81.192.11:3        211.81.192.11:3
icmp    216.12.228.35:4        192.168.10.10:4        211.81.192.11:4        211.81.192.11:4
...     216.12.228.37          192.168.100.10         ...                    ...

bjrouter♯
```

步骤 10：配置各网络设备口令，然后进行远程登录。

步骤 11：保存各网络设备配置文件。

步骤 12：清除各网络设备配置。

10.5　拓 展 训 练

10.5.1　通过静态 NAT 技术提供企业内指定子网上网

该单位在开通专线上网后，随之带来了很多员工在上班时间浏览网页、聊 QQ、工作效率下降等问题。在这种情况下，单位决定只允许内部部门 1、2、3 和 Web 服务器等人员上网，其他人员不能上网。其网络拓扑图如图 10.5 所示。

在路由器上配置如下：

```
bjrouter♯
bjrouter♯ config terminal
!定义 Web 服务器静态 NAT 转换
bjrouter(config)♯ ip nat inside source static 192.168.100.11 216.12.228.37
!定义地址池
bjrouter(config)♯ ip nat pool mypool  216.12.228.35  216.12.228.36  netmask  255.255.255.248
!定义 ACL
bjrouter(config)♯ access-list 1 permit 192.168.10.0 0.0.0.255
bjrouter(config)♯ access-list 1 permit 192.168.20.0 0.0.0.255
bjrouter(config)♯ access-list 1 permit 192.168.30.0 0.0.0.255
bjrouter(config)♯ exit
!配置内部源地址转换
bjrouter(config)♯ ip nat inside source list 1 pool mypool overload
bjrouter(config)♯ exit
bjrouter♯ config terminal
bjrouter(config)♯ interface FastEthernet 0/0
bjrouter(config-if)♯ ip nat inside
bjrouter(config-if)♯ exit
bjrouter(config)♯ interface serial 0/0/0
bjrouter(config-if)♯ ip nat outside
bjrouter(config-if)♯ exit
bjrouter(config)♯ exit
```

10.5.2　通过 Port NAT 提供企业内多台主机上网

在本项目中,假设该单位只申请了两个公网 IP 地址,边界路由器的外网接口和 ISP 路由器的接口各占用一个。在这种情况下,可以直接使用路由器的外网接口地址进行 NAT 转换,但如果单位内网建立了自己的 Web 服务器和 FTP 服务器,可又没有剩余的公网 IP 地址,那么若要实现因特网中的用户能访问内网中的 Web 服务器和 FTP 服务器,则该如何规划呢?

当路由器的外网接口地址进行 NAT 转换时,仅使用了大于或等于 1024 的端口,而 Web 服务器使用的 TCP 80 端口和 FTP 服务器使用的 TCP 20、21 端口没有被使用,因此可将路由器外网接口的 TCP 80 端口映射到内网 Web 服务器的 TCP 80 端口,TCP 20、21 端口映射到内网 FTP 服务器的 TCP 20、21 端口。

在路由器上配置如下:

```
bjrouter#
bjrouter# config terminal
!定义 ACL
bjrouter(config)# access-list 1 permit 192.168.10.0 0.0.0.255
bjrouter(config)# access-list 1 permit 192.168.20.0 0.0.0.255
bjrouter(config)# access-list 1 permit 192.168.30.0 0.0.0.255
bjrouter(config)# access-list 1 permit 192.168.40.0 0.0.0.255
bjrouter(config)# access-list 1 permit 192.168.50.0 0.0.0.255
bjrouter(config)# exit
!配置内部源地址转换
bjrouter(config)# ip nat inside source list 1 interface serial 0/0/0 overload
!定义 Web 服务器静态 NAT 转换
bjrouter(config)# ip nat inside source static tcp 192.168.100.10 80 202.206.233.106 80
bjrouter(config)# ip nat inside source static tcp 192.168.100.10 20 202.206.233.106 20
bjrouter(config)# ip nat inside source static tcp 192.168.100.10 21 202.206.233.106 21
bjrouter(config)# exit
bjrouter# config terminal
bjrouter(config)# interface FastEthernet 0/0
bjrouter(config-if)# ip nat inside
bjrouter(config-if)# exit
bjrouter(config)# interface serial 0/0/0
bjrouter(config-if)# ip nat outside
bjrouter(config-if)# exit
bjrouter(config)# exit
```

习　题

一、选择题

1. 网络地址转换有哪些优点?(　　)

　　A. 避免了重新为网络分配地址

　　B. 避免了为非 IP 网络提供 IP 地址

C. 通过在转换时复用端口和地址，可节省地址空间

D. 只能在 3600 系列路由器上配置

E. 通过隐藏内部网络地址提高了网络的安全性

2. 网络地址转换可用下述哪些方式实现？（　　　）

A. 一对一的静态转换　　　　　　　　B. 一对多的动态转换

C. 多对多的动态转换　　　　　　　　D. 多对一的端口转换

E. 多对一的静态转换

3. 在大型机构中通常配置哪种 NAT 来提供用户连接因特网？（　　　）

A. 静态转换　　　　B. 动态转换　　　　C. 过载转换　　　　D. 手工转换

4. 外部网络中的主机通过哪种地址看到同一外部网络中的其他主机？（　　　）

A. 内部本地　　　　B. 内部全局　　　　C. 外部本地　　　　D. 外部全局

5. 当已配置的地址池中第一个内部全局地址的源端口被使用时，PAT 将（　　　）。

A. PAT 使用下一个地址并检查其源端口是否可用

B. PAT 检查第一个可用全局地址的同一端口范围中的其他可用端口

C. PAT 在第一个全局地址中随机挑选一个源端口用来转换

D. PAT 从可用资源中随机挑选一个源端口——全局地址组合

E. PAT 不对这个数据包进行转换

6. 要配置动态 NAT 地址池，可使用下列哪个命令？（　　　）

A. **ip nat inside source static** *local-ip global-ip*

B. **ip nat inside source list** *listnumber* **interface** *interface* **overload**

C. **access-list standard pool permit** *192.168.22.0 0.0.0.255*

D. **ip nat inside source list** *listnumber* **pool** *poolname*

E. **ip nat pool name** *start-ip end-ip*

7. 下列哪个命令用于查看或获得 NAT 转换条目？（　　　）

A. **show ip nat translations**　　　　　B. **show nat translations**

C. **show active nat**　　　　　　　　　D. **debug ip nat**

E. **show nat statistics**

二、简答题

1. 在 NAT 上下文中，内部、外部、本地和全局的含义分别是什么？

2. 有哪几种网络地址转换？有何功能？

3. 仅当使用了哪个接口配置命令后，NAT 才能在路由器上正确运行？

4. 当配置一对多 NAT 时，如何指定内部地址范围？

5. 哪个命令用于清除当前的动态 NAT 转换条目？

6. 对于一对多 NAT，需要定义多少个 NAT 池？

7. 哪个命令用于配置 NAT 池？

8. 当使用 NAT 来提供到使用重叠地址空间的网络的连接性时，需要定义多少个 NAT 池？

9. 当定义 NAT 时，使用路由映射表而不是访问列表有何优点？

三、实训题

1. 某公司建设了自己的企业网,随着网络用户的增加,网络速度越来越慢,公司领导决定升级单位网络出口,采用专线连入互联网,因而给公司分配了 8 个 C 类 IP 地址 (218.81.192.0~218.81.199.0),路由器端的 IP 地址为 211.207.236.100/23(ISP 的 IP 地址为 211.207.236.99/23)。公司又架设了自己的 Web 服务器,以介绍自己的公司。现在,需要解决公司网络采用专线连入 Internet,同时 Web 服务器为公司内外用户提供信息浏览服务。内部网络有技术部、财务部、市场部 3 个部门,分别在 VLAN 10、VLAN 20、VLAN 30,而服务器群在 VLAN 50。全部连接到三层核心交换机,核心交换机连接到路由器。其网络拓扑图如图 10.6 所示。

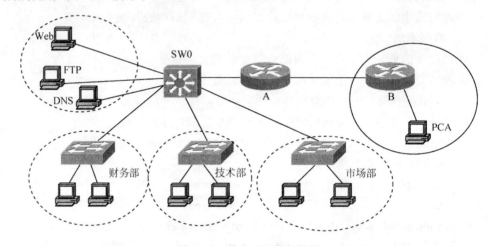

图 10.6　某公司网络拓扑图

(1) 按照图 10.6 进行硬件连接。

(2) 用路由器 B 和 PCA 来模拟互联网。

(3) 财务部、技术部、市场部和服务器群分别在交换机 SW0 的不同的 VLAN 中。

(4) 配置三层交换机,以实现 VLAN 之间互联以及和出口路由器 A 的互联。

(5) 配置路由器 A,以完成和三层交换机、路由器 B 之间的连接。

(6) 配置路由器 B,以完成和 PCA 的连接以及和路由器 A 之间的连接。

(7) 配置路由,以完成网络互联互通。

2. 某公司建设了自己的企业网,随着网络用户的增加网络速度越来越慢,公司领导决定升级企业网出口,采用专线连入 Internet,ISP 给公司分配了 8 个 IP 地址(218.12.226.0/255.255.255.224),但公司内部用户因为没有足够的公网 IP 地址,采用的都是私有地址,公司又架设了自己的 Web 服务器,以介绍自己的公司。现在,需要解决公司网络采用专线连入 Internet,同时 Web 服务器为公司内外用户提供信息浏览服务。

公司网络拓扑图如图 10.7 所示。内部网络有技术部、财务处、市场部 3 个部门,分别在 VLAN 10、VLAN 20、VLAN 30,而服务器群在 VLAN 50。全部连接到三层核心交换机,而核心交换机连接到路由器。

路由器的地址为 218.12.226.1,而 218.12.226.3 和 218.12.226.4 这两个地址被用来进行 NAT 转换,企业网 192.168.10.0/24、192.168.20.0/24、192.168.30.0/24 中的主机

都通过这两个地址上网。

Web 服务器地址为 192.168.50.100,而 218.12.226.5 被用来一对一映射为 Web 服务器。

FTP 服务器地址为 192.168.50.110,而 218.12.226.6 被用来一对一映射为 FTP 服务器。

DNS 服务器地址为 192.168.50.120,而 218.12.226.7 被用来一对一映射为 DNS 服务器。

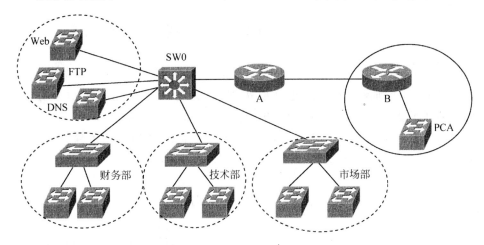

图 10.7　网络拓扑图

（1）按照图 10.7 进行硬件连接。

（2）用路由器 B 和 PCA 来模拟互联网。

（3）在交换机 SW0 上将财务部、技术部、市场部、服务器群分别划分为不同的 VLAN。

（4）配置三层交换机,以实现 VLAN 之间互联,以及和出口路由器 A 的互联。

（5）配置路由器 A,以完成和三层交换机、路由器 B 之间的连接。

（6）在路由器上配置动态 NAT,以完成公司员工的上网。

（7）在路由器上配置静态 NAT,以完成公司 Web、FTP 等服务器的上网以及对公司内外提供服务。

（8）配置路由器 B,以完成和 PCA 的连接以及和路由器 A 之间的连接。

（9）配置路由,以完成网络互联互通。

DHCP 动态分配地址的应用

11.1　用　户　需　求

　　某单位组建了一个局域网络,当有新的用户接入或老用户更换部门后,需要网络管理员为其分配 IP 地址,否则就会出现 IP 地址重复,造成 IP 地址冲突。随着公司业务的扩大和人员的增多,能不能让用户自己获取计算机的 IP 地址呢?

　　同时,公司只申请了一个 IP 地址,而公司又建立了自己的 Web 服务器、FTP 服务器和 DNS 服务器,怎么让这些服务器在互联网上使用呢?

11.2　相　关　知　识

　　每台连接到网络中的设备都需要一个 IP 地址。目前,IP 地址有以下两种获取方法。

　　(1) 手工输入。在每台计算机上手工输入每台计算机的 IP 地址、子网掩码和默认网关以及 DNS 服务器。

　　(2) 自动向 DHCP 服务器获取。

　　网络管理员为路由器、服务器以及物理位置与逻辑位置均不会发生变化的网络设备分配静态的 IP 地址。当管理员手动输入静态的 IP 地址后,这些设备即被配置加入网络。利用静态地址,管理员还能够远程管理设备。

　　不过,对于组织中的计算机而言,其物理位置和逻辑位置经常会发生变化。当员工挪到新的办公室或隔间时,管理员无法都能及时地为其分配新的 IP 地址。因此,桌面客户端不适合静态地址,这些工作站更适合使用某一地址范围内的任一地址,而地址范围通常属于一个 IP 子网内。对于特定子网内的工作站,可以分配特定范围内的任何地址,而该子网或所管理网络的其他项,如子网掩码、默认网关和域名系统(DNS)服务器等则可设置为通用值。例如,位于同一子网内所有主机的主机 IP 地址是不同的,但子网掩码和默认网关 IP 地址却是相同的。

11.2.1　DHCP 协议概念

1. DHCP 简介

　　DHCP 协议被广泛地应用在局域网环境里来动态分配 IP 地址。在动态 IP 地址的方案中,每台计算机并不设定固定的 IP 地址,而是在计算机开机时才被分配一个 IP 地址,这台计算机被称为 DHCP 客户端,而负责给 DHCP 客户端分配 IP 地址的计算机被称为 DHCP 服务器。也就是说,DHCP 是采用客户/服务器(Client/Server)模式,有明确的客户端和服务器角色的划分。

2．DHCP 的工作原理

DHCP 服务器执行的最基本任务是向客户端提供 IP 地址。DHCP 包括以下 3 种不同的地址分配机制，以便灵活地分配 IP 地址。

（1）手动分配：管理员为客户端指定预分配的 IP 地址，DHCP 只是将该 IP 地址传达给设备，即给客户端自动分配一个永久地址。

（2）自动分配：DHCP 从可用地址池中选择静态 IP 地址，自动将它永久性地分配给设备。此时，不存在租期问题，地址是永久性地分配给设备。

（3）动态分配：DHCP 自动动态地从地址池中分配或出租 IP 地址，使用期限为服务器选择的一段有限时间，或者直到客户端告知 DHCP 服务器其不再需要该地址为止。

DHCP 以客户端/服务器模式工作，像任何其他客户端/服务器关系一样运作。当一台 PC 连接到 DHCP 服务器时，服务器分配或出租一个 IP 地址给该 PC。然后，PC 使用租借的 IP 地址连接到网络，直到租期结束。主机必须定期联系 DHCP 服务器以续租期，而这种租用机制可以确保主机在移走或关闭时不会继续占有它们不再需要的地址。DHCP 服务器将把这些地址归还给地址池，并根据需要重新分配。图 11.1 所示为 DHCP 的工作原理。

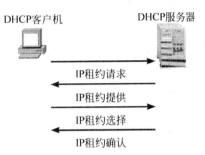

图 11.1　DHCP 工作原理

当客户端启动或以其他方式试图加入网络时，为获得地址租用需完成 4 个步骤。

步骤 1：DHCP 发现。首先，客户端广播 DHCP DISCOVER 消息，该消息找到网络上的 DHCP 服务器。由于主机在启动时不具备有效的 IP 信息，因此它使用第二层和第三层广播地址与服务器通信。

步骤 2：DHCP 提议。当 DHCP 服务器收到 DHCP DISCOVER 消息时，它会找到一个可供租用的 IP 地址，创建一个包含请求方主机 MAC 地址和所出租的 IP 地址的 ARP 条目，并使用 DHCP OFFER 消息传送绑定提供报文。DHCP OFFER 消息作为单播发送，其中服务器的第二层 MAC 地址为源地址，客户端的第二层地址为目的地址。

注：在某些情况下，来自服务器的 DHCP 消息交换可能是广播，而不是单播。

步骤 3：DHCP 请求。当客户端收到来自服务器的 DHCP OFFER 时，它回送一条 DHCP REQUEST 消息。此消息有两个作用：一是租用发起；二是租用更新和检验。当其用于租用发起时，客户端的 DHCP REQUEST 消息要求在 IP 地址分配后检验其有效性。此消息提供错误检查，确保地址分配仍然有效。DHCP REQUEST 还用作发给选定服务器的绑定接受通知，并隐式拒绝其他服务器提供的绑定提供信息。

许多企业网络使用多台 DHCP 服务器。DHCP REQUEST 消息以广播的形式发送，将绑定提供接受情况告知此 DHCP 服务器和任何其他 DHCP 服务器。

步骤 4：DHCP 确认。当收到 DHCP REQUEST 消息后，服务器检验租用信息，为客户端租用创建新的 ARP 条目，并用单播 DHCP ACK 消息予以回复。除消息类型字段不同外，DHCP ACK 消息与 DHCP OFFER 消息别无二致。当客户端收到 DHCP ACK 消息后，记录下配置信息，并为所分配的地址执行 APR 查找。如果它没有收到回复，则它知道该 IP 地址是有效的，将开始把它用作自己的 IP 地址。

客户端的租用期限由管理员确定。管理员在配置 DHCP 服务器时,可为其设定不同的租期届满时间。大多数 ISP 和大型网络使用最长为 3 天的默认租期。当租期届满后,客户端必须申请另一地址,但通常是把同一地址重新分配给客户端。

DHCP REQUEST 消息也在动态 DHCP 过程中发挥作用。在动态分配期间,DHCP OFFER 中发送的 IP 信息也可能会提供给另一客户端。每台 DHCP 服务器都会创建 IP 地址和相关参数的集合。这些集合专用于特定的逻辑 IP 子网,从而允许多台 DHCP 服务器做出回应,并允许 IP 客户端移动。如果有多台服务器做出回应,则客户端只能选择其中的一个。

11.2.2　DHCP 配置

运行 Cisco IOS 软件的 Cisco 路由器可用作 DHCP 服务器。但在大型网络中,DHCP 服务通常在一个或多个专用服务器上配置。Cisco IOS DHCP 服务器从路由器的地址池中分配 IP 地址给 DHCP 客户端,并管理这些 IP 地址。

步骤 1:启用 DHCP 服务。

router(config) # **service** *dhcp*　　　　　//启动 DHCP 服务

默认情况下,路由器的 IOS DHCP 服务是启动的。禁用 DHCP 可在全局配置模式下使用 no service dhcp 命令禁用它。

步骤 2:创建一个或多个地址池。

router(config) # **ip dhcp pool** *name*

其中,name 为要配置的 DHCP 地址池的名称,由字母和数字组成。

步骤 3:使用子网掩码或是前缀长度来设定其包含的地址范围。

router(dhcp-config) # **network** *network-number* [*mask* | *prefix-length*]

步骤 4:可选配置参数,包括域名、DNS 和 NetBIOS 名字服务器、默认网关以及租期。

对于 DNS 服务器,NetBIOS 名字服务器和默认网关可以指定多达 8 个,但一个时刻只能使用其中的一个,默认的租期是 24 小时。其配置如下:

router(dhcp-config) # **domain-name** *domain*　　　　　　　　　　//指定域名
router(dhcp-config) # **dns-server** *address* [*address 2* … *address 8*]　　//指定 DNS 服务器
router(dhcp-config) # **netbios-name-server** *address* [*address 2* … *address 8*]
router(dhcp-config) # **netbios-node-type** *type*
router(dhcp-config) # **default-router** *address* [*address 2* … *address 8*]　　//定义默认网关
router(dhcp-config) # **lease** {*days* [*hours*] [*monutes*] | *infinite*}　　//指定 DHCP 租期

步骤 5:排除地址池中已经使用的或是保留其他用途的地址。

这些地址包括分配给服务器的地址和默认网关地址。

router(config) # **ip dhcp excluded-address** *low-address* [*high-address*]

步骤 6:DHCP 检查。

router # show ip dhcp binding [address]　　　　　　　　//查看 DHCP 的地址绑定情况
router # clear ip dhcp binding [address]　　　　　　　　//在租期结束前删除 DHCP 的地址绑定

```
router # show ip dhcp pool                          //查看 DHCP 地址池的信息
router # show ip dhcp statistics                    //查看 DHCP 服务器的统计信息
router # show ip interface                          //查看接口信息
router # debug ip dhcp server {events | packets | linkage}  //实时查看 DHCP 绑定情况
```

11.2.3　DHCP 中继（Relay Agent）

按照通常的 DHCP 应用模式（C/S 模式），由于 DHCP 请求报文的目的 IP 地址为 255.255.255.255，因此每个子网都要有一个 DHCP Server 来管理这个子网内的 IP 地址动态分配情况。为了解决这个问题，DHCP Relay Agent 就产生了，它把收到的 DHCP 请求报文转发给 DHCP Server，同时把收到的 DHCP 响应报文转发给 DHCP Client。DHCP Relay Agent 就相当于一个转发站，负责沟通不同广播域间的 DHCP Client 和 DHCP Server 的通信。这样，就实现了局域网内只要安装一个 DHCP Server 就可对所有网段的动态 IP 管理，即 Client-Relay Agent-Server 模式的 DHCP 动态管理。

如图 11.2 所示，这时必须将路由器配置成允许 DHCP 请求通过去访问 DHCP 服务器。这种中继是通过 ip helper address 命令实现的，helper address 接收广播后将其转变为单播。ip helper address 命令必须配置在能接收到广播的接口上，即 F 0/1 接口。

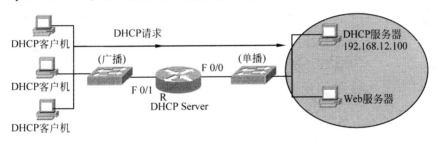

图 11.2　DHCP 中继

其配置如下：

```
router(config) # interface fastethernet 0/1
router(config-if) # ip helper-address 192.168.12.100
```

它将来自 FastEthernet 0/1 接口下网段的 DHCP 广播转发到地址为 192.168.12.100 的 DHCP 服务器上。在默认情况下，这个命令转发 8 种 UDP 服务的广播包，即 time（端口：37）、tacacs（49）、dns（53）、bootp/DHCP 服务器（67）、bootp/DHCP 客户机（68）、TFTP（69）、NetBIOS 名字服务（137）、NetBIOS 数据报服务（138）。

11.3　方案设计

该单位从节省成本和网络安全考虑，决定通过一台路由器为本公司的局域网内的计算机实现自动分配 IP 地址。同时，为公司内的 DNS 和 Web 服务器分配 IP 地址。

该公司只申请了一个 IP 地址，当路由器的外网接口地址进行 NAT 转换时，仅使用了大于或等于 1024 的端口，而 Web 服务器使用的 TCP 80 端口和 FTP 服务器使用的 TCP 20、21 端口没有被使用，因此可将路由器外网接口的 TCP 80 端口映射到内网 Web 服务器的 TCP 80 端口,将 TCP 20、21 端口映射到内网 FTP 服务器的 TCP 20、21 端口。

11.4 项目实施

11.4.1 项目目标

通过本项目的完成,使学生掌握以下技能。

(1) 能够配置 DHCP 服务。

(2) 能够配置 Port Nat;

11.4.2 实训任务

为了完成本项目,搭建图 11.3 所示的网络拓扑图。为了在实训室模拟本项目,采用一台路由器和一台主机模拟互联网,采用一台二层交换机作为核心交换机。该单位申请的一个公网 IP 地址为 202.206.233.106/30,而分配给边界路由器的外网接口的 IP 地址为 202.206.233.106/30。同时,完成以下任务。

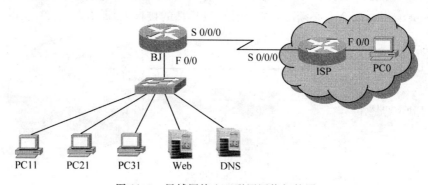

图 11.3 局域网接入互联网网络拓扑图

(1) 配置 Cisco 路由器为 DHCP 服务器。

(2) 在边界路由器上配置 Port NAT,实现 Web、FTP、DNS 服务器上网和能够让外网用户访问。

11.4.3 设备清单

为了搭建图 11.3 所示的网络环境,需要如下的设备。

(1) Cisco 2811 路由器(2 台)。

(2) Cisco Catalyst 2960 交换机(1 台)。

(3) PC(6 台)。

(4) 双绞线(若干根)。

11.4.4 实施过程

步骤 1:规划设计。

(1) 规划各服务器 IP 地址、子网掩码和网关,具体参数见表 11.1。

表 11.1　各服务器 IP 地址、子网掩码和网关

计算机	IP 地址	子网掩码	网　关
PC0	211.81.192.10	255.255.255.0	211.81.192.1
DNS	192.168.10.10	255.255.255.0	192.168.10.1
Web	192.168.10.9	255.255.255.0	192.168.10.1

（2）规划 DHCP 服务器参数，具体见表 11.2。

表 11.2　DHCP 服务器参数

DHCP 服务器	参　　数
Name	Mydhcp
地址池	192.168.10.0 255.255.255.0
默认网关	192.168.10.1
指定 DNS 服务器	192.168.10.10
指定 DHCP 租期	1
指定域名	

（3）规划网络路由器名称、路由器各接口 IP 地址，具体参数见表 11.3。

表 11.3　路由器接口地址

设备	名　　称	接　口	IP 地址	子网掩码	描　　述
边界路由器	DHCP	F 0/0	192.168.10.1	255.255.255.0	Link to c0
		S 0/0/0	202.206.233.106	255.255.255.252	Link to isp-S 0/0/0
ISP路由器	ISP	S 0/0/0	202.206.233.105	255.255.255.252	Link to dhcp-S 0/0/0
		F 0/0	211.81.192.1	255.255.255.0	Link to sw

步骤 2：实训环境准备。

（1）硬件连接。在路由器、交换机和计算机断电的状态下，按照图 11.3 连接硬件。

（2）然后，分别打开设备，给设备加电。

步骤 3：设置计算机及服务器的 IP 地址。

（1）按照表 11.1 所列参数设置各计算机的 IP 地址、子网掩码、默认网关。

（2）设置各服务器和 PC0 的 IP 地址。

步骤 4：清除各网络设备的配置。

步骤 5：配置 DHCP 路由器。

（1）配置路由器名称和各接口 IP 地址（略）。

（2）配置 DHCP 服务器。

```
dhcp(dhcp-config)# ip dhcp pool mydhcp
dhcp(dhcp-config)# network 192.168.10.0 255.255.255.0
dhcp(dhcp-config)# default-router 192.168.10.1
dhcp(dhcp-config)# dns-server 192.168.10.10
dhcp(dhcp-config)# exit
dhcp(config)# ip dhcp excluded-address 192.168.10.1 192.168.10.10
dhcp(config)# exit
```

dhcp#write

步骤6：设置局域网内各计算机IP地址获取方式为DHCP。

（1）在Packet Trace中，打开PC，选择Config选项卡，再选择Interface选项下的Fastethernet选项，然后在右侧窗口的IP Configuration选项组中选中DHCP单选按钮，稍后在IP Address和Subnet Mask文本框中会自动获取IP地址、子网掩码，如图11.4所示。

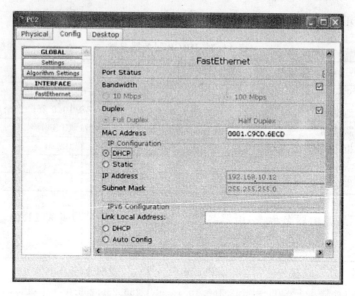

图11.4　IP地址DHCP获取

选择Global选项下的Settings选项，会看到计算机自动获取了网关和DNS的地址，如图11.5所示。

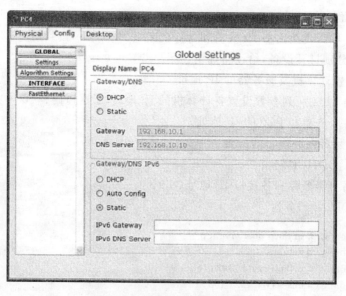

图11.5　网关和DNS动态获取

（2）在进入到计算机的 MS-DOS 方式下，执行以下命令。

```
PC>ipconfig /all
Physical Address................: 0004.9AB2.CB59
IP Address......................: 192.168.10.11
Subnet Mask.....................: 255.255.255.0
Default Gateway.................: 192.168.10.1
DNS Servers.....................: 192.168.10.10
PC>
```

步骤7：验证 DHCP 服务器。

dhcp#show ip dhcp binding

IP address	Client-ID/ Hardware address	Lease expiration	Type
192.168.10.11	0004.9AB2.CB59	--	Automatic
192.168.10.12	0001.C9CD.6ECD	--	Automatic
192.168.10.13	0004.9A2C.756C	--	Automatic
192.168.10.14	00D0.D388.24A2	--	Automatic

步骤8：配置 Web 服务器、DNS 服务器。

（1）配置 Web 服务器

选择图 11.6 所示的 Config 选项卡左边工具栏的 HTTP 选项，修改 index.html 的内容，包括 Web 页面标题的内容等。

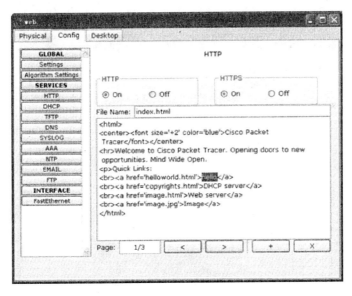

图 11.6　Web 服务器配置

（2）配置 DNS 服务器

选择图 11.7 所示的 Config 选项卡左侧工具栏的 DNS 选项，在 Name 文本框中输入
"www.dhcp.com"，在 Type 下拉列表中选择 A Record 选项，在 Address 文本框中输入域
名服务器的 IP 地址，在这里输入"192.168.10.9"，然后单击 Add 按钮。

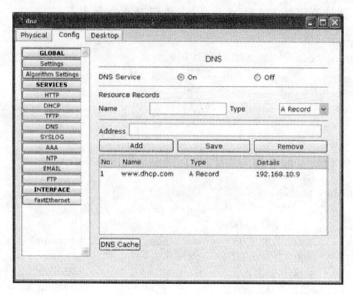

图 11.7　DNS 服务器配置

步骤 9：测试一。

在 PC11、PC12、PC13、PC14 上，选择 Desktop 选项卡，再选择 Web Browser 选项，在 URL 中输入"192.168.10.9/index. html"或"www. dhcp. com/index. html"，并查看输出结果。如果一样，则说明 DNS 配置正确，各计算机获取地址也正确，如图 11.8 所示。

图 11.8　Web 服务器默认主页

步骤 10：配置路由器 Port NAT 及默认路由。

```
dhcp#
dhcp#config terminal
!定义 ACL
```

dhcp（config）# **access-list** *10* **permit** *192.168.10.0 0.0.0.255*
!配置内部源地址转换
dhcp（config）# **ip nat inside source list** *10* **interface** *serial 0/0/0* **overload** !定义 Web 服务器静态
NAT 转换
dhcp（config）# **ip nat inside source static** tcp *192.168.10.9 80 202.206.233.106 80*
dhcp（config）# **ip nat inside source static** tcp *192.168.10.10 53 202.206.233.106 53*
dhcp（config）# **interface** *FastEthernet 0/0*
dhcp（config-if）# **ip nat** *inside*
dhcp（config-if）# **exit**
dhcp（config）# **interface** *serial 0/0/0*
dhcp（config-if）# **ip nat** *outside*
dhcp（config-if）# **end**
dhcp# **write**

步骤 11：配置 ISP 路由器。

router#
router# **configure terminal**
router（config）# **hostname** *isp*
isp（config）# **interface** *serial 0/0/0*
isp（config-if）# **ip address** *202.206.233.105 255.255.255.252*
isp（config-if）# **exit**
isp（config）# **interface** *fastEthernet 0*
isp（config-if）# **ip address** *211.81.192.1 255.255.255.0*
isp（config-if）# **no shutdown**
isp（config-if）# **end**
isp# **write**

步骤 12：测试二。

（1）使用 ping 命令测试 PC11、PC12、PC13、PC14、Web、DNS 和 PC0 等计算机之间的
连通性。

dhcp# **show ip nat translations**

Pro	Inside global	Inside local	Outside local	Outside global
icmp	202.206.233.106:43	192.168.10.11:43	211.81.192.1:43	211.81.192.1:43
icmp	202.206.233.106:44	192.168.10.11:44	211.81.192.1:44	211.81.192.1:44
icmp	202.206.233.106:45	192.168.10.11:45	211.81.192.1:45	211.81.192.1:45
icmp	202.206.233.106:46	192.168.10.11:46	211.81.192.1:46	211.81.192.1:46

（2）查看 DHCP 路由器的 NAT 转换表。

dhcp# **show ip nat translations**

Pro	Inside global	Inside local	Outside local	Outside global
icmp	202.206.233.106:57	192.168.10.10:57	202.206.233.105:57	202.206.233.105:57
icmp	202.206.233.106:58	192.168.10.10:58	202.206.233.105:58	202.206.233.105:58
icmp	202.206.233.106:35	192.168.10.111:35	211.81.192.10:35	211.81.192.10:35
icmp	202.206.233.106:36	192.168.10.111:36	211.81.192.10:36	211.81.192.10:36
icmp	202.206.233.106:45	192.168.10.9:45	211.81.192.10:45	211.81.192.10:45
icmp	202.206.233.106:46	192.168.10.9:46	211.81.192.10:46	211.81.192.10:46
tcp	202.206.233.106:53	192.168.10.10:53	…	…
tcp	202.206.233.106:80	192.168.10.9:80	…	…

dhcp#

步骤 13：配置各网络设备的口令，然后进行远程登录。

步骤 14：保存路由器配置文件。

步骤 15：清除路由器配置。

11.5 扩展知识

11.5.1 策略路由概念

策略路由（Policy-Based Routing）为网络管理员提供一种全新的数据转发依据，它和传统的路由协议完全不同。传统的路由协议采用的方式可以简称为"路由策略"。

路由策略都是使用从路由协议学习而来的路由表，根据路由表的目的地址进行报文的转发。在这种机制下，路由器只能根据报文的目的地址为用户提供比较单一的路由方式，它更多的是解决网络数据的转发问题，而不能提供有差别的服务。

基于策略的路由比传统路由能力更强，使用更灵活。它使网络管理者不仅能够根据目的地址，而且能够根据协议类型、报文大小、应用、IP 源地址或者其他的策略来选择转发路径。策略可以根据实际应用的需要进行定义，从而控制多个路由器的负载平衡、单一链路上报文转发的服务质量（QoS）或者满足某种特定需求。

当数据包经过路由器转发时，路由器根据预先设定的策略对数据包进行匹配。如果匹配到一条策略，就根据该条策略指定的路由进行转发；如果没有匹配到任何策略，就使用路由表中的各项根据目的地址对报文进行路由。

策略路由的流程图如图 11.9 所示。

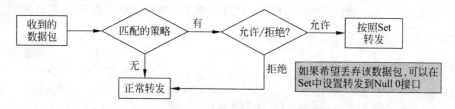

图 11.9　策略路由的流程图

从图 11.9 中可以看到，策略路由的优先级比传统路由高，当路由器接收到数据包，并进行转发时，会优先根据策略路由的规则进行匹配。如果能匹配上，则根据策略路由来转发，否则按照路由表中转发路径进行转发。

此外，也可以将"策略路由"理解为"转发策略"，这样会更容易理解。由于转发在底层，路由在高层，所以转发的优先级比路由的优先级高。在路由器中存在两种类型和层次的表，一个是路由表（Routing-table），另一个是转发表（Forward-table）。转发表是由路由表映射过来的，而策略路由直接作用于转发表，路由策略直接作用于路由表。

在图 11.10 所示的双出口网络中，可以查看何时使用策略路由。在图 11.10 中，如果采用 OSPF 协议，则 OSPF 会直接选择所有的流量都从 S 0/0 接口走 E1 线路，这是因为 E1 线路的带宽更高，速度更快，而 ADSL 的线路会一直闲置。这时，可以使用策略路由来优化网络性能,进而做如下设置:路由表中没有明确目的地址的流量全部走 E1 线路,其他流量走 ADSL 线路。这样就能利用双链路的优势,并且在策略路由失效时,仍然可以继续按照正常的路由转发来进行通信。

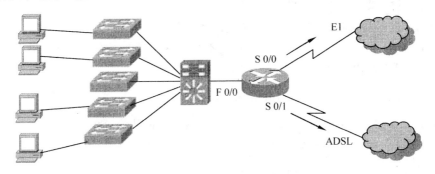

图 11.10　简单的双出口网络

11.5.2　策略路由方式

在路由器进行包转发决策过程中,通常是根据所接受的包的目的地址进行的。路由器根据包的目的地址查找路由表,从而做出相应的路由转发决策。然而,有时人们需要按照自己的规则来进行数据包的路由,而不仅仅由包的目的地址来决定数据包的路由,这就是路由策略问题。基于策略路由通常有以下几种方式。

(1) 基于源 IP 地址的策略路由。

(2) 基于数据包大小的策略路由。

(3) 基于应用的策略路由。

(4) 通过默认路由平衡负载。

11.5.3　策略路由配置

步骤 1:配置路由映射表。

使用 route-map 命令,格式如下:

router(config)♯**route-map** *map-tag* [{**permit**|**deny**} *sequence-number*]

其中,应注意以下几点。

(1) map-tag 为路由映射表的名称。

(2) permit|deny。当为 permit 时,如果分组符合指定的条件,则按 set 语句中指定的措施对其进行处理;如果不符合指定的条件,则将其同路由映射表中的下一条 match 语句进行比较;如果没有指定条件,则按 set 语句中指定的措施处理所有分组;如果没有 set 语句,则不做任何处理。当为 deny 时,如果分组符合指定的条件,则将其发送到常规路由选择进程,不再将其同路由映射表中的其他条目进行比较。

(3) sequence-number:指定处理顺序的序列号,如果没有指定序列号,则自动按 10 的倍数递增。

注意:一个 route map 的最后默认 deny any。

步骤 2：用于重分发的 match 命令。

基于策略的路由选择的 match 命令为如下：

router(config-route-map)#**match**　〈*condition*〉

其中，match 用来定义匹配的条件，常用的条件包括以下两种。

（1）ip address。标准 ACL 和扩展 ACL 都可用来建立匹配标准，要使用 IPACL 来实现策略路由，可以使用 match ip address 命令。

router(config-route-map)#**match** *ip address*

如果定义了多个 ACL，则任何一个访问列表被匹配都认为这条语句被匹配。

（2）length。该条件用来基于三层包长度来建立匹配。

router(config-route-map)# match *length*<*min*><*max*>

参数 length <*min*><*max*>定义了三层包的最大和最小长度，当一个包的长度在这两个值之间时，匹配成立。

可以使用 match length 命令来区分传输类型。例如，交互数据包和文件传输数据包，文件传输数据包往往比较大。

步骤 3：用于重分发的 set 命令。

set 命令用于指定如何对满足 match 条件的路由进行处理，命令格式如下：

router(config-route-map)#**set**　〈*action*〉

set 定义对符合条件的语句采取的行为。常用的行为包括以下几种。

（1）set ip next-hop

router(config-route-map)#**set** *ip next-hop*<*ip address*>[...<*ip address*>]

其中，set ip next-hop 命令设定流出接口的数据包的下一跳地址，<ip address>这个地址必须是邻接路由器的 IP 地址。如果配置了多个接口，则使用第一个相关的可用接口。这个命令将影响所有的数据包类型，并且一直使用。

（2）set interface

router(config-route-map)#**set interface**<*type*><*number*>[...<*type*><*number*>]

其中，set interface 命令为数据包设定出向接口；<type><number>参数指定接口的类型和编号。如果定义了多个接口，则使用第一个被发现的 up 接口。

有时，路由表可能不包含到一个数据包目的地址的明显的路由（例如广播包或者目的地址未知的数据包），在这种情况下，命令将不影响到这些数据包或者说命令忽略这些数据包。

（3）set ip default next hop

router(config-route-map)#**set ip default next-hop**<*ip-address*>[...<*ip-address*>]

其中，set ip default next-hop 命令用于当路由表里没有到数据包目的地址的明显路由时，设定它的下一跳地址。

（4）set default interface

router(config-route-map)#**set default interface**<*type*><*number*>[...<*type*><*number*>]

如果到目的地址没有明显路由，则 set default interface 命令为这些数据包设定出接口。一旦目的地址或接口被选择，其他的 default set 命令将被忽略。

（5）set ip tos

router(config-route-map)#**set** *ip tos*

其中，set ip tos 命令用来设定 IP 数据包的 IP ToS 值。可以设定的值见表 11.4。

表 11.4 IP 数据包的 IP ToS 值

<0-15>	Type of service value
max-reliability	set max reliable ToS (2)
max-throughput	set max throughput ToS (4)
min-delay	set min delay ToS (8)
min-monetary-cost	set min monetary cost ToS (1)
normal	set normal ToS (0)

（6）set ip precedence

router(config-route-map)#**set** *ip precedence* [<*number*>|<*name*>]

其中，set ip precedence 命令用来设定 IP 数据包的优先级。可设定值见表 11.5。

表 11.5 IP 数据包的优先级

Value	Name	Value	Name
0	Routine	4	Flash-override
1	Priority	5	Critical
2	Immediate	6	Internet
3	Flash	7	Network

这个表显示了能够使用的优先级值和相应的名字。

策略路由的应用非常广泛，可以在路由重分布、BGP 属性设置以及策略路由中使用。

步骤 4：策略路由应用到接口。

router(config-if)#**ip policy route-map** *map-tag*

路由器产生的数据包通常不是基于策略路由的。ip local policy 命令启用路由器对自身产生的数据包进行策略路由。其命令如下：

router(config)#**ip local policy route-map** *map-tag*

11.5.4 PBR 配置示例

图 11.11 所示是一个互联网络。在这里，配置采用 EIGRP 路由协议，此时 R1 上的 EIGRP 选择下面的路由前往右边的子网，因为下面那条链路的带宽（512Kbps）比上面的那

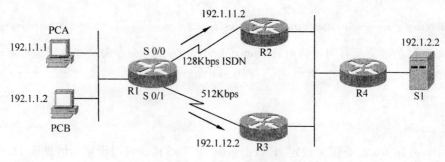

图 11.11　基于策略的路由

条链路(128Kbps)高。

配置 PBR,使 PCB 发送给右边的服务器 S1 的分组,并通过接口 S 0/0 将这些分组转发到 R2。这些分组将沿上面的路径传输(从 R1 的接口 S 0/0 出去,前往 R4),而不按 R1 的 IP 路由表指定的那样经由 R3。

R1 的 PBR 配置如下:

```
Interface fastethernet 0/0
    Ip address 192.1. 255.255.255.0
    Ip policy route-map pcB-over-low-route
!
Route-map pcB-over-low-route permit
Match ip address 101
Set ip next-hop 192.1.11.2
!
Access-list 101 permit ip host 192.1.1.2 192.1.2.0 0.0.0.255
```

该配置在接口 F 0/0 上使用 ip policy route-map pcB-over-low-route 命令启用 PBR。路由映射表使用 ACL 101 来匹配分组。该 ACL 只与来自 PCB 且前往子网 192.1.2.0/24 的分组匹配。路由映射表语句采取的是 permit 行为,它让 IOS 对匹配的分组应用 PBR 逻辑;如果该语句采取的是 deny 行为,则 IOS 将像通常那样转发分组。最后,对于与 permit 语句匹配的分组,路由器将根据 set ip next-hop 192.1.11.2 命令进行转发,该命令让 R1 将分组转发到 R2。

对于进入接品 F 0/0 的每个分组,要么与路由映射表的一条 permit 语句匹配,要么与一条 deny 语句匹配。所有路由映射表末尾都有一条隐式的 deny 语句,该语句与所有分组都匹配。PBR 根据指定的 set 命令对于 permit 语句匹配的分组进行处理;而对于与 deny 语句匹配的分组,PBR 将其交给常规的 IP 路由进程。

使用 traceroute 命令核实 PBR 的结果。

使用 show ip policy 命令只显示了启用了 PBR 的接口以及使用的路由映射表。

使用 show ip route-map 命令可以显示有关与 PBR 路由映射表匹配的分组数量的统计信息。

习   题

一、选择题

1. 下面哪两种有关 DHCP 服务器功能的说法是正确的？（   ）

    A. 当客户端请求 IP 地址时，DHCP 服务器在绑定表查找与客户端 MAC 地址匹配的条目；如果找到这样的条目，则将相应的 IP 地址返回给客户端

    B. 可从预先定义的 DHCP 地址池中分配 IP 地址给客户端，供其在有限的租期内使用

    C. 必须在专用网络服务器中安装 DHCP 服务，以便定义可供客户端使用的 IP 地址

    D. DHCP 服务器可只响应特定子网的请求并分配 IP 地址

    E. 网络中的每个子网都需要一台专用 DHCP 服务器为其中的主机分配 IP 地址

    F. DHCP 向客户端提供 IP 地址、子网掩码、默认网关和域名

2. 在配置 router(config)♯ip dhcp pool 192.16.100.0 中，192.16.100.0 的含义是（   ）。

    A. DHCP 地址池的名称   B. 可出租的 IP 地址池

    C. 排除在外的 IP 地址范围   D. DHCP 服务器所属的 IP 子网

    E. PAT 不对这个数据包进行转换

3. 若在路由器 R1 的接口 F 0/0 上启用了基于策略的路由 PBR，则下面哪两种有关 PBR 工作原理的说法是正确的？（   ）

    A. 将根据 PBR 路由映射表对进入 F 0/0 的分组进行对比

    B. 将根据 PBR 路由映射表对离开 F 0/0 的分组进行对比

    C. 当分组与一条路由映射表 deny 语句匹配时，IOS 将忽略 PBR 转发方向

    D. 当分组与一条路由映射表 permity 语句匹配时，IOS 将忽略 PBR 转发方向

二、简答题

1. DHCP 有几种分配 IP 地址的机制？

2. 按顺序描述 4 种 DHCP 消息。

3. 在默认情况下，helper address 转发哪些 UDP 端口数据？

三、实训题

1. 如图 11.12 所示，某公司的局域网划分了 4 个网段，公司配置了三层交换机，实现了局域网的互联。从节省成本和网络安全考虑，公司决定用三层交换机为本公司局域网内的计算机实现自动分配 IP 地址。其中，Web 服务器、DNS 服务器等服务器在单独的网段。为了在实训室模拟本项目，采用一台路由器和一台主机模拟互联网。同时，完成如下任务。

（1）配置三层交换机为 DHCP 服务器。

（2）在边界路由器上配置 Port NAT，以实现 Web、DNS 服务器上网和能够让外网用户访问。

2. 如图 11.13 所示，某公司的局域网划分了 4 个网段，公司配置了三层交换机，实现了局域网的互联。公司内架设了 DHCP 服务器为本公司的局域网内的计算机实现自动分配 IP 地址。其中，Web 服务器、DNS 服务器、DHCP 服务器等服务器在单独的网段。为了在实训室模拟本项目，采用一台路由器和一台主机模拟互联网。同时，完成如下任务。

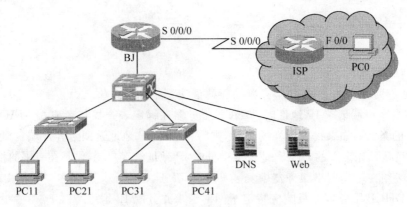

图 11.12　多 IP 网段的 DHCP 配置(1)

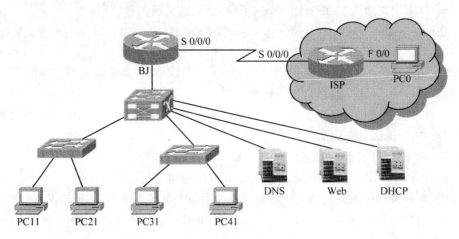

图 11.13　多 IP 网段的 DHCP 配置(2)

（1）配置 DHCP 服务器。

（2）在边界路由器上配置 Port NAT，以实现 Web、FTP、DNS 服务器上网和能够让外网用户访问。

3. 某学校组建了单位内的局域网，根据业务需要，并为了减少国际出口流量费用，接入了中国教育和科研计算机网与中国电信互联网。要求在路由器上设计路由策略分别走不同的互联网络。

该单位从节省成本和提高网络速度出发，决定采用双出口，分别连接到中国教育和科研计算机网与中国电信互联网。

其访问策略如下：

（1）访问中国教育和科研计算机网的用户直接走中国教育和科研计算机网。

（2）其余全部走中国电信互联网。

（3）DNS 服务器只能走中国教育和科研计算机网。

（4）Web 服务器根据目标地址来走，如果是中国教育和科研计算机网用户则走教育网，其余全部走中国电信互联网。

设计图 11.14 所示的网络拓扑图。

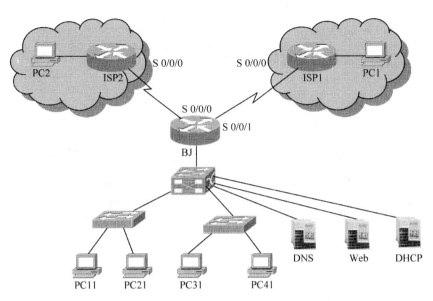

图 11.14　双出口网络拓扑图

虚拟专用网配置

12.1 用 户 需 求

某高校最近兼并了两所学校,这两所学校都建有自己的校园网。此时,需要将这两个校区的校园网通过路由器连接到校本部的校园网,以前是使用宽带服务并通过 Internet 或运营商骨干 IP 网络访问校本部网络核心,如此将面临安全风险。怎么样来保证从分校到校本部网络核心的网络连接在不安全的 Internet 中时实现安全传输呢?

12.2 相 关 知 识

12.2.1 分支机构的 Internet 接入

当前,企业分支机构可采用很多方式实现到企业网络核心的专用连接,要么通过 Internet 或运营商骨干 IP 网络,要么通过专线、电路交换或分组交换的广域网连接技术连接各分支机构。虽然它们各不相同,但都有一个重要的特征,即在两台路由器之间提供了一条专用路径,让它们能够彼此发送分组。

连接到 Internet 的分支机构的路由随采用的设计方案不同而不同。图 12.1 所示为小型分支结构连接到 Internet 的分支机构的路由方案,图 12.2 所示为中型分支结构连接到 Internet 的分支机构的路由方案,图 12.3 所示为大型分支结构连接到 Internet 的分支机构的路由方案。

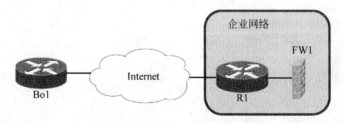

图 12.1 小型分支结构连接到 Internet 的分支机构的路由方案

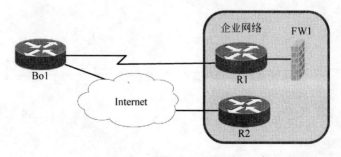

图 12.2 中型分支结构连接到 Internet 的分支机构的路由方案

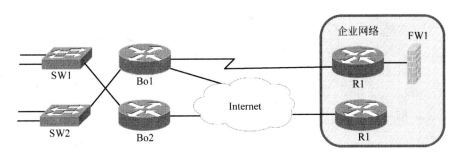

图 12.3　大型分支结构连接到 Internet 的分支机构的路由方案

12.2.2　虚拟专用网概述

当企业分支机构接入企业网络时,都要穿过 Internet,这时容易受到网络黑客的攻击,给企业数据带来安全隐患。为了让企业分支机构的数据安全穿过 Internet,可以采用虚拟专用网技术。

虚拟专用网(Virtual Private Network,VPN)被定义为通过一个公用网络(通常是因特网 Internet)在公共网的两个端点之间建立一条临时的、安全的逻辑连接,是一条穿过混乱的公用网络的安全、稳定的隧道。所谓虚拟,是指它是建立在物理连接基础之上的逻辑连接,即用户不需要租用专线,而是使用因特网、帧中继或 ATM 等公用网络设施。所谓专用网络,是指用户可以制定一个符合自己需求的网络,其安全性与专用网的安全性基本相同。在开放的公用网络环境中,VPN 利用隧道技术、加密技术和认证技术组建专用网络,能够在处于不可靠、非安全网络中的两个实体之间建立一条安全、私有的专用信道,为企业或组织的网络提供安全性、可靠性、可管理性和服务质量保证。它如同物理的专线连接一样,减轻了远程访问的费用负担,极大地提高了网络的资源利用率,且有助于增加 ISP 的收益。

1. VPN 分类

VPN 这个词汇本身就是一个泛称,其涉及的技术庞杂,种类繁多。依据不同的划分标准,可以得出不同的 VPN 类型。

(1) 按照业务用途划分,可分为 Access VPN、Intranet VPN、Extranet VPN。

(2) 按照运营模式划分,可分为 CPE-Based VPN、Network-Based VPN。

(3) 按照组网模式划分,可分为 VPDN、VPRN、VLL、VPLS。

(4) 按照网络层次划分,可分为 Layer 1 VPN、Layer 2 VPN、Layer 3 VPN。

2. VPN 的网络结构

VPN 的网络结构一般可归纳为两种,即远程访问 VPN 和路由器到路由器 VPN。

(1) 远程访问 VPN

远程访问 VPN 可以使主机(如远程工作用户、移动办公用户和外联网用户)通过公用网络安全访问公司局域网内部的网络资源。远程访问 VPN 网络结构如图 12.4 所示。每台主机都安装了 VPN 客户端软件或居于 Web 客户端。

远程用户可以采用多种接入方式(如 ISDN、DSL 和小区宽带等)接入到本地的 ISP,然后 VPN 软件利用与本地 ISP 建立的连接,在用户和企业 VP 服务器之间创建一个跨越公用网络的虚拟专用网络。

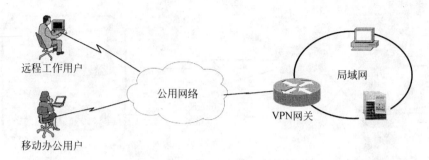

图 12.4　远程访问 VPN 网络结构

（2）路由器到路由器 VPN

图 12.5 所示为标准的路由器到路由器 VPN 网络结构，其中 VPN 网关即 VPN 路由器。这种结构可以使两个通过公用网络互联的局域网，像一个局域网内的两个子网一样，共享对方的网络资源。

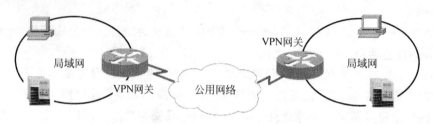

图 12.5　路由器到路由器 VPN 网络结构

3. 隧道技术

隧道（Tunneling）技术是 VPN 的核心，类似于点对点连接技术，是在公用网络中建立一条数据通到（隧道），让数据通过这条隧道传输。

使用隧道传递的数据可以是不同协议的数据帧或包。隧道协议将这些其他协议的数据帧或包重新封装在新的包头中发送。新的包头提供了路由信息，从而使封装的负载数据能够通过公用网络传递。被封装的数据在隧道的两个端点之间通过公用网络进行路由，而被封装的数据在公用网络上传递时所经过的逻辑路径被称为隧道。被封装的数据一旦到达网络终点，数据将被解包并转发到最终目的地。隧道技术是指包括数据封装、传输和解包在内的全过程。

VPN 客户机和服务器使用隧道协议来传输数据和管理隧道。目前，常用的隧道协议有 PPTP、L2TP、IPSec、GRE 和 MPLS 协议的 VPN。其中，PPTP 和 L2TP 属于第二层隧道协议，IPSec、GRE 和 MPLS 协议的 VPN 是第三层隧道协议。第二层隧道协议对应数据链路层，使用帧作为数据传输单位，PPTP 和 L2TP 都是将数据封装在点对点协议帧中通过 Internet 发送。第三层隧道协议对应网络层，使用包作为数据传输单位。VPN 隧道的概念如图 12.6 所示。

图 12.6 中的步骤如下：

（1）PC1 生成一个分组，将自己的 IP 地址 192.168.1.9 用作源地址，并将服务器 S1 的 IP 地址 192.168.2.9 用作目标地址。然后，PC1 将该分组发送到默认网关 Bo1。

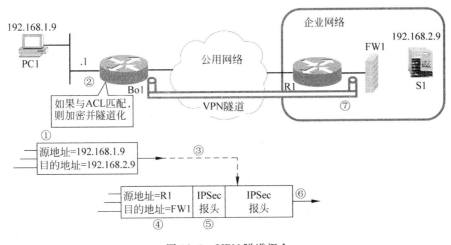

图 12.6　VPN 隧道概念

（2）当路由器 Bo1 试图将该分组转发到 Internet 时，它的逻辑要求检查一个 ACL。该 ACL 允许通过的所有分组都将通过隧道传输。在这里，所有前往企业网络使用的私有网络 192.168.1.0/24 的分组被允许通过。

（3）路由器 Bo1 将分组加密，以防分组通过 Internet 传输时被人读取其数据。

（4）路由器 Bo1 添加一个安全报头（如 IPSec 报头），这旨在帮主接收方接密分组并知道该分组来自可信任的路由器。

（5）路由器 Bo1 添加一个新的 IPv4 报头，并将自己的公有 IP 地址用作源地址，将隧道另一端的公有 IPv4 地址用作目标地址。在这里，目标地址为防火墙 FW1 的公有 IPv4 地址。

（6）路由器 Bo1 将分组转发到 Internet，而 Internet 中的各种路由器再将分组转发到 FW1 的公有 IPv4 地址。

（7）防火墙 FW1 通过拆封和解密得到（1）描述的原始分组，并将其转发到服务器 S1。

通过隧道化，仿佛分支机构路由器和企业网络防火墙之间有一条点到点链路。

12.2.3　分支机构的路由选择

1. 小型分支机构的路由选择

图 12.1 所示的小型分支机构只有到 Internet 的 WAN 连接，这样的分支机构好像无须关系路由。然而，当增加从分支机构到企业核心网络的 IPSec 隧道后，分支机构必须做出一种路由决策：通过隧道传输分组还是对其执行 NAT 并发送给 ISP。这两种措施都导致分组传输到 ISP，但前者让分组能够使用私有 IP 地址成功进入企业核心，而后者对分组进行 NAT 并转发到某个 Internet 公有地址。

图 12.7 所示说明了这种路由决策，这里的分支机构路由器为 Bo1。主机 PC1 打开了两个窗口，一个使用基于 Web 的应用程序访问企业核心网络的服务器，而另一个是 Web 浏览器窗口，它连接到用户喜欢的公共网站。其步骤如下：

（1）PC1 发送一个分组，其目标地址为企业服务器的 IP 地址 $10.\times.\times.\times$。

（2）Bo1 发现目标地址位于范围 10.0.0.0/8 内，因此决定使用 IPSec 隧道来传输它。和图 12.6 所示的封装一样，而原始分组被转发到企业核心网络。

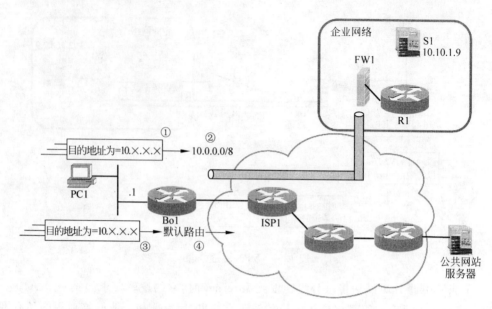

图 12.7　通过 IPSec 隧道还是 Internet 进行传输

（3）PC1 发送另一个分组，其目标地址是一台公共 Web 服务器的公有 IP 地址。

（4）路由器发现该分组不与其 IPSec ACL 匹配，因此对其执行 NAT 并将其转发到 Internet 连接。

2. 大中型分支机构的路由选择

大中型分支机构除 Internet 连接外，还有一条到企业核心的专用 WAN 连接，因此分次机构需要做出这样的决策：在什么情况下使用专用连接，在什么情况下使用 Internet 连接。同样，企业核心路由器也需要做出有关如何将分组转发到分支机构的决策。

在分支机构路由器上，可采用两种方法：使用静态路由和 IGP。静态路由可用于通过专用连接和 IPSec 隧道来传输数据流。然而，IPSec 不支持 IGP，这是因为 IPSec 隧道本身不能转发 IPv4 多播。为克服这种限制，可使用运行在 IPSec 隧道之上的 GRE 隧道。GRE 通过将多播分组封装在单播分组中来支持多播，因此支持 IGP。

在大中型分支机构配置运行在 IPSec 隧道之上的 GRE 隧道后，从路由的角度看，分支机构将有两条前往企业网络其他部分的第三层路径：从 GRE 隧道接口离开和从专用 WAN 接口离开。在每个接口上都可运行 IGP，让分支机构能够使用 IGP 来选择最佳路经。如图 12.8 所示，它有一台分支机构路由器、一条专用线和一条穿越 Internet 的 GRE 隧道。

在这里，分支机构路由器 Bo1 的静态路由和 GRE 获悉的路由有两个出站接口可供选择：接口 S 0/0（专用线）和接口 Tunnel 0（GRE 隧道）。当分组到达后，如果 Bo1 决定将其从接口 Tunnel 0 转发出去，则下一步将触发 GRE 隧道逻辑—对分组进行封装。该分组与 IPSec ACL 匹配，这将触发 IPSec 过程，然后便可通过 Internet 传输 IPSec 生成的分组。

（1）使用浮动静态路由

浮动静态路由是使用 ip route 命令配置的静态路由，默认 AD 值为 1。当静态路由的 AD 很大时，路由器可能认为其他前往同一个前缀的路由更好。例如，如果 GRE 获悉了一条路由，则它前往静态路由指定的前缀，路由器将不会使用 AD 更大的静态路由，而使用动

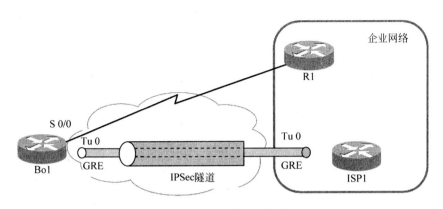

图 12.8 大中型分支机构路由

态获悉的 AD 更小的路由。如果动态获悉的路由失效,则路由器将把静态路由重新加入 IP 路由表。

分支机构路由器可使用浮动静态路由将企业数据流转发到 Internet,但仅在 IGP 获悉的经由专用连接的路由失效时才使用该路由。通常,分支机构将 Internet 连接用作专用链路的备用连接。为实现这样的设计,分支机构路由器可使用一条穿越 Internet 的浮动静态路由,但仅在 IGP 获悉的经由专用链路的路由失效时才使用它。例如,在图 12.8 中,路由器 Bo1 可在专用线上运行 EIGRP,并配置一条前往 10.0.0.0/8 的路由,它将数据流转发到 Internet。路由器 Bo1 首选 EIGRP 获悉的前往 10.0.0.0/8 的路由(其 AD 为 90),直到这条经由接口 S 0/0 的路由失效。

注意:当使用浮动静态路由时,不需要 GRE 隧道,因为路由器无须在到 Internet 的连接上运行 IGP。

(2)动态路由

如果网络设计师认为分支机构路由器应使用两条前往企业核心的路径,则可采用一种简单的解决方案:在专用 WAN 连接和 GRE 隧道上都运行 IGP。在图 12.8 中,可在分支机构路由器 Bo1 的接口 S 0/0 和 Tu 0 上都启用 EIGRP。然后,便可使用所有常规工具来操纵最佳路由的选择,这包括调整度量值以及配置影响负载均衡的偏差(Variance)。

12.2.4 配置 VPN

1. 配置 IPSec VPN

IPSec 通过 IP 分组交换网络提供安全服务,它支持身份验证、访问控制、加密功能,并能保证数据的机密性、完整性。

IPSec VPN 配置命令如下:

(1)确保访问控制列表与 IPSec、IKE 的兼容性。

IKE 使用 UDP 端口号 500,IPSec 中的 ESP 和 AH 协议分别使用协议号 50 和 51。在使用时,必须确保相关通信不被阻塞。

(2)设置 IPSec SA 的全局生命期。

```
router(config-if)#crypto ipsec security-association lifetime seconds seconds
router(config-if)#crypto ipsec security-association lifetime kilobytes kilobytes
```

SA 有两个生命期,一个是基于时间的,一个基于流量的。当其中一个过期时,SA 就过期了。新设定的生命期不会对当前已有的 SA 生效,这些生命期只对由 IKE 协商生成的 SA 有效,而手工配置的 SA 不会过期。

(3)创建访问控制列表来定义受保护的流量。

router(config)# **access-list** *access-list-number* {**deny**|**permit**}**protocol source** *source-wildcard* **destination** *destination-wildcard*[*log*]

或者

router(config)# **ip access-list extended** *name*

(4)创建 IPSec 交换集并进入交换集配置模式。

在发起 SA 时,两个对等端之间协商交换集。对于手工设定,只能定义一种交换集。如果使用 IKE 协商 SA,则可以在一个 crypto map 中定义多个交换集。

router(config)# **crypto ipsec transform-set transform-set-name** *transform1* [*transform2* [*transform3*]]

其中,transform-set-name 是创建的交换集的名字。用户能够选择 3 种交换,具体取值如下:Transform1 的取值及含义见表 12.1。

表 12.1 Transform1 的取值及其含义

加密机制	取 值	含 义
AH HMAC 变换	ah-md5-hmac	使用 AH 封装方法,并用 MD5 算法作为 HMAC 生成算法
	ah-sha-hmac	使用 AH 封装方法,并用 SHA 算法作为 HMAC 生成算法
ESP 加密变换	esp-des	使用 ESP 封装方法,并使用 DES 算法作为 IP 数据包的加密算法
	esp-3des	使用 ESP 封装方法,并使用 3DES 算法作为 IP 数据包的加密算法
	esp-null	使用 ESP 封装方法,并使用空算法作为 IP 数据包的加密算法

Transform2 的取值定义了 EP 验证变换。

① ah-md5-hmac:使用 AH 封装方法,并用 MD5 算法作为 HMAC 生成算法。

② ah-sha-hmac:使用 AH 封装方法,并用 SHA 算法作为 HMAC 生成算法。

Transform3 的取值定义了 IP 压缩变换。

(5)选择交换集的模式。

router(cfg-crypto-tran)# **mode** [*tunnel* | *transport*]

IPSec 有两种工作模式,即 Tunnel 和 Transport。其中,Tunnel 模式是默认情况,用来保护整个 IP 数据报,整个 IP 包都需封装到另一个 IP 数据报里,同时在外部与内部 IP 头之间插入一个 IPSec 头。

(6)退出交换集配置模式。

router(cfg-crypto-tran)# **exit**

(7)手工设定 SA 的流程。

创建一个 cryptomap 项的命令如下:

router(config)# **crypto map** *map-name* **seq-num** *ipsec-manual*

指定本安全策略(即 crypto map 项)所引用的访问控制列表的命令如下:

router(config-crypto-m)♯ **match address** *access-list-id*

设置对端的地址的命令如下:

router(config-crypto-m)♯ **set peer** 〈*hostname* ｜ *ip-address*〉

SA 指明了两个端点之间的单工连接,ip-address 是对方端点(通常是 VPN 隧道端点的网关)的接口 IP 地址,hostname 则是该 IP 地址的相应的主机域名。

指定要使用的交换集的命令如下:

router(config-crypto-m)♯ **set transform-name** 〈*transform-set-name*〉

设定 AH 和 ESP 协议的 SPI 和密钥的命令如下:

router(config-crypto-m)♯ **set session-key** *inbound ah* ｜ *esp spi hex-key-string*
Router(config-crypto-m)♯ **set session-key** *outbound ah* ｜ *esp spi hex-key-string*

其中,spi 是安全参数标识号,它唯一地标识一个 SA。如果一个 SA 的对端地址、安全协议与另一个相同,则两者的 spi 必须不同,这里的安全协议是 AH 或 ESP。hex-key-string 是指会话密钥,以十六进制的形式表示。当它用于交换集中的 DES 算法时,长度为 8 个字节;当它用于交换集中的 MD5 算法时,长度为 16 个字节;当它用于交换集中的 SHA 算法时,长度为 20 个字节。

退出 crypto map 配置模式的命令如下:

router(config-crypto-m)♯ exit

(8)将 crypto map 应用到路由器接口,命令如下:

router(config-if)♯ **crypto map** *map-name*

(9)启动 IKE,命令如下:

router(config)♯ **crypto isakmp enable**

(10)创建 IKE 策略。

定义一个策略的命令如下:

router(config)♯ **crypto isakmp policy** *policy*

每个策略都有唯一的优先级(1~10000),IKE 从最低到最高按顺序进行匹配。

定义加密算法,该算法用于处理 IKE 报文而非用户数据,命令如下:

router(config-isakmp)♯ **encryption** 〈*des* ｜ *3des*〉

定义散列算法,该算法用于处理 IKE 报文而非用户数据,命令如下:

router(config-isakmp)♯ **hash** 〈*sha* ｜ *md5*〉

定义认证算法的命令如下:

router(config-isakmp)♯ **authentication** 〈*rsa-sig* ｜*rsa-encr*｜ *pre-share*〉

选择 diffie-Hellman 组的命令如下：

router(config-isakmp) # **group** {*1* | *2*}

定义安全关联的生命期的命令如下：

router(config-isakmp) # **lifetime** *seconds*

退出 IKE 策略配置模式的命令如下：

router(config-isakmp) # **exit**

(11) 配置欲共享密钥，命令如下：

router(config) # **crypto isakmp key** {*0* | *6*} *keystring* {**address** *peer-address* | **hostname** *peer-hostname*}

其中，0 与 6 分别表示以明文和密文的形式表示密钥字符串。密钥字符串通过 peer-address 或者 peer-hostname 来标识，两个对等端的密钥字符串必须相同。

2. 配置 GRE

通用路由封装协议(Generic Routing Encapsulation，GRE)是对某些网络层协议(如 IP 和 IPX)的数据报进行封装，使其能够在另一个网络层协议(如 IP、IPX)中的传输，该网络层可以与被封装数据采用的网络层协议相同或不同。GRE 是 VPN 的第三层隧道协议，在路由器之间采用一种隧道技术，在被传输的数据报上加一层 IP 数据报报头，在 IP 网络构成的隧道中传输。但是，GRE 本身的安全性比较低。

GRE 的工作过程主要分为封装与解封两个过程。

(1) 创建虚拟 Tunnel 接口并进入接口配置模式。

router(config) # **interface tunnel** *number*

其中，number 为 Tunnel 端口号，通过创建虚拟 Tunnel 接口，路由器就可以将需要进行隧道处理的数据包路由到 Tunnel 接口。

(2) 配置 Tunnel 接口两端的地址。

设置 Tunnel 端口的源地址，命令如下：

router(config-if) # **tunnel source** {*ip-address* | *type number*}

其中，ip-address 为 tunnel 端口的源地址，事先已配置的一物理端口的 IP 地址。

设置 Tunnel 端口的目的地址，命令如下：

router(config-if) # **tunnel destination** {*hostname* | *ip-address*}

其中，ip-address 为 Tunnel 端口的目的地址，事先已配置的一物理端口的 IP 地址；type number 是物理接口的接口类型和接口号，如 Fa 0/0。

(3) 设置隧道模式。

router(config-if) # **tunnel mode** {*aurp* | *cayman* | *dvmrp* | *eon* | *gre ip* | *nos*}

(4) 分配网络地址或桥接参数。

router(config-if) # **ip address** {*ip-address*}

给隧道接口配置网络地址或其他协议参数。

（5）配置 Tunnel 接口使用校验。

router(config-if)#**tunnel checksum**

在默认情况下，隧道不执行任何数据完整性检查。通过此命令可以计算隧道分组的校验码，如果不正确就丢失分组。

（6）配置隧道验证密钥。

router(config-if)#**tunnel key** *key-number*

在默认情况下，隧道两端不执行密钥验证，如果启用则隧道两端必须匹配。

（7）丢弃失序的分组。

router(config-if)#**tunnel** *sequence-datagrams*

为了支持要求分组依次到达的传输协议，可以进行配置使隧道丢弃失去顺序的分组。

（8）测试网络连通性。

router#ping　＜hostname/ip-address＞

其中，hostname/ip-address 为测试指定的主机名或 IP 地址。

（9）显示当前的系统路由表。

router#show ip route

3. 配置 MPLS VPN

多协议标签交换（Multi-Protocol Label Switching，MPLS）是为提高路由器转发速度而提出的，它属于第三代网络架构，是新一代的 IP 高速骨干网络标准。这种技术兼有基于第二层交换的分组转发技术和第三层路由选择技术的优点。

其配置命令如下：

（1）激活 Cisco 快速转发功能。

router(config)#**ip cef** [*distributed*]

激活 Cisco 快速转发（CEF）是唯一使用转发信息库的第三层交换机制，必须在所有运行 MPLS 的路由器上启动 CEF。

（2）启动 MPLS 转发功能。

router(config)#**mpls ip**
router(config-if)#**mpls ip**

在全局模式和接口模式下，都要启动 MPLS 转发功能。

为使 MPLS 在网络中正确、安全运行，必须在核心路由器之间的所有链路上启用 MPLS，并在核心路由器和任何不安全设备（外部网络或客户路由器）之间的链路上禁用 MPLS。

（3）选择标签分发协议。

router(config)#**mpls label protocol** {*ldp*|*tdp*}

其中,ldp(label distribution protocol)是标签分发协议,它是 IETF 标准标签分发协议; tdp(tage distribution protocol)是标记分发协议,它是 Cisco 路由器的专用协议。

router(config-if) # **mpls label protocol** {*ldp*|*tdp*|*both*}

这是接口上指定的标签分发协议。

(4) 控制标签分发的行为。

router(config) # **mpls ldp advertise-labels** [*for prefix-access-list* [*to peer-access-list*]]

在默认情况下,系统向所有 LDP 邻居分发所有目的标签。prefix-access-list 指出分发标签的目的地,peer-access-list 指出应该接收标签通告的 LDP 邻居。

12.3 方 案 设 计

当学校分部接入校本部网络时,都要穿过 Internet,这时容易受到网络黑客的攻击,给数据带来安全隐患。为了让学校分部的数据安全穿过 Internet,可以采用虚拟专用网技术。

12.4 项 目 实 施

12.4.1 项目目标

通过本项目的完成,使学生掌握以下技能。
(1) 能够配置路由器的名称、控制台口令、超级密码。
(2) 能够配置路由器各接口地址。
(3) 能够配置路由器的动态路由 OSPF 协议。
(4) 能够配置默认静态路由。

12.4.2 实训任务

在实训室或 Packet Trace 中搭建图 12.9 所示的网络拓扑来模拟完成本项目,将 4 台计算机连接到交换机上再连接到路由器上,使用 OSPF 动态路由协议实现 3 个校区网络的联通,并完成如下的配置任务。
(1) 配置路由器的名称、控制台口令、超级密码。
(2) 配置路由器各接口地址。
(3) 配置路由器的动态路由 OSPF 协议。
(4) 配置默认静态路由。

12.4.3 设备清单

为了搭建图 12.9 所示的网络环境,需要如下的网络设备。
(1) Cisco 2811 路由器(3 台)。
(2) Cisco Catalyst 2960 交换机(2 台)。
(3) PC(2 台)。

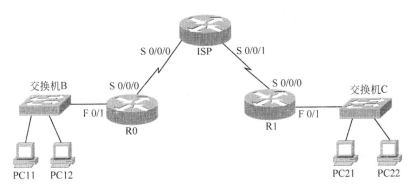

图 12.9　VPN 网络拓扑

（4）双绞线（若干根）。

（5）反转电缆（2根）。

12.4.4　实施过程

步骤1：规划设计。

（1）规划各路由器名称，各接口 IP 地址、子网掩码见表12.2。

表 12.2　路由器名称、接口 IP 地址、子网掩码

部　门	路由器名称	接　口	IP 地　址	子网掩码	描　　述
ISP	ISP	S 0/0/0	172.16.3.1	255.255.255.252	Router B-S 0/0/0
		S 0/0/1	192.168.10.9	255.255.255.252	Router C-S 0/0/0
校本部	R0	S 0/0/0	172.16.3.2	255.255.255.252	Router A-S 0/0/0
		F 0/0	172.16.1.1	255.255.255.0	LAN 172.1
分校区	R1	S 0/0/0	192.168.10.10	255.255.255.252	Router A-S 0/0/1
		F 0/0	192.168.1.1	255.255.255.0	LAN 192.1

（2）规划各计算机的 IP 地址、子网掩码和网关具体参数见表12.3。

表 12.3　计算机的 IP 地址、子网掩码和网关

计算机	IP 地　址	子网掩码	网　关
PC11	172.16.1.10	255.255.255.0	172.16.1.1
PC21	192.168.1.10	255.255.255.0	192.168.1.1

步骤2：实训环境准备。

（1）在路由器、交换机和计算机断电的状态下，连接硬件。

（2）给各设备供电。

步骤3：设置各计算机的 IP 地址、子网掩码、默认网关。

步骤4：清除各路由器配置。

步骤5：测试网络连通性。

使用 ping 命令分别测试 PC11、PC21 这2台计算机之间的连通性。

步骤6：配置路由器 ISP、r0、r1 的主机名和各接口的 IP 地址（略）。

步骤 7：查看各路由器的路由表（略）。

步骤 8：配置路由器采用静态路由或静态路由，使校分部和校本部的网络互联互通。

步骤 9：配置 GRE VPN。

（1）配置校本部路由器 R0。

r0(config)＃**int tunnel** *0*

r0(config-if)＃

%LINK-5-CHANGED：Interface Tunnel 0，changed *state to up*

r0(config-if)＃*tunnel source* serial 0/3/0

r0(config-if)＃**tunnel destination** *172.16.3.1*

r0(config-if)＃

%LINEPROTO-5-UPDOWN：Line protocol on Interface Tunnel 0，changed state to up

r0(config-if)＃**ip address** *192.168.11.1 255.255.255.0*

r0(config-if)＃**exit**

（2）配置校分部路由器 R1。

r1(config)＃**int tunnel** *0*

r1(config-if)＃

%LINK-5-CHANGED：Interface Tunnel 0，changed state to up

r1(config-if)＃**tunnel source** *serial 0/3/0*

r1(config-if)＃**tunnel destination** *192.168.10.10*

%LINEPROTO-5-UPDOWN：Line protocol on Interface Tunnel 0，changed state to up

r1(config-if)＃

r1(config-if)＃**ip address** *192.168.11.2 255.255.255.0*

r1(config-if)＃exit

（3）查看 R0 和 R1 路由器的路由表。

① 查看校本部路由器 R0 的路由表。

r0＃**show ip route**

Codes：C-connected, S-static, I-IGRP, R-RIP, M-mobile, B-BGP

　　　　D-EIGRP, EX-EIGRP external, O-OSPF, IA-OSPF inter area

　　　　N1-OSPF NSSA external type 1, N2-OSPF NSSA external type 2

　　　　E1-OSPF external type 1, E2-OSPF external type 2, E-EGP

　　　　i-IS-IS, L1-IS-IS level-1, L2-IS-IS level-2, ia-IS-IS inter area

　　　　＊-candidate default, U-per-user static route, o-ODR

　　　　P-periodic downloaded static route

Gateway of last resort is not set

　　　172.16.0.0/24 is subnetted, 2 subnets

C　　　172.16.1.0 is directly connected, FastEthernet 0/0

C　　　172.16.3.0 is directly connected, Serial 0/3/0

S　　192.168.1.0/24 [1/0] via 172.16.3.1

S　　192.168.10.0/24 [1/0] via 172.16.3.1

C　　192.168.11.0/24 is directly connected, Tunnel 0

r0＃

② 查看校分部路由器 R1 的路由表。

```
r1#show ip route
Codes: C-connected, S-static, I-IGRP, R-RIP, M-mobile, B-BGP
       D-EIGRP, EX-EIGRP external, O-OSPF, IA-OSPF inter area
       N1-OSPF NSSA external type 1, N2-OSPF NSSA external type 2
       E1-OSPF external type 1, E2-OSPF external type 2, E-EGP
       i-IS-IS, L1-IS-IS level-1, L2-IS-IS level-2, ia-IS-IS inter area
       *-candidate default, U-per-user static route, o-ODR
       P-periodic downloaded static route

Gateway of last resort is not set

     172.16.0.0/24 is subnetted, 2 subnets
S       172.16.1.0 [1/0] via 192.168.10.9
S       172.16.3.0 [1/0] via 192.168.10.9
C     192.168.1.0/24 is directly connected, FastEthernet 0/0
C     192.168.10.0/24 is directly connected, Serial 0/3/0
C     192.168.11.0/24 is directly connected, Tunnel 0
r1#
```

（4）查看 Tunnel 端口状态。

```
r0#show interfaces tunnel 0
Tunnel0 is up, line protocol is up (connected)
  Hardware is Tunnel
  Internet address is 192.168.11.1/24
  MTU 17916 bytes, BW 100 Kbit/sec, DLY 50000 usec,
      reliability 255/255, txload 1/255, rxload 1/255
  Encapsulation TUNNEL, loopback not set
  Keepalive not set
  Tunnel source 172.16.3.2 (Serial 0/3/0), destination 172.16.3.1
  Tunnel protocol/transport GRE/IP
    Key disabled, sequencing disabled
    Checksumming of packets disabled
  Tunnel TTL 255
  Fast tunneling enabled
  Tunnel transport MTU 1476 bytes
  Tunnel transmit bandwidth 8000 (kbps)
  Tunnel receive bandwidth 8000 (kbps)
  Last input never, output never, output hang never
  Last clearing of "show interface" counters never
  Input queue: 0/75/0/0 (size/max/drops/flushes); Total output drops: 1
  Queueing strategy: fifo
...
r0#
```

（5）打开 Debug 功能（在模拟器中不支持），在 PC 上执行 ping 命令，并查看输出。

习　　题

一、选择题

1. 关于 GRE 隧道 Tunnel 接口的配置,以下说法正确的是(　　)。

   A. Tunnel 接口是一种逻辑接口,需要手工创建

   B. 在隧道两个端点路由器上为 Tunnel 接口指定的源地址必须相同

   C. 在隧道两个端点路由器上为 Tunnel 接口指定的目的地址必须相同

2. 指定 Tunnel 的源端为 10.1.1.2,应在 Tunnel 接口下使用命令(　　)。

   A. source address 10.1.12　　　　　　B. destination address 10.1.12

   C. source 10.1.12　　　　　　　　　　D. destination 10.1.12

二、简答题

1. 什么是 VPN?

2. 虚拟专用网络的基本用途有哪些?

3. 简述 VPN 的工作原理和隧道技术的基本思想。

模块四

管理网络环境

保护网络的重要任务之一是保护路由器和交换机。路由器是进入网络的网关,也是被攻击的目标。

网络管理员的职责是确保底层的通信基础设施能够支持目标和相关的应用。网络管理员还负责按照行业最佳实践管理网络中的每台设备并缩短设备的宕机时间。

通过本模块以下项目的实践,掌握如何在网络设备启用安全功能,以保护网络设备安全运行。

项目13　网络设备的安全保护

项目14　管理网络设备的 IOS 映像和配置文件

网络设备的安全保护

13.1　用　户　需　求

　　企事业单位的网络上都运行着 1 台或多台路由器,怎样才能最大限度地保护这些网络设备安全运行呢?

13.2　相　关　知　识

13.2.1　路由器安全问题

　　路由器安全性在网络的安全部署中至关重要,而网络攻击者不可能放过路由器。如果攻击者能够侵入并访问路由器,则整个网络都将面临威胁。了解路由器在网络中所扮演的角色,可以帮助了解路由器的漏洞所在。

　　1. 路由器在网络安全中的作用

　　在一个网络中,路由器扮演着以下角色。

　　(1) 路由器是内部网络和 Internet 之间的网关,可以过滤网络使用者。

　　(2) 路由器提供对网段和子网的访问。

　　Cisco 网络设备经常将其他 Cisco 设备网络作为网络邻居,而获悉这些设备的信息有助于做出网络设计决策、排除故障和更换设备。

　　2. 路由器是攻击目标

　　因为路由器是通往其他网络的网关,所以它们是明显的攻击目标,容易遭受各种各样的攻击。以下是可能威胁路由器的各种安全问题。

　　(1) 访问控制遭到破坏会暴露网络配置的详细信息,从而可以借此攻击其他网络组件。

　　(2) 路由表遭到破坏会降低网络性能,拒绝网络通信服务并暴露敏感数据。

　　(3) 错误配置的路由器流量过滤器会暴露内部网络组件,致使其被扫描到以及被攻击,并使攻击者更容易避开检测。

　　3. 保护网络安全

　　要确保网络安全,首先是为网络边界上的路由器提供安全保护。保护路由器安全需从以下方面着手。

　　(1) 物理安全

　　为确保物理安全,将路由器放置在上锁的房间内,且只允许授权人员进入该房间。此外,设备不能受到任何静电或电磁干扰,房间内的温度和湿度也需进行相应控制。为减少由于电源故障而导致的宕机,应安装不间断电源(UPS)并储备备用组件。

　　用于连接路由器的物理设备应该放置在上锁的设备间内,或者交由可信人员保管,以免设备遭到破坏；不加保护的设备容易被装上特洛伊木马或其他类型的可执行文件。

（2）随时更新路由器 IOS

尽可能为路由器安装大容量的内存。大容量内存有助于抵御某些 DoS 攻击，而且可以支持尽可能多的安全服务。

操作系统的安全功能随时间的推移而不断发展。但是，最新版本的操作系统可能不是最稳定的版本。要使操作系统具有最佳安全性能，应使用能够满足用户网络需要的最新稳定版本。

（3）备份路由器配置和 IOS

确保手头始终拥有配置文件和现有 IOS 映像的备份副本，以便应对路由器发生故障的情况。在 TFTP 服务器上，妥善保存路由器操作系统映像和路由器配置文件的副本，以作备份之用。

（4）加固路由器以避免未使用端口和服务遭到滥用

尽可能加强路由器的安全性。在默认情况下，路由器上启用了许多服务。其中，许多服务都没有必要，而且还可能被攻击者利用来收集信息或进行探查，因此，应该禁用不必要的服务以加强路由器配置的安全性。

13.2.2　将 Cisco IOS 安全功能应用于路由器

在路由器进行配置安全功能前，需要规划 Cisco IOS 安全配置步骤。保护路由器的步骤如下：

（1）管理路由器安全。确保基本路由器安全的方法之一是配置路由器口令。强口令是控制安全访问路由器的最基本要素，因此应该始终配置强口令。

（2）保护对路由器的远程管理访问。对于需要管理许多设备的管理员来说，远程管理访问比本地访问更加方便。但是，如果执行方式不够安全，则攻击者可能会从中收集到宝贵的机密信息。例如，使用 Telnet 执行远程管理访问就非常不安全，因为 Telnet 以明文方式发送所有网络流量。攻击者可以在管理员远程登录到路由器时捕获网络流量，并嗅探到管理员口令或路由器配置信息。因此，必须使用附加的安全防范措施来配置远程管理访问。

要保护到路由器和交换机的管理访问，首先需要保护管理线路（VTY、AUX），然后还需要配置网络设备在 SSH 隧道中加密流量。

（3）使用日志记录路由器的活动。日志可用于检验路由器是否工作正常或路由器是否已遭到攻击。在某些情况下，日志能够显示出企图对路由器或受保护的网络进行的探测或攻击的类型。

（4）保护易受攻击的路由器服务和接口。Cisco 路由器支持第 2、3、4 和 7 层上的大量网络服务。其中，部分服务属于应用层协议，用于允许用户和主机进程连接到路由器。其他服务则是用于支持传统或特定配置的自动进程和设置，这些服务具有潜在的安全风险。同时，可以限制或禁用其中某些服务以提升安全性，且不会影响路由器的正常使用。路由器上应通过部署常规安全措施，以便仅为网络所需的流量和协议提供支持。

（5）保护路由协议。作为网络管理员，必须意识到路由器遭受攻击的可能性与最终用户系统不相上下。任何使用数据包嗅探器（例如 Wireshark）的人都可以读取路由器之间传播的信息。

RIPv2、EIGRP、OSPF、IS-IS 和 BGP 都支持各种形式的 MD5 验证。

（6）控制并过滤网络流量。使用 ACL 可以过滤（允许或拒绝）某种类型的网络的流量。

注：（1）、（2）也适用于交换机。

下面以路由器为例，重点介绍确保网络设备进行远程访问的安全措施。

网络管理员可以从本地或远程连接到路由器或交换机。管理员倾向于通过本地连接控制台端口来管理设备，因为此方法的安全性更高。随着企业规模的扩大和网络中路由器和交换机数量的增加，本地连接到所有设备的工作量将变得极大，管理员难以承受。

要保护到路由器和交换机的管理访问，首先需要保护管理线路（VTY、AUX），然后还需要配置网络设备在 SSH 隧道中加密流量。

1. 使用 Telnet 和 SSH 进行远程管理访问

远程访问网络设备对于网络管理效率而言至关重要。远程访问通常指与路由器处于相同网际网络的计算机通过 Telnet、安全外壳（SSH）、HTTP、安全 HTTP（HTTPS）或 SNMP 连接到路由器。

如果需要远程访问，则可以选择以下两种方式。

（1）建立专用管理网络。管理网络应该仅包括经过标识的管理主机和到基础设备的连接，故可以通过使用管理 VLAN 或连接到这些设备的附加物理网络来实现管理网络。

（2）加密管理员计算机与路由器之间的所有流量。无论哪种情况，都可以将数据包过滤器配置为仅允许标识的管理主机和协议访问路由器。例如，仅允许管理主机 IP 地址发起到网络中路由器的 SSH 连接。

远程访问不仅适用于路由器的 VTY 线路，也适用于 TTY 线路和辅助（AUX）端口。TTY 线路通过调制解调器提供到路由器的异步访问。

保护系统的最佳方法是确保在所有线路（包括 VTY、TTY 和 AUX 线路）上应用适当的控制措施。

管理员应该使用身份验证机制确保所有线路上的登录都在控制之下，即便是来自不受信任的网络、被认定无法进行访问的计算机也不例外。这对 VTY 线路以及连接到调制解调器或其他远程访问设备的线路尤其重要。

在路由器上配置 login 和 no password 命令可以完全禁止线路上的登录。这是 VTY 的默认配置，但 TTY 和 AUX 端口的默认设置并不是这样。因此，如果不需要使用这些线路，则务必在其上配置 login 和 no password 命令。

```
router(config)# line aux 0
router(config-line)# no password
router(config-line)# login
router(config-line)# end
```

2. 控制 VTY

在默认情况下，所有 VTY 线路都配置为可以接受任何类型的远程连接。出于安全原因，VTY 线路应该配置为仅接受实际所需协议的连接，这可通过 transport input 命令来实现。例如，如果希望 VTY 仅接受 Telnet 会话，则可以配置 transport input telnet 命令；如果希望 VTY 接受 Telnet 和 SSH 会话，则可以配置 transport input all 命令。

```
router(config)# line vty 0 4
```

```
router(config-line)# no transport input
router(config-line)# transport input ?
    all      All protocols              //接受 Telnet 和 SSH 连接
    none     No protocols               //都不接受
    ssh      TCP/IP SSH protocol        //接受 SSH 连接
    telnet   TCP/IP Telnet protocol     //接受 Telnet
router(config-line)# end
```

Cisco IOS 设备上的 VTY 线路有限,通常是 5 条。当所有的 VTY 线路都在使用时,将无法建立更多的远程连接,这为 DoS 攻击创造了机会。如果攻击者可以打开到系统上所有 VTY 的远程会话,那么就可能导致合法的管理员无法登录,结果攻击者不必登录即可实现攻击。

避免这类攻击的方法通常有以下两种。

(1) 将最后一条 VTY 线路配置为仅接受来自某特定管理工作站的连接,而其他 VTY 则可以接受来自企业网络中任意地址的连接。这样,可以确保管理员始终可以使用最后一条 VTY 线路。为此,必须在最后一条 VTY 线路上配置 ACL,并使用 ip access-class 命令。

假设,配置只允许来自子网 192.168.1.0 的用户能使用第 5 条 VTY 线路。

```
router(config)# access-list 11 permit 192.168.1.0 0.0.0.255
router(config)# access-list 11 deny any
router(config)# line vty 4
router(config-line)# login
% Login disabled on line 70, until 'password' is set
router(config-line)# password cisco123455
router(config-line)# access-class 11 in
router(config-line)# end
```

(2) 使用 exec-timeout 命令配置 VTY 超时。这样,可以防止空闲会话无止境地消耗 VTY。尽管这种方法防御蓄意攻击的能力相对有限,但它有助于应对意外处于空闲的会话。类似地使用 service tcp-keepalive-in 命令对传入连接启用 TCP keepalive 有助于抵御恶意攻击和由于远程系统崩溃而造成的"孤儿会话"。

```
router(config)# line vty 0 4
router(config-line)# exec-timeout 3
router(config-line)# exit
router(config)# service tcp-keepalive-in
```

3. 采用 SSH 保护远程管理访问

以前,人们使用 Telnet 通过 TCP 端口 23 配置路由器远程管理访问。但是,当 Telnet 被开发出时还不存在网络安全威胁,因此所有 Telnet 流量都以明文形式发送。

SSH 已取代 Telnet 成为执行远程路由器管理的最佳做法。SSH 连接能够加强隐私性和会话完整性。SSH 使用 TCP 端口 22,并使用身份验证和加密在非安全网络中进行安全通信。

并非所有 Cisco IOS 映像都支持 SSH,只有加密映像才支持 SSH。通常,此类映像的名称中包含映像 IDk8 或 IDk9。

利用 SSH 终端线路访问功能,管理员能够为路由器配置安全访问并执行以下操作。

(1) 连接到一台通过多条终端线路与其他路由器、交换机和设备的控制台端口或串行端口相连的路由器。

（2）通过安全连接到特定线路上的终端服务器,简化从任意位置到路由器的连接。

（3）允许使用连接到路由器的调制解调器进行安全拨号。

（4）要求使用本地定义的用户名和口令或者安全服务器(例如 TACACS＋或 RADIUS 服务器)对每条线路进行身份验证。

Cisco 路由器能够充当 SSH 客户端和服务器。在默认情况下,当启用 SSH 时,路由器自动启用这两项功能。作为客户端,路由器可以通过 SSH 连接到另一台路由器;作为服务器,路由器可以接受来自 SSH 客户端的连接。

4. 配置 SSH 安全功能

要在路由器上启用 SSH,必须配置以下参数。

（1）主机名。

（2）域名。

（3）非对称密钥。

（4）本地身份验证。

可选配置参数包括以下两个。

（1）超时时间。

（2）重试次数。

在路由器上配置 SSH 的步骤如下。

步骤 1:设置路由器参数。

在配置模式下,使用 hostnamehostname 命令配置路由器主机名。

router(config)♯ **hostname** *r1*

步骤 2:设置域名。

必须设置有域名才可启用 SSH。在本例中,在全局配置模式下,使用 ip domain-name cisco.com 命令进行设置。

r1(config)♯ **ip domain-name** *cisco.com*

步骤 3:生成非对称密钥。

在配置模式下,使用 crypto keygenerate rsa 命令创建密钥,以便路由器用来加密其 SSH 管理流量。路由器会发回一条消息,告知密钥的命名约定。当其在 360～2048 范围内,为用户的一般用途密钥选择密钥系数的大小。选择大于 512 的密钥系数可能会花费几分钟时间。Cisco 建议系数长度不要小于 1024。需注意的是,较大的系数生成和使用都较耗时,但安全性更高。

```
r1(config)♯ crypto key generate rsa
The name for the keys will be: r1.cisco.com
Choose the size of the key modulus in the range of 360 to 2048 for your
    General Purpose Keys. Choosing a key modulus greater than 512 may take
    a few minutes.
How many bits in the modulus [512]: 1024
% Generating 1024 bit RSA keys, keys will be non-exportable...[OK]
r1(config)♯
```

步骤 4：配置本地身份验证和 VTY。

必须定义本地用户，并将 SSH 通信分配给 VTY 线路。

r1(config)＃**username** *shiyan14* **secret** *cisco123456*
r1(config)＃**line vty** *0 4*
r1(config-line)＃**no transport input**
r1(config-line)＃**transport input ssh**
r1(config-line)＃**login local**
r1(config-line)＃**end**
r1＃

步骤 5：配置 SSH 超时(可选)。

超时能够终止长时间不活动的连接，为连接提供额外的安全保护。使用 ip ssh time-out seconds ip ssh authentication-retriesinteger 命令启用超时和身份验证重试次数。将 SSH 超时设置为 15s，重试次数为 2 次。

r1(config)＃**ip ssh time-out** *15*
r1(config)＃**ip ssh authentication-retries** *2*

步骤 6：SSH 客户端连接。

要连接到配置了 SSH 的路由器，必须使用 SSH 客户端应用程序，例如，PuTTY 或 TeraTerm。同时，必须确保选择 SSH 选项并且 SSH 使用 TCP 端口 22。

使用 TeraTerm 通过 SSH 安全地连接到 R2 路由器，一旦发起连接，R2 将显示用户名提示符，然后显示口令提示符。如果提供了正确的凭证，则 TeraTerm 将显示路由器 R2 的用户执行模式提示符。

13.3 项 目 实 施

13.3.1 项目目标

通过本项目的完成，使学生掌握以下技能。

(1) 能够配置强口令。

(2) 能够进行复杂的 5 类加密的配置。

(3) 能够配置 SSH 远程登录。

(4) 配置确保为未使用的端口的安全。

13.3.2 实训任务

为了实现本项目，构建图 13.1 所示的网络实训环境，并完成如下的实训。

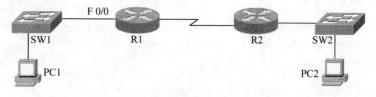

图 13.1 网络设备的安全保护

（1）在网络设备上设置强口令。

（2）配置 SSH 远程登录。

（3）配置未使用的接口。

13.3.3 设备清单

为了搭建图 13.1 所示的网络环境，需要如下的网络设备。

（1）Cisco 2811 路由器（2 台）。

（2）Cisco Catalyst 2960 交换机（2 台）。

（3）PC（2 台）。

（4）双绞线（若干根）。

13.3.4 项目实施

步骤 1：规划设计。

（1）规划各路由器名称，各接口 IP 地址、子网掩码见表 13.1。

表 13.1 路由器名称、接口 IP 地址、子网掩码

路由器名称	接　口	IP 地址	子网掩码	描　述
R1	F 0/0	192.168.10.1	255.255.255.0	SW1-F 0/1
	S 0/0/0	192.168.1.5	255.255.255.252	R2-S 0/0/0
R2	F 0/0	192.168.20.1	255.255.255.0	SW2-F 0/1
	S 0/0/0	192.168.1.6	255.255.255.252	R1-S 0/0/0

（2）规划各计算机的 IP 地址、子网掩码和网关，具体参数见表 13.2。

表 13.2 计算机的 IP 地址、子网掩码和网关

计算机	IP 地址	子网掩码	网　关
PC1	192.168.10.10	255.255.255.0	192.168.10.1
PC2	192.168.20.10	255.255.255.0	192.168.20.1

步骤 2：实训环境准备。

（1）硬件连接在路由器、交换机和计算机断电的状态下，按照图 13.1 连接硬件。

（2）分别打开设备，并给设备加电。

步骤 3：按照表 13.2 设置各计算机的 IP 地址、子网掩码和网关。

步骤 4：清除各网络设备配置。

步骤 5：配置路由器 R1 和 R2，并采用 OSPF 动态路由协议，使 PC1 和 PC2 之间连通。

步骤 6：配置口令。

（1）在路由器上加密所有的口令。

（2）复杂的 5 类加密。

（3）配置最短口令长度。

步骤 7：配置 SSH 远程登录。

该步骤参考前面内容。

步骤 8：配置交换机的远程管理地址。

步骤 9：配置到交换机 SSH 连接。

步骤 10：关闭交换机未使用的端口。

步骤 11：保存网络设备的配置文件。

步骤 12：删除网络设备的配置。

习　　题

一、选择题

1. 当进行远程路由器管理时，如果要求高度私密性和会话完整性，则应使用哪种协议？（　　）

  A. Telnet   B. SSH   C. HTTP   D. SNMP

2. 要确保进入交换机的 CLI 会话的安全，应使用下面哪两种方法？（　　）

  A. 禁用所有进入的 CLI 连接   B. 只使用 SSH

  C. 只使用 Telnet   D. 对 VTY 线路应用一个访问列表

二、简答题

1. 保护路由器通常需要进行哪几步的配置？

2. 路由器在网络安全中起什么作用？

三、实训题

在项目 3、项目 4、项目 6 中，应用安全功能保护路由器。

管理网络设备的 IOS 映像和配置文件

14.1 用户需求

当路由器启动并运行后,网络技术人员必须对路由器进行维护,主要包括备份和恢复网络设备的配置文件、清除配置信息和删除配置文件、升级或更换 IOS 以及恢复路由器的口令。

14.2 相关知识

14.2.1 发现网络中的邻居

Cisco 网络设备经常将其他 Cisco 设备网络作为网络邻居,而获悉这些设备的信息有助于做出网络设计决策、排除故障和更换设备。

1. Cisco 发现协议

Cisco 发现协议(CDP)是一种信息收集工具,网络管理员可以使用它来获取有关直接相连的 Cisco 设备的信息。

CDP 是 Cisco 的专用协议,利用 CDP 可以发现邻居设备的信息,定义了在邻接设备之间传递的用于发现信息的协议信息。但是,它只能够获取与当前 Cisco 设备直接相连的其他 Cisco 设备的协议和地质信息摘要。在图 14.1 中,R1 可以发现 SW1 和 R2 的信息,但不能发现 SW2 和 R3 的信息,同样 R2 可以发现 R1 和 SW2 的信息,但不能发现 SW1 和 R3 的信息。

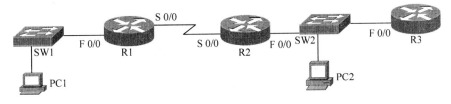

图 14.1 CDP 发现邻居

CDP 运行在数据链路层,独立于物理介质和高层协议(ULP),因此多台运行不同网络层协议(如 IP 和 Novell IPX)的 Cisco 网络设备(如路由器)能够彼此获悉对方的信息。

在默认情况下,当 Cisco 设备启动后,CDP 将启动,并自动发现运行 CDP 的邻接 Cisco 设备,而不管它们运行的是哪种协议簇。

2. 使用 CDP 获取的信息

路由器使用 CDP 发现信息是通过监听邻居设备发送的 CDP 通告实现的。当在接口上激活 CDP 后,路由器将不断地发送 CDP 通告,通告中包含了路由器要发送的信息,它由一

系列数据类型值(TLV)的数据单元(结构)构成,每个 TLV 代表了信息中的不同内容,如主机名、设备型号或通告送出的接口。

在默认情况下,图 14.1 中的所有路由器和交换机都会周期性发送 CDP 通告。CDP 将消息封装在数据链路层的头和尾中,不依赖于任何第三层协议,但数据链路层协议(如 Ethernet、HDLC、PPP 和帧中继)必须支持子网访问协议(SNAP)。

Cisco 的 IP 电话也是使用 CDP 与交换机之间进行通信的。

由于 IOS 版本的不同,故 CDP 有两个版本。在路由器上,从 IOS 12.0(T)开始支持 CDP V2。通过 CDP 学到的信息类型主要包括以下几种。

(1) 设备 ID(设备名)。

(2) 本地接口。

(3) 保持时间 holdtime(在更新数据到来之前数据被保留的时间)。

(4) 能力(设备的功能)。

(5) 平台(设备的型号或系列号)。

(6) 端口 ID(接口或端口信息)。

(7) VTP 管理域名(仅 CDP 版本 2 支持)。

(8) 本地 VLAN(仅 CDP 版本 2 支持)。

(9) 全双工/半双工(仅 CDP 版本 2 支持)。

CDP 定义了两个重要的计时器。

(1) CDP 更新周期:设备规则地、周期地发送 CDP 通告的时间被称为 CDP 更新周期。其默认的更新周期为 60s,通过重复地发送 CDP 通告,邻居就知道发送通告的设备依然活跃并正常工作。

(2) CDP holdtime(保持时间):CDP 保持时间是指通告信息被认为有效的时间。当设备又收到了另一条 CDP 通告时,保持时间计时器被刷新。当设备发生故障时,邻居停止接受 CDP 通告,保持时间就是指这条信息能保存多久。

3. 实现 Cisco 发现协议

在默认情况下,Cisco 在所有路由器和交换机的接口(帧中继多点子接口除外)上都使用 CDP。然而,可以在接口模式下将其关闭,也可以在全局配置模式下将其关闭(关闭所有接口)。

在 Cisco 路由器启动、关闭 CDP 命令如下。

(1) 全局启动 CDP:router(config)♯**cdp run**。

(2) 全局关闭 CDP:router(config)♯**no cdp run**。

(3) 接口启动 CDP:router(config-if)♯**cdp enable**。

(4) 接口关闭 CDP:router(config-if)♯**no cdp enable**。

4. 查看 CDP 学到的信息

CLI 的用户只需正确使用 show cdp 命令后的参数,即可看到从 CDP 学到的信息。show cdp 命令的参数如下:

```
router♯show cdp ?
    entry        Information for specific neighbor entry
    interface    CDP interface status and configuration
```

```
     neighbors     CDP neighbor entries
     <cr>
router#
```

其中,neighbors 显示有关 CDP 邻居信息;entry 显示详细的 CDP 信息;interface 显示本地设备的下述接口状态和配置信息。

在图 14.1 中,在 R1 上使用 show cdp 命令来显示 CDP 邻居信息。

```
router# show cdp neighbors
Capability Codes: R-Router, T-Trans Bridge, B-Source Route Bridge
                  S-Switch, H-Host, I-IGMP, r-Repeater, P-Phone
Device ID     Local Intrfce     Holdtme     Capability     Platform     Port ID
Switch        Fas 0/0           150         S              2960         Fas 0/1
Router        Ser 0/0/0         131         R              C2800        Ser 0/0/0
router#
router# show cdp entry *
Device ID: Router                          //邻接设备的 ID
Entry address(es):
    IP address : 192.168.10.2              //第3层协议信息,如 IP 地址
Platform: cisco C2800, Capabilities: Router     //设备平台
Interface: Serial 0/0/0, Port ID (outgoing port): Serial 0/0/0   //本地接口类型和出站远程端口 ID
Holdtime: 164
Version :
Cisco IOS Software, 2800 Software (C2800NM-ADVIPSERVICESK9-M), Version 12.4(15)T1,
RELEASE SOFTWARE (fc2)            //Cisco IOS 软件的类型和版本
…
router# show cdp interface serial 0/0/0
Serial 0/0/0 is up, line protocol is up
    Sending CDP packets every 60 seconds
    Holdtime is 180 seconds
router#
```

14.2.2 路由器启动过程和加载 IOS 映像

1. 路由器的启动过程

路由器启动时执行一系列步骤,此过程中的多个地方路由器将决定下一步采取的措施,了解启动过程对排除 Cisco 路由器故障和调整其配置很有帮助,如图 1.3 所示。路由器启动有以下几个主要阶段。

(1) 执行通电(POST)自检。

(2) 加载并运行自举(Bootstrap)代码。

(3) 自举代码确定要运行哪里的 Cisco IOS 软件。

(4) 当自举代码找到合适的映像后,将其加载到 RAM 中并运行 Cisco IOS 软件。

(5) 默认在 NVRAM 中查找有效的配置文件,并将该配置文件称为启动配置。

(6) 加载并执行配置。如果没有配置,则路由器将进入设置模式或使用 auto install 命令在 TFTP 服务器中查找配置文件。

2. 查找并加载 Cisco IOS 映像和配置文件

当 Cisco 路由器启动时,它按照如下顺序搜索 Cisco IOS 映像:配置登记码指定的位

置、闪存、TFTP 服务器和 ROM。

自举代码负责查找 Cisco IOS 软件,查找映像的过程如下:

(1) 自举代码查看配置登记码的引导(boot)字段。引导字段是配置登记码的最右边 4 位,指定了如何启动路由器。该字段可能指定在闪存中查找 Cisco IOS 映像,然后在启动配置文件(如果有的话)或远程 TFTP 服务器中搜索指示如何启动路由器的命令。该字段可能指定不要加载 Cisco IOS 映像,而只启动 ROM 中的 Cisco IOS 子集。配置登记码也执行此功能,如选择控制台波特率以及指出是否使用 NVRAM 中的配置文件(启动配置)。

Cisco IOS 配置登记码为十六进制数(0x 表示十六进制)。如果配置登记码的值在 0x2~0xF 之间,则自举代码将分析 NVRAM 中启动配置文件的 boot system 命令,这些命令指出了要加载的 Cisco IOS 软件映像的名称和位置。此时,可指定多个 boot system 命令,以提供容错启动计划。

boot system 命令是一个全局配置命令,用于指定从哪里加载 Cisco IOS 映像,boot system 命令选项包括以下几方面。

router(config)# **boot system** *flash* [*filename*]
router(config)# **boot system** *tftp* [*filename*][*server-address*]
router(config)# **boot system** *rom*

(2) 如果配置文件中没有 boot system 命令,则路由器默认加载并运行闪存中第一个有效的 Cisco IOS 映像文件。

(3) 如果没有在闪存中找到有效的 Cisco IOS 映像,则路由器将尝试从一个 TFTP 服务器启动,并将引导字段的值作为 Cisco IOS 影像文件名的一部分。

(4) 在默认情况下,当经过 5 次尝试从 TFTP 服务器启动失败后,路由器将使用 ROM 中的启动辅助映像(Cisco IOS 子集)运行启动。用户也可将配置登记码的第 13 位设置为 0,让路由器不断重试从 TFTP 服务器启动,而不是在 5 次尝试失败后启动 ROM 中的 Cisco IOS 子集。

(5) 如果没有启动辅助映像或它已受损,则路由器将使用 ROM 中的 ROMMON 启动。

路由器在闪存中找到有效的 Cisco IOS 映像文件后,通常将其加载到 RAM 中以便运行。

要将闪存中的映像加载到 RAM 中,必须首先对其进行解压缩。当解压缩到 RAM 中后,IOS 映像文件便开始运行。对于要直接从闪存中运行的 Cisco IOS 映像,不能对其进行压缩。

当加载并启动 Cisco IOS 软件映像后,必须对路由器进行配置。如果 NVRAM 中有配置文件(启动配置),则执行它;如果 NVRAM 中没有配置文件,则路由器执行 auto install 命令或进入设置模式。

auto install 命令尝试从 TFTP 服务器下载配置,这要求有网络的连接,并预先配置了对下载请求做出响应的 TFTP 服务器。

设置程序在控制台上提示用户输入具体的配置信息,以创建基本的初始配置。设置程序把初始配置复制到 RAM 和 NVRAM 中,如图 14.2 所示。

show running-config 命令和 show startup-config 命令是最常用的 Cisco IOS 软件 CLI 命令。它们让管理员能够查看 RAM 中的当前运行配置和 NVRAM 中的启动配置。路由

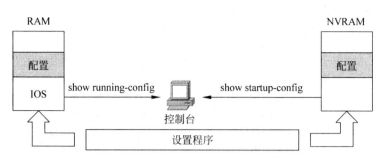

图 14.2 设置程序将初始配置复制到 RAM 和 NVRAM 中

器重新启动时将使用 NVRAM 中的启动配置,如图 14.3 所示,注意观察两者的区别。

RAM 中

```
router # show running-config
Building configuration...
Current configuration : 546 bytes
!
version 12.4
no service timestamps log datetime msec
no service timestamps debug datetime msec
...
```

NVRAM 中

```
router # show startup-config
Using 546 bytes
!
version 12.4
no service timestamps log datetime msec
no service timestamps debug datetime msec
...
```

图 14.3 运行配置和启动配置

3. 配置登记码

配置登记码包含了指出到哪里去查找 Cisco IOS 软件映像的信息。要显示该登记码,可使用 show version 命令;要修改其值,可使用 config-register 全局配置命令。

在修改配置登记码前,应确定路由器当前是如何加载软件映像的。要获悉配置登记码当前的值,可使用 show version 命令。其中,最后一行为配置登记码的值。

```
router # show version
Cisco IOS Software, 2800 Software (C2800NM-ADVIPSERVICESK9-M), Version 12.4(15)T1,
RELEASE SOFTWARE (fc2)
...
Configuration register is 0x2102
router #
```

要修改默认的配置登记码设置,可使用 config-register 全局配置命令。

```
router(config) # config-register 0x2104
router(config) #
```

配置登记码长为 16 位,其中最右边的 4 位为引导字段。当设置配置登记码的值时,使用一个十六进制值作为参数。配置登记码的默认值为 0x2102。在十六进制配置登记码中,引导字段为最后一位。该字段的设置指定了设备将如何启动,具体见表 14.1。

表 14.1　引导字段的值

引导字段的值	含　　义
0x0	使用 ROMMON 模式(使用命令 boot 手工启动):路由器将自动进行 ROMMON 模式,在 ROMMON 模式下,路由器显示提示符为>或 ROMMON>,这取决于路由器处理器的类型;在 ROMMON 模式下,可使用命令 boot 手工启动路由器
0x1	自动从 ROM 启动(ROM 提供了一个 Cisco IOS 软件子集),系统将自动使用 ROM 中的 Cisco IOS 子集启动,在这种模式下,路由器显示提示符 router(boot)>
0x2~0xf	查看启动配置中的 boot system 命令(如果路由器有闪存,则引导字段的默认值为 0x02)。系统会根据 NVRAM 中启动配置文件中的 boot system 命令启动

要核实引导字段所做的修改,可再次使用 show version 命令。新的配置登记码将在路由器重新启动后生效。

14.2.3　Cisco IOS 文件系统

1. IFS 文件

Cisco IOS 文件系统(Cisco IFS)提供了一个到路由器使用的所有文件系统的接口,这些文件系统包括以下几个。

(1) 闪存文件系统。

(2) 网络文件系统:TFTP、远程复制协议(RCP)和 FTP。

(3) 其他数据读写端点(如 NVRAM、RAM 中的运行配置等)。

Cisco IOS 的 IFS 文件系统,能够让用户创建、浏览和操纵 Cisco 设备中的目录。设备包含的目录随平台而异。

例如,使用 show file systems 命令可列出 Cisco 1841 路由器上所有可用的文件系统。此命令可提供有价值的信息,例如,可用内存和空闲内存的大小、文件系统的类型及其权限。权限包括只读(ro)、只写(wo)和读写(rw)权限。

```
router # show file systems
File Systems:
        Size(b)         Free(b)         Type    Flags   Prefixes
 *      64016384        12822561        flash   rw          flash:
        29688           23590           nvram   rw          nvram:
router #
router # dir
Directory of flash:/
    3 -rw-     50938004        <no date>   c2800nm-advipservicesk9-mz.124-15.T1.bin
    2 -rw-     28282           <no date>   sigdef-category.xml
    1 -rw-     227537          <no date>   sigdef-default.xml
64016384 bytes total (12822561 bytes free)
router #
```

2. URL 前缀

IFS 的重要特征之一是利用 URL 来指定设备和网络上的文件。表 14.2 列出了一些常用的 Cisco 文件系统的 URL 前缀。

表 14.2 常用的 Cisco IFS 文件系统 URL 前缀

前　缀	描　述
bootflash：	引导闪存
flash：	闪存。该前缀可用于所有平台。在没有名为 flash：的设备的平台上，前缀 flash：的含义与 slot0：相同。因此在所有平台上，都可使用前缀 flash：来表示主闪存存储区域
flh：	闪存中的加载辅助日志文件
ftp：	FTP 网络服务器
nvram：	NVRAM
rcp：	远程复制协议（rcp）网络服务器
slot0：	路由器上的第一块 PCMCIA 闪存卡
slot1：	路由器上的第二块 PCMCIA 闪存卡
system：	系统存储器，包括 RAM 中的运行配置
tftp：	TFTP 网络服务器

3. 用于管理配置文件的命令

从 Cisco IOS 12.0 版起，用于复制和传输配置文件和系统文件的命令开始遵循 IFS 规范。表 14.3 列出了 IOS 12.0 版之前和之后的 Cisco IOS 中用于移动和管理配置文件命令。

表 14.3 配置文件命令的两种风格

Cisco IOS 12.0 之前的命令	IFS 的新命令（版本 12.0 以后）
copy rcp running-config copy tftp running-config	copy rcp：system：running-config copy tftp：system：running-config copy ftp：system：running-config
copy rcp startup-config copy rcp startup-config	copy rcp：nvram：running-config copy tftp：nvram：running-config copy ftp：nvram：running-config
copy running-config rcp copy running-config tftp	copy system：running-config rcp： copy system：running-config tftp： copy system：running-config ftp：
copy running-config startup-config	copy system：running-config nvram：startup-config
show startup-config	more nvram：startup-config
erase startup-config	erase nvram：startup-config
show running-config	more system：running-config
erase running-config	erase system：running-config

可使用 FTP、RCP 或 TFTP 将配置文件从路由器复制到文件服务器中。例如，修改配置文件前，可将其复制到服务器以备份它，这使得可从该服务器恢复原始配置文件。

在下述情况下，可将配置文件从 FTP、RCP 或 TFTP 服务器中复制到路由器的 RAM（用作运行配置）或 NVRAM（用作启动配置）中。

恢复备份的配置文件。

将配置文件用于另一台路由器。例如，新增了一台和原有的路由器类似配置的路由器。通过将文件复制到网络服务器，并根据新路由器的配置需求对其进行修改。

将相同的配置命令加载到网络中的所有路由器,使所有路由器有类似的配置。

(1) 在路由器内部备份和恢复文件,参看项目1。

(2) 将配置文件备份到 TFTP 服务器。

在路由器上配置好所有要设置的选项后,最好在网络上备份配置,以使用户的配置可与其他每次备份的网络数据归档在一起。将配置安全地存储在路由器之外,有利于在路由器出现重大灾难性问题时保护配置。

某些路由器配置需要数小时才能正常工作。如果由于路由器硬件故障而丢失配置,就需要配置新的路由器。如果有故障路由器的备份配置,就可以将备份配置迅速加载到新路由器中。如果没有备份配置,则必须从头开始配置新路由器。

可以使用 TFTP 通过网络备份配置文件。Cisco IOS 软件随附提供了内置的 TFTP 客户端,使用它可连接到网络上的 TFTP 服务器。

TFTP 服务器和 FTP 服务器类似,提供文件上传和下载的功能,不过它使用的是 TFTP 协议,而不是 TCP 协议。TFTP 协议是应用层的协议,采用 UDP 协议,一般用于局域网内部。TFTP 服务器的软件可以从 Cisco 或其他许多的网站下载。TFTP 软件安装后需要启动 TFTP 服务。

① 备份配置文件。要将配置文件从路由器上传到 TFTP 服务器,则按照以下步骤执行。

步骤1:验证 TFTP 服务器是否正在网络上运行。

步骤2:通过控制台端口或 Telnet 会话登录到路由器。启用路由器,然后 ping TFTP 服务器。

步骤3:将路由器配置上传到 TFTP 服务器。指定 TFTP 服务器的 IP 地址或主机名以及目标文件名。Cisco IOS 命令如下:

＃**copy** *system:running-config tftp:* $[[[//location]/directory]/filename]$

或者

＃**copy** *nvram:startup-config tftp:* $[[[//location]/directory]/filename]$

要保存配置文件到 TFTP 服务器上,首先要保证路由器和 TFTP 服务器能够通信,可以用 ping 命令来进行测试;其次 TFTP 服务器要正在运行;最后需要知道在 TFTP 服务器上保存文件的确切目录。

② 恢复配置文件。当配置成功存储在 TFTP 服务器上后,可以使用以下步骤将配置复制回路由器上。

步骤1:如果 TFTP 目录中还没有配置文件,则先将配置文件复制到 TFTP 服务器上相应的 TFTP 目录中。

步骤2:验证 TFTP 服务器是否正在网络上运行。

步骤3:通过控制台端口或 Telnet 会话登录到路由器。启用路由器,然后 pingTFTP 服务器。

步骤4:从 TFTP 服务器上下载配置文件以配置路由器。指定 TFTP 服务器的 IP 地址或主机名以及要下载的文件的名称。Cisco IOS 命令如下:

$\sharp$ **copy** $tftp:[[[//location]/directory]/filename]\ system:running\mbox{-}config$

或者

$\sharp$ **copy** $tftp:[[[//location]/directory]/filename]\ nvram:startup\mbox{-}config$

如果配置文件下载到 running-config,则该命令将在逐行解析该文件时执行。如果配置文件是下载到 startup-config,则它必须在路由器重新加载之后更改才会生效。

（3）清除配置文件,参看项目1。

（4）删除存储的配置文件,参看项目1。

14.2.4　管理 Cisco IOS 映像

在新 Cisco 路由器中,Cisco 在出厂时已经将 IOS 安装在闪存中了。随着网络不断增大,保留 Cisco IOS 软件映像备份以防路由器的系统映像受损是明智的。

当路由器分散在较大的区域内时,也需要一个软件映像备份位置。如果使用 TFTP 服务器作为软件映像备份位置,则可通过网络上传和下载配置文件和 IOS 映像。网络 TFTP 服务器可以是一台路由器、工作站或主机系统。图 14.4 所示说明了如何在路由器和网络服务器之间复制 IOS 映像。

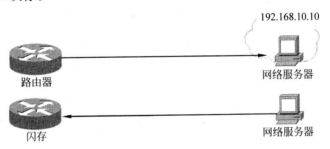

图 14.4　在路由器和网络服务器之间复制 IOS 映像

（1）备份映像文件

步骤1：确认有权访问 TFTP 服务器,可通过 ping TFTP 服务器来测试连通性。

```
router♯ping 192.168.10.10
Type escape sequence to abort.
Sending 5, 100-byte ICMP Echos to 192.168.10.10, timeout is 2 seconds:
!!!!!
Success rate is 100 percent (5/5), round-trip min/avg/max=47/59/63 ms
router♯
```

步骤2：检查服务器是否有足够的空间,能够存储 Cisco IOS 软件映像。在路由器上,可使用 show flash 命令来获悉 Cisco IOS 映像文件的大小。

步骤3：了解 TFTP 服务器对文件名的要求,可随服务器运行的是 Microsoft Windows、UNIX 还是其他操作系统而异。

步骤4：必要时创建一个目标文件来接纳上传内容,而是否需要执行这步取决于网络服务器使用的操作系统。

　　show flash 命令是一个可以收集有关路由器闪存和映像文件的信息的重要工具。此命令可提供以下信息。

　　① 路由器上总的闪存大小。

　　② 可用的闪存大小。

　　③ 闪存中存储的所有文件的名称。

```
router#show flash
System flash directory:
File     Length        Name/status
  3      50938004      c2800nm-advipservicesk9-mz.124-15.T1.bin
  2      28282         sigdef-category.xml
  1      227537        sigdef-default.xml
[51193823 bytes used, 12822561 available, 64016384 total]
63488K bytes of processor board System flash (Read/Write)
router#
```

　　要备份映像文件,可将映像文件从路由器复制到网络 TFTP 服务器中。要将当前的系统映像文件从路由器复制到 TFTP 服务器,可在特权模式下执行如下命令。

```
router#copy flash tftp:
Source filename []? c2800nm-advipservicesk9-mz.124-15.T1.bin
Address or name of remote host []? 192.168.10.10
Destination filename [c2800nm-advipservicesk9-mz.124-15.T1.bin]?
Writing c2800nm-advipservicesk9-mz.124-15.T1.bin...!!!!!!!!!!!!!!!!!!!!!!!!!!!!!!!! !!!!!!!
...
router#
```

　　感叹号(!!!)表示从路由器闪存复制到 TFTP 服务器的过程,每个感叹号表示成功地传输了一个用户数据报(UDP)数据段。

　　(2) 升级 IOS 映像

　　当将系统的软件升级到更高的版本时,要求在路由器上另外加载一个系统映像文件。使用 copy tftp:flash:命令可从网络 TFTP 服务器下载新的映像。

　　当使用新的 Cisco IOS 映像更新闪存前,应将当前的 Cisco IOS 映像备份到 TFTP 服务器中。通过备份,可在闪存没有足够的空间存储新映像时恢复原来的映像。如果路由器没有足够的磁盘空间,可首先清除闪存,为新的 IOS 映像腾出空间。

　　要将系统升级到新的 IOS 映像新的软件版本,可使用下面命令。

```
router#copy tftp flash:
Address or name of remote host []? 192.168.10.10
Source filename []? c2800nm-advipservicesk9-mz.124-15.T1.bin
Destination filename [c2800nm-advipservicesk9-mz.124-15.T1.bin]?
...
[OK-50938004 bytes]
50938004 bytes copied in 57.906 secs (63782 bytes/sec)
router#

router#show flash
System flash directory:
```

```
File   Length      Name/status
 4   50938004  c2800nm-advipservicesk9-mz.124-15.T1.bin
[50938004 bytes used, 13078380 available, 64016384 total]
63488K bytes of processor board System flash (Read/Write)
router#
```

14.2.5 恢复 Cisco IOS 软件映像

如果没有 Cisco IOS 软件,那么路由器将无法运行。如果 IOS 被删除或损坏,则管理员必须复制一个映像到路由器上,使路由器恢复正常工作。

完成这一任务的一种方法是使用先前保存到 TFTP 服务器中的 Cisco IOS 映像。如图 14.5 中,路由器 R1 上的 IOS 映像已备份到 TFTP 服务器中或者有与路由器 R1 同型号的路由器。

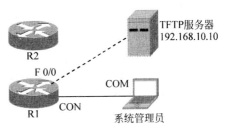

图 14.5　恢复 IOS 映像

1. 恢复 IOS 软件映像

如果路由器 R1 上的 IOS 被意外地从闪存中删除,路由器仍然可以正常运作,因为 IOS 还在 RAM 中运行。但是,此时不能再重新启动路由器,因为它将无法在闪存中找到有效的 IOS。

在图 14.5 中,路由器 R1 上的 IOS 已被意外地从闪存中删除。不幸的是,路由器已重新启动,并且无法再加载 IOS。它现在正根据默认设置加载 rommon 提示符。此时,路由器 R1 需要检索先前复制 TFTP 服务器中的 IOS。当准备好 TFTP 服务器后,执行以下过程。

步骤 1:连接设备。

(1) 将系统管理员的 PC 连接到受影响路由器的控制台端口(配置线)。

(2) 将 TFTP 服务器连接到该路由器的第一个以太网端口(交叉线)。如图 14.5 所示,R1 为 Cisco 1841,因此这一端口为 F 0/0。启用 TFTP 服务器,并使用静态 IP 地址 192.168.10.10/24 配置该服务器。

步骤 2:启动路由器,并设置 rommon 变量。

由于该路由器没有有效的 Cisco IOS 映像,因此启动后会自动进入 rommon 模式。在 rommon 模式中,可用的命令很少。可以在 rommon>命令提示符后输入"?"来查看这些命令。表 14.4 列出了 tftpdnld 命令需要的环境变量。

表 14.4　tftpdnld 命令需要的环境变量

环境变量	描　　述
IP_address	路由器第一个 LAN 接口的 IP 地址
IP_subnet_mask	路由器第一个 LAN 接口子网掩码
Default_gateway	默认网关
TFTP_server	TFTP 服务器的 IP 地址
TFTP_file	需要从 TFTP 服务器上下载的文件名,其中应该包括目录结构

此时,必须输入下面列出的所有变量。

rommon 1>IP_ADDRESS= *192.168.10.1*

rommon 2>IP_SUBNET_MASK= *255.255.255.0*
rommon 3>DEFAULT_GATEWAY= *192.168.10.10*
rommon 4>TFTP_SERVER= *192.168.10.10*
rommon 5>TFTP_FILE= *c1841-advipservicesk9-mz.124-15.T1.bin*

当输入 ROMmon 变量时,注意以下几点。

(1) 变量名称区分大小写。

(2) 在等号的前后勿加入任何空格。

(3) 如果有可能,则使用文本编辑器将变量剪切并粘贴至终端窗口中。整行内容都必须正确输入。

(4) 导航键不可用。

现在必须使用适当的值配置路由器 R1,使之能连接到 TFTP 服务器。rommon 命令的语法很重要。虽然图 14.5 中的 IP 地址、子网掩码和映像名称都只是示例,但是在配置路由器时必须遵循图中显示的语法。

注意:实际的变量会根据配置而有所不同。

当变量输入完成后,继续下一步。

步骤 3:在 ROMmon 提示符后输入 tftpdnld 命令。

rommon 7>**tftpdnld**
IP_ADDRESS: *192.168.10.1*
IP_SUBNET_MASK: *255.255.255.0*
DEFAULT_GATEWAY: *192.168.10.10*
TFTP_SERVER: *192.168.10.10*
TFTP_FILE: *c1841-advipservicesk9-mz.124-15.T1.bin*
TFTP_VERBOSE: Progress
TFTP_RETRY_COUNT: 18
TFTP_TIMEOUT: 7200
TFTP_CHECKSUM: Yes
TFTP_MACADDR: 00:19:55:66:63:20
GE_PORT: Gigabit Ethernet 0
GE_SPEED_MODE: Auto
Invoke this command for disaster recovery only.
WARNING: all existing data in all partitions on flash will be lost!
Do you wish to continue? y/n: [n]: y
//回答"y"开始从 TFTP 服务器上恢复 IOS,根据 IOS 的大小,通常需要十几分钟
Receiving c1841-advipservicesk9-mz.124-15.T1.bin from
172.16.0.100 !!
(此处省略)
!!!
File reception completed.
Validating checksum.
Copying file c1841-advipservicesk9-mz.124-15.T1.bin to flash.
Eeeeeeeeeeeeeeeeeeeeeeeeeeeeeeeeeeeeeeeeeeeeeeeeeeeeeeeeee
//当从 TFTP 服务器接收了 IOS 后,会进行校验.
rommon 9>i
//重启路由器

此命令将显示所需的环境变量,并警告用户闪存中的所有现有数据都将被删除。输入

"y"继续,然后按 Enter 键。路由器将尝试连接到 TFTP 服务器,以便启动下载。当连接成功后,下载将开始,感叹号(!)会指示这一过程。每个"!"表明路由器收到一个 UDP 数据段。

使用 reset 命令以新的 Cisco IOS 映像重新加载路由器。

2. 使用 Xmodem 恢复 IOS 映像

使用 tftpdnld 命令复制映像文件是一种非常快速的方式,而另一种将 Cisco IOS 映像恢复到路由器中的方法是使用 Xmodem。但是,在这种方法中,文件传输将使用控制台电缆完成,因此与 tftpdnld 命令相比速度很慢。

如果 Cisco IOS 映像已丢失,则路由器在启动后会进入 ROMmon 模式。ROMmon 支持 Xmodem。因此,路由器能与系统管理员 PC 上的终端仿真应用程序(如 HyperTerminal)通信。如果系统管理员在 PC 上有一份 Cisco IOS 映像副本,则他可以建立 PC 与路由器之间的连接,然后从 HyperTerminal 上运行 Xmodem,从而将映像恢复到路由器中。

管理员要执行的步骤如下:

步骤1:将系统管理员的 PC 连接到受影响路由器的控制台端口。打开路由器 R1 与管理员 PC 之间的一个终端仿真会话。

步骤2:启动路由器,并在 rommon 命令提示符后面发出 xmodem 命令。

此命令的语法为 xmodem [-cyr] [filename]。其中,cyr 选项根据配置的不同而各异。例如,-c 表示 CRC-16,y 表示 Ymodem 协议,r 表示将映像复制到 RAM 中。filename 是要传输的文件的名称。

接受出现的所有提示消息,如图 14.6 所示。

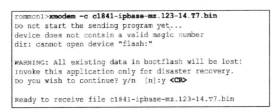

图 14.6 具体提示消息

步骤3:在控制台上使用 HyperTerminal 发送文件。此时,选择 Transfer(传送)→ Send File(发送文件)选项。

步骤4:浏览至要传输的 Cisco IOS 映像所在的位置,并选择 Xmodem 协议。单击 Send(发送)按钮,随后将出现一个显示下载状态的对话框,如图 14.7 所示。主机和路由器需要经过几秒钟之后才会开始传输信息。

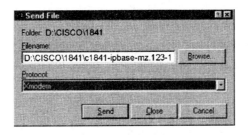

图 14.7 显示下载状态的对话框

当下载开始后,Packet(数据包)和 Elapsed(已用)字段的值将会增加。此时,注意观察预计剩余时间。如果将 HyperTerminal 与路由器之间的连接速度从 9600bps 更改为 115000bps,则下载时间会大大缩短。

当传输完成后,路由器将使用新的 Cisco IOS 重新加载。

14.2.6　口令恢复

由于有时会忘记路由器的口令,因此 Cisco 提供了口令恢复机制,让网络管理员能够恢复口令。

出于安全考虑,需要通过物理方式访问路由器,此时通过控制台电缆将 PC 连接到路由器。

使能口令和使能加密口令可保护对特权执行模式和配置模式的访问。使能口令可以恢复,但使能加密口令经过加密,必须替换为新口令。

在路由器中,配置登记码用一个十六进制值表示,它告诉路由器通电后应采取哪些步骤。配置登记码有很多用途,其中最常用的用途之一是口令恢复。

要恢复路由器口令,则执行以下操作。

1. 准备设备

步骤 1:连接到控制台端口。

步骤 2:即使已丢失使能口令,也应该仍可以访问用户执行模式。在命令提示符后输入 show version 命令,并记录下配置寄存器设置。

```
r>#show version
<省略 show 命令输出>
Configuration register is 0x2102
r1>
```

配置寄存器一般设置为 0x2102 或 0x102。如果用户无法再访问路由器(由于丢失登录口令或 TACACS 口令),则可以假定配置寄存器设置为 0x2102。

步骤 3:关闭路由器的电源开关,然后重新打开。

步骤 4:在路由器启动过程的 60s 内按 Break 键,使路由器进入 ROMmon 模式。

2. 绕过启动配置

此时,启动配置文件仍存在,只是启动路由器时跳过了已忽略不知道的口令。

步骤 1:在 rommon1>提示符后执行 confreg 0x2142 命令。这样,会使路由器绕过启动配置(所忘记的使能口令便存储在启动配置中)。

步骤 2:在 rommon2>提示符后执行 reset 命令。随后,路由器将重新启动,但是会忽略保存的配置。

步骤 3:在每个设置问题后面输入"no",或者按 Ctrl+C 组合键跳过初始设置过程。

步骤 4:在 router>提示符后执行 enable 命令。这样,用户便会进入使能模式,然后应该能看到 router#提示符。

3. 访问 NVRAM

步骤 1:执行 copy startup-config running-config 命令,将 NVRAM 中的配置文件复制到内存中。

注意：勿执行 copy running-config startup-config 命令,否则会擦除启动配置。

步骤 2：执行 show running-config 命令。在本配置中,由于所有接口当前都是关闭状态,因此所有接口下都出现 shutdown 命令。但最重要的是,现在可以看到加密格式或未加密格式的口令(使能口令、使能加密口令、VTY 口令、控制台口令),且可以重新使用未加密的口令,但已加密的口令就必须更改为新口令。

4. 重置口令

步骤 1：执行 configure terminal 命令。hostname(config)#提示符随即出现。

步骤 2：执行 enable secretpassword 命令更改使能加密口令。具体示例如下：

r1(config)#enable secret cisco

步骤 3：对每个想使用的接口执行 no shutdown 命令。使用 show ip interface brief 命令来确认接口配置是否正确。每个想使用的接口的状态都应该显示为 up。

步骤 4：在全局配置模式下,执行 config-register configuration_register_setting 命令。其中,configuration_register_setting 是在步骤 2 中记录的值或者是 0x2102。具体示例如下：

r1(config)# **config-register** *0x2102*

步骤 5：按 Ctrl+Z 组合键或使用 end 命令退出配置模式。hostname#提示符随即出现。

步骤 6：执行 copy running-config startup-config 命令提交更改。

现在,已经完成口令恢复工作。使用 show version 命令可确认路由器是否会在下次重新启动时使用所配置的配置寄存器设置。

14.3　方 案 设 计

要恢复客户路由器的 IOS 和配置文件,必须在其他地方保存有路由器的 IOS 和配置文件,客户的单位中有 3 台同样型号的路由器,这样就可以先从客户的相同型号的路由器中下载 IOS,再上传给被损坏的路由器;在企业的资料室还保存有客户的路由器的配置文件,要恢复客户路由器的 IOS 和配置文件必须通过反转电缆连接到路由器上的 Console 端口,并通过超级终端才能恢复。

14.4　项 目 实 施

14.4.1　项目目标

通过本项目的完成,使学生掌握以下技能。

(1) 能够进行 TFTP 服务器的架设。

(2) 能够备份网络设备的配置文件。

(3) 能够恢复网络设备的配置文件。

(4) 能够掌握备份网络设备的 IOS。

(5) 能够进行网络设备 IOS 的升级。

（6）能够清除网络设备的口令。

14.4.2　实训任务

为了实现本项目，构建图 14.8 所示的网络实训环境，并完成如下实训任务。

（1）在网络上设置 TFTP 服务器。

（2）将网络设备 Cisco IOS 软件备份到 TFTP 服务器，然后恢复。

（3）将网络设备配置文件备份到 TFTP 服务器。

（4）配置网络设备，使其从 TFTP 服务器加载配置。

（5）从 TFTP 服务器升级 Cisco IOS 软件。

（6）从超级终端捕获配置文件。

14.4.3　设备清单

为了搭建图 14.8 所示的网络环境，需要如下的网络设备。

（1）Cisco 2811 路由器（1 台）。

（2）Cisco Catalyst 2960 交换机（1 台）。

（3）PC（2 台）。

（4）双绞线（若干根）。

（5）反转电缆（1 根）。

（6）TFTP 服务器软件。

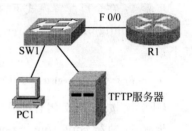

图 14.8　管理网络设备拓扑图

14.4.4　项目连通调试

步骤 1：规划设计。

（1）规划各路由器名称，各接口 IP 地址、子网掩码见表 14.5。

表 14.5　路由器名称、接口 IP 地址、子网掩码

路由器名称	接口	IP 地址	子网掩码	对端
R1	F 0/0	192.168.10.1	255.255.255.0	SW1-F 0/1

（2）规划各计算机的 IP 地址、子网掩码和网关，具体见表 14.6。

表 14.6　计算机的 IP 地址、子网掩码和网关

计算机	IP 地址	子网掩码	网　关
PC1	192.168.10.10	255.255.255.0	192.168.10.1
TFTP	192.168.10.100	255.255.255.0	192.168.10.1

步骤 2：硬件连接然后分别打开设备，给设备通电。

（1）在路由器、交换机和计算机断电的状态下，按照图 14.8 连接硬件。

（2）给各设备供电。

（3）按照表 14.6 所列参数设置各计算机的 IP 地址、子网掩码和网关。

步骤 3：配置路由器 R1，使得 PC1、TFTP 服务器和路由器之间网络联通。

14.4.5 Cisco IOS 映像备份到 TFTP 服务器并从 TFTP 服务器恢复

首先,在 Packet Trace 5.3 模拟环境中完成本项目。

步骤 1:配置 TFTP 服务器。

(1) 在 TFTP 服务器上配置 IP 地址、子网掩码和默认网关。

(2) 选择 TFTP 服务器的 Config 选项卡,在单击左边的 TFTP 按钮,弹出 TFTP 管理窗口,其中显示了 TFTP 服务器的根目录下的文件列表。

(3) 保证选中 Service 选项组中的 On 单选按钮。

步骤 2:检验路由器与 TFTP 服务器之间的连通性。

检验 TFTP 服务器是否正在运行以及能否从路由器 ping 通它。

```
r1#ping 192.168.10.100
Type escape sequence to abort.
Sending 5, 100-byte ICMP Echos to 192.168.10.100, timeout is 2 seconds:
!!!!!
Success rate is 100 percent (5/5), round-trip min/avg/max=34/50/63 ms
r1#
```

步骤 3:确定 Cisco IOS 文件名。

确定要保存映像文件的确切名称。在特权模式下执行如下命令。

```
r1#show flash
System flash directory:
File   Length      Name/status
  3    50938004  c2800nm-advipservicesk9-mz.124-15.T1.bin
  2    28282     sigdef-category.xml
  1    227537    sigdef-default.xml
[51193823 bytes used, 12822561 available, 64016384 total]
63488K bytes of processor board System flash (Read/Write)
r1#
```

步骤 4:将 Cisco IOS 映像复制到 TFTP 服务器。

在特权执行模式下,执行 copy flash tftp 命令。在提示符后,先输入 Cisco IOS 映像文件的文件名,然后输入 TFTP 服务器的 IP 地址。如果文件存储在子目录中,则确保包含完整路径。

(1) 首先删除路由器闪存中的 Cisco IOS 映像。

```
r1#delete flash:
Delete filename []?c2800nm-advipservicesk9-mz.124-15.T1.bin
Delete flash:/c2800nm-advipservicesk9-mz.124-15.T1.bin? [confirm]
```

(2) 查看闪存中的文件。

```
r1#show flash
System flash directory:
File Length      Name/status
  2    28282     sigdef-category.xml
  1    227537    sigdef-default.xml
```

[255819 bytes used, 63760565 available, 64016384 total]
63488K bytes of processor board System flash (Read/Write)
r1#

（3）从 TFTP 服务器复制 IOS 映像到路由器。

r1#copy tftp flash
Address or name of remote host []? *192.168.10.100*
Source filename []? c2800nm-ipbasek9-mz.124-8.bin
Destination filename [c2800nm-ipbasek9-mz.124-8.bin]?
Accessing tftp://192.168.10.100/c2800nm-ipbasek9-mz.124-8.bin…
Loading c2800nm-ipbasek9-mz.124-8.bin from 192.168.10.100: !!!!!!!!!!!!!!!!!!!!!!!<…>
[OK-15522644 bytes]
15522644 bytes copied in 17.266 secs (152770 bytes/sec)
r1#

（4）查看路由器的闪存。

r1#show flash:
System flash directory:
File Length   Name/status
 5   15522644 c2800nm-ipbasek9-mz.124-8.bin
 2   28282   sigdef-category.xml
 1   227537   sigdef-default.xml
[15778463 bytes used, 48237921 available, 64016384 total]
63488K bytes of processor board System flash (Read/Write)
r1#

（5）重新启动路由器。
当重新启动路由器后，使用 show version 命令查看路由器的 IOS 映像。

14.4.6 备份配置文件然后从 TFTP 服务器恢复

步骤 1：将启动配置文件复制到 TFTP 服务器。
（1）检验 TFTP 服务器是否运行以及能否从路由器 ping 通它。
（2）在特权执行模式下执行 copy running-config startup-config 命令，确认运行配置文件已经保存到启动配置文件。

r1#**copy running-config startup-config**
Destination filename [startup-config]?
Building configuration…
[OK]
r1#

（3）使用 copy startup-config tftp 命令将保存的配置文件备份到 TFTP 服务器。在提示符后输入 TFTP 服务器的 IP 地址。

r1#copy startup-config tftp
Address or name of remote host []? *192.168.10.100*
Destination filename [r1-confg]?

Writing startup-config…!!
[OK-526 bytes]
526 bytes copied in 0.125 secs (4000 bytes/sec)
r1#

（4）选择 TFTP 服务器的 Config 选项卡，在单击左边的 TFTP 按钮，查看 TFTP 服务器的根目录下的文件列表，可以发现多了 r1-confg 文件。

步骤 2：从 TFTP 服务器恢复启动配置文件。

（1）使用 copy tftp startup-config 命令。

r1# copy tftp startup-config
Address or name of remote host []? *192.168.10.100*
Source filename []? *r1-confg*
Destination filename [startup-config]?
Accessing tftp://192.168.10.100/r1-confg…
Loading r1-confg from 192.168.10.100：!
[OK-526 bytes]
526 bytes copied in 0.047 secs (11191 bytes/sec)
r1#

（2）在特权执行模式下，再次重新加载路由器。当重新加载完成时，路由器应会显示 r1 提示。执行命令 show startup-config，检查恢复的配置是否完整。

14.4.7 捕获备份配置

可将配置文件保存/存档到文本文档，并确保获取当前配置文件的一份副本以供以后编辑或重新使用。

将配置文件备份为文本文件，通常有以下 3 种方法。

（1）在超级终端窗口，首先执行 show running-config 命令，然后通过执行"复制"→"粘贴"命令备份到记事本中。

（2）在远程登录（Telnet）窗口，首先执行 show running-config 命令，然后通过执行"复制"→"粘贴"命令备份到记事本中。

（3）当使用超级终端时，然后在"传送"菜单中选择"捕获文字"选项。

其中，前两种方法可以在 Packet Trace 5.3 模拟环境中完成，第 3 种只能在真实环境中才能完成。

14.4.8 恢复 IOS 映像

某用户有一台 Cisco 2821 的路由器，由于其闪存 IOS 被损害，故路由器无法启动，要求为该路由器恢复 IOS。

14.4.9 恢复路由器口令

某用户有一台 Cisco 2821 的路由器，由于其特权口令被遗忘，故路由器无法进行配置，要求为该路由器恢复口令。

习　题

一、选择题

1. 下列哪两种有关 Cisco 发现协议的说法是正确的？（　　　）

    A. 它是一种专用协议　　　　　　　　B. 它是一种开放协议标准

    C. 它发现有关直连 Cisco 设备的信息　　D. 它运行在网络层

    E. 它发现网络上所有设备的信息

2. 下列哪个命令在整个设备上禁用 Cisco 发现协议？（　　　）

    A. no run cdp　　　　　　　　　　　B. no cdp run

    C. no cdp enable　　　　　　　　　　D. no cdp exceut

    E. 它发现网络上所有设备的信息

3. 当 Cisco 路由器启动时，哪个阶段验证所有路由器部件是否正常？（　　　）

    A. POST　　　　　　　　　　　　　B. 查找 Cisco IOS 软件

    C. 查找自举代码　　　　　　　　　　D. 查找配置

    E. 它发现网络上所有设备的信息

4. 如果路由器启动时在 NVRAM 中找不到有效的配置文件，那么情况将如何？（　　　）

    A. 路由器进入设置模式　　　　　　　B. 路由器尝试重新启动

    C. 路由器运行 ROM 监视器　　　　　D. 路由器自动关机

    E. 它发现网络上所有设备的信息

5. 使用下列哪个 Cisco IOS 命令可显示路由器闪存的可用空间？（　　　）

    A. show flash　　　　　　　　　　　B. show nvram

    C. show memory　　　　　　　　　　D. show running-config

6. 下列哪个是正确的路由器引导 IOS 的顺序？（　　　）

    A. 闪存、NVRAM、TFTP 服务器

    B. NVRAM、TFTP 服务器、闪存

    C. NVRAM、闪存、TFTP 服务器

    D. 闪存、TFTP 服务器、NVRAM

7. 下列哪个选项没有出现在 show version 命令的输出中？（　　　）

    A. 已配置接口的状态　　　　　　　　B. IOS 软件的运行平台

    C. 配置寄存器的设定　　　　　　　　D. IOS 软件的版本

8. 下列哪个命令用于从 TFTP 服务器下载 Cisco IOS 映像文件？（　　　）

    A. copy IOS tftp　　　　　　　　　　B. copy tftp flash

    C. copy flash tftp　　　　　　　　　　D. backup flash tftp

二、简答题

1. 路由器的配置文件如何流动？使用什么命令？

2. 路由器查找 IOS 的流程是怎样的？

三、实训题

用一台实际的 Cisco 2811 路由器和 Cisco Catalyst 2960 交换机，完成下列操作。

（1）升级或更换 IOS。

（2）备份配置文件到 TFTP 服务器。

（3）从 TFTP 恢复配置文件到网络设备。

（4）清除网络设备的口令。

（5）恢复 IOS 映像。

（6）恢复网络设备口令。

Cisco Packet Trace 模拟器使用

A.1 Cisco Packet Trace 简介

Cisco Packet Trace 是 Cisco 官方推出的 Cisco 交换机和路由器模拟器,提供了对 Cisco 1841、Cisco 2620XM、Cisco 2621XM、Cisco 2811 型号路由器和 Cisco Catalyst 2950-24、Cisco Catalyst 2950T、Cisco Catalyst 2960、Cisco Catalyst 356024PS 型号交换机的模拟,并且支持自定义设备。此时,可以利用这些设备自由设计网络拓扑进行网络实验。Cisco Packet Trace 是一款非常逼真的模拟器,目前的最新版本为 Packet Trace 5.3。

A.1.1 Cisco Packet Trace 的安装

1. Cisco Packet Trace 软件的下载

在 Cisco 网络学院官方网站有 Cisco Packet Trace 软件的最新版本,在那里可以下载(但需要用户名和口令),也可以通过搜索引擎在互联网上搜索并下载 Cisco Packet Trace 的最新版本并下载。

(1) 打开 Web 页面,网址为 https://cisco.netacad.net/cnams/dispatch。

(2) 输入用户名和口令。单击 Go 按钮,打开 Cisco Packet Trace 下载页面。

(3) 单击页面左侧的 Cisco Packet Trace 栏下侧的 DownLoad 链接,打开下载窗口。

(4) 单击窗口下部的 Cisco Packet Tracer program downloads 超链接,打开下载页面。选择对应的操作系统的版本,并单击后边的下载图标。

2. 安装 Cisco Packet Trace 软件

(1) 直接运行下载自解压软件包,系统会自动启动安装程序,按照安装向导,完成安装过程。

(2) 运行"开始"→"程序"→Cisco Packet Trace→Cisco Packet Trace 选项,打开 Cisco Packet Trace 5.3 的模拟器主界面如图 A.1 所示。

A.1.2 Cisco Packet Trace 模拟器的基本用法

1. Cisco Packet Trace 5.3 模拟器窗口简介

(1) 工作区域。中间的空白区域就是拓扑图的构建和网络实验的工作区域。该区域是 Cisco Packet Trace 的核心区域,其他区域都是为它服务的。在工作区,用户可以按需设计各种计算机网络拓扑结构,并对每个设备进行功能配置。

(2) 设备选择区。主界面左下角为设备类型选择库,在 Cisco Packet Trace 5.3 中包含的设备类型有 Routers(路由器)、Switch(交换机)、Hubs(集线器)、Wireless Devices(无线设备)、Connections(传输介质)、End Devices(终端设备)、WAN Emulation(广域网)、Custom

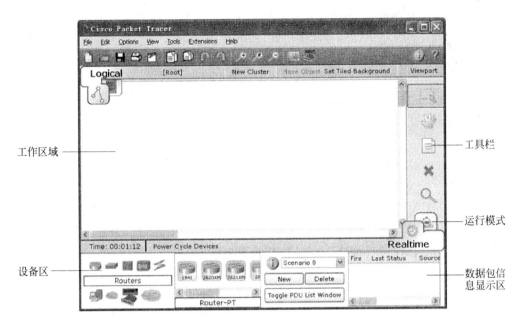

图 A.1 Cisco Packet Trace 5.3 模拟器主界面

Made Devices(自定义设备)、Multiuser Connection(多用户连接)。

当鼠标指向设备图标时,系统会自动提示该设备的类型。在单击设备类型图标后(如 Switch),在类型库右侧的设备型号选择列表框中可选择具体的设备型号(Cisco Catalyst 2950-24、Cisco Catalyst 2950T、Cisco Catalyst 2960、Switch-pt、Switch-pt-empty、Cisco Catalyst 356024PS、Bridge-pt)。

当需要用哪个设备时,先单击它,然后再在中央的工作区域单击一下即可,或者直接用鼠标按住这个设备把它拖上去。

(3) 数据包信息显示区。当用户调试当前实验网络时,数据包的相关信息就会显示在该区域。

(4) 工具栏。主界面右侧为工具栏,包括 Select(选择)、Move Layout(移动)、Place Note(给设备贴标签)、Delete(删除)、Inspect(查看信息和发 PDU 包)、Resize Shape(调整大小形状)。

这些功能的基本操作步骤类似,首先单击要应用的功能图示,鼠标指针就会变成与所选功能图标一样的图形,然后再单击工作区中要对其他实施功能的设备即可。

(5) 运行模式切换区。为方便用户学习,Cisco Packet Trace 提供了两种网络运行模式,即 Realtime 模式(实时)和 Simulation 模式(模拟),两种模式可随时切换。

默认情况下为 Realtime 模式(实时模式)。这种模式与配置实际网络设备一样,每发出一条配置命令,就立即在设备中执行。例如,两台主机通过直通双绞线连接并将它们设为同一个网段,那么当 A 主机 ping B 主机时,瞬间可以完成这就是实时模式。当切换到模拟模式后,主机 A 的 CMD 里将不会立即显示 ICMP 信息,而是软件正在模拟这个瞬间的过程,以人类能够理解的方式展现出来,如图 A.2 所示。单击 Auto Capture(自动捕获)按钮,可以看到直观、生动的 Flash 动画来显示网络数据包的来龙去脉。单击 Simulate Mode 按钮会出现 Event List 对话框,该对话框显示当前捕获到的数据包的详细信息,包括持续时间、源设备、目的设备、协议类型和协议详细信息,如图 A.3 所示。

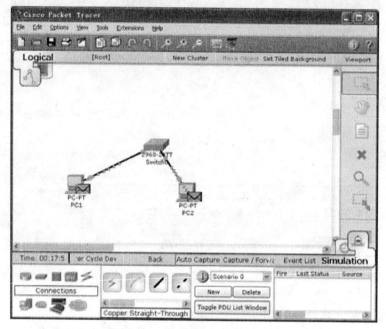

图 A.2　两台计算机直连局域网

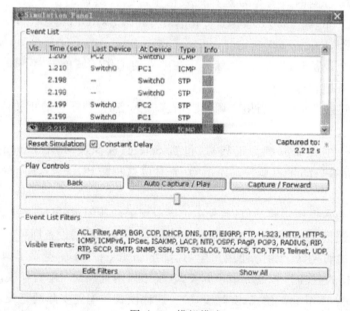

图 A.3　模拟模式

要了解协议的详细信息,则单击显示不用颜色的协议类型信息 Info,可以很详细显示 OSI 模型信息和各层 PDU,如图 A.4 所示

2. 选择和添加网络设备

通过鼠标拖动的方式从设备库中添加交换机、路由器、PC 主机、Server 服务器等设备和

图 A.4　PDU 的详细信息

网络传输介质构建实验的网络拓扑。

　　使用鼠标拖动方法,向工作区添加一台 Cisco 2811 路由器和 Cisco Catalyst 2960 交换机。当网络设备添加到工作区后,单击工具栏中的"选择(Select)"按钮,可选择对象,并可通过拖动的方式调整图标在工作区中的位置。

　　新添加的路由器,其端口默认是禁用的(Shutdown),需要执行 no shutdown 命令,端口才会激活。当线路连接后,链路才会起来。

3. 添加设备互联传输介质

　　在设备类型库中单击 图标,可在设备型号列表框中详细显示可用的网络设备间互联的传输介质,如图 A.5 所示。

图 A.5　设备互联的传输介质

自左向右各传输介质图标的含义及用途如下。

(1) Automatically Choose Connection Type：自动选择连接类型。

(2) Console：交换机/路由器的配置线缆。

(3) Copper Straight-through：双绞线直通线。

(4) Copper Cross-over：双绞线交叉线。

(5) Fiber：光纤。

（6）Phone：电话线。

（7）Coaxial：同轴电缆。

（8）Serial DCE：提供时钟的数据一端。

（9）Serial DTE：数据终端设备。

在模拟器中，设备之间的连接选用的传输介质见表 A.1。

表 A.1　传输介质的用途

一　端	对　端	线缆类型
路由器的以太网口	路由器的以太网口	交叉线
路由器的以太网口	交换机的以太网口	直通线
路由器的以太网口	PC 机	直通线
交换机的以太网口	PC 机	直通线

当选择设备互联的传输介质后，将鼠标移动到工作区，其指针形状会变成 RJ-45 接头形状。在要互联的设备上左击，从弹出的菜单中选择用来互联的接口。然后，将鼠标移动到要互联的对端设备上（会动态显示连接线缆），左击，从弹出的菜单中选择用来互联的接口，即可实现在这两个设备间添加互联的传输介质。

互联传输介质的两端会各显示一个圆形的示意图表，该图标的颜色表示了该接口的工作状态是否正常。红色表示物理线路有问题（线路类型不对、端口被禁用或者设备未开机加电），相当于交换机或路由器的接口指示灯没有亮；橘黄色表示端口的物理线路已接通，端口指示灯已亮，数据链路还未处于正常工作状态；绿色表示端口及链路工作正常。

当交换机或路由器的端口被禁用（Shutdown）时，端口状态为红色；重新启动后（No Shutdown），变为橘黄色，过一会儿后变为绿色，此时端口才恢复正常工作状态。

4. 删除设备或传输介质

要删除网络设备或互联的传输介质，可先单击右侧工具栏中的 ╳ 图标，选择删除功能，此时鼠标指针会变成"叉"的形状，再单击要删除的对象即可。

当对象删除结束后，单击工具栏中的 ▦ 图标，恢复为选择对象状态。

A.2　使用 Cisco Packet Trace 模拟器进行网络方案的验证实训

A.2.1　网络设备的配置方法

在添加网络设备并实现互联后，还必须对网络设备进行正确的配置，网络才能正常运行。

在模拟器中，单击要配置的网络设备，此时会弹出一个新的窗口。该窗口显示了网络设备的硬件外观和可选配的模块，并提供了图形化的配置方式和基于命令行接口（CLI）的配置方式，这与真实网络设备的配置途径基本相同。模拟器的图形化配置方式，相当于真实交换机或路由器的 Web 配置方式。

下面以配置 Cisco 2811 路由器为例，介绍如何配置网络设备（同时打开 Cisco Catalyst

2960 交换机的配置窗口)。

1. 硬件配置与浏览

在设备类型选择库单击 Router 图标,然后用鼠标将设备型号选择列表框中的"Cisco 2811"拖到工作区。

单击右侧工具栏中的 ▨ 按钮,让模拟器处于对象选择状态,然后单击 Cisco 2811 路由器图标,此时就会打开图 A.6 所示的窗口。在该窗口中,可以完成对该路由器的全部配置与管理。

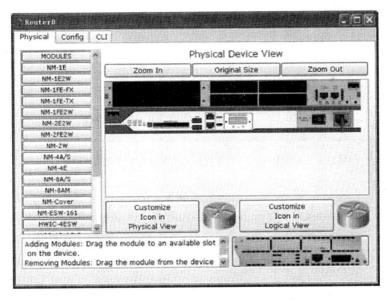

图 A.6　网络设备配置与管理窗口

(1) Physical 选项卡:用于设备硬件浏览和配置。

(2) 窗口的右上部区域显示了该设备的外观图,单击 Zoom In 按钮,可放大设备的外观;单击 Original Size 按钮显示原始大小;单击 Zoom Out 按钮缩小显示设备外观图。

(3) 设备上显示右电源开关,可通过单击来打开或关闭设备的电源。电源开关右侧有电源指示灯,当呈绿色时,表示电源开。设备必须在打开电源后,才能工作。

当添加或删除选配的模块时,必须先关闭设备的电源。当添加选配模块时,首先在左侧的列表框中选择要添加的模块(有的设备没有可选配的模块),然后将窗口底部右侧的模块示意图拖放到设备的空槽位上即可。当删除可选模块时,在关闭电源的情况下,将要删除的模块拖出去即可。

2. 通过图形化方式配置设备

选择 config 选项卡,可切换到图形化配置界面,如图 A.7 所示。在图形化窗口的下方窗口给出了每步操作相应的等价命令。

(1) 全局设置。在 Global Setting 配置页面,可设置或修改设备的显示名(拓扑结构中的名称)和主机名(配置文件中的名称)以及对启动配置文件和运行配置文件的管理。

"startup-config"代表路由器/交换机的启动配置文件,该文件是开机加电启动时所加载的配置文件,该文件存储在 NVRAM 存储器中。单击 Load 按钮,可从备份配置文件中加载

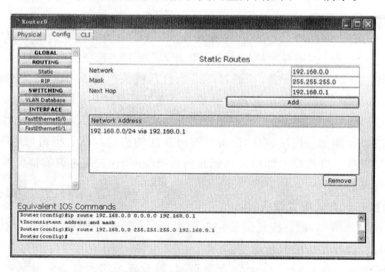

图 A.7　网络设备的图形化配置界面

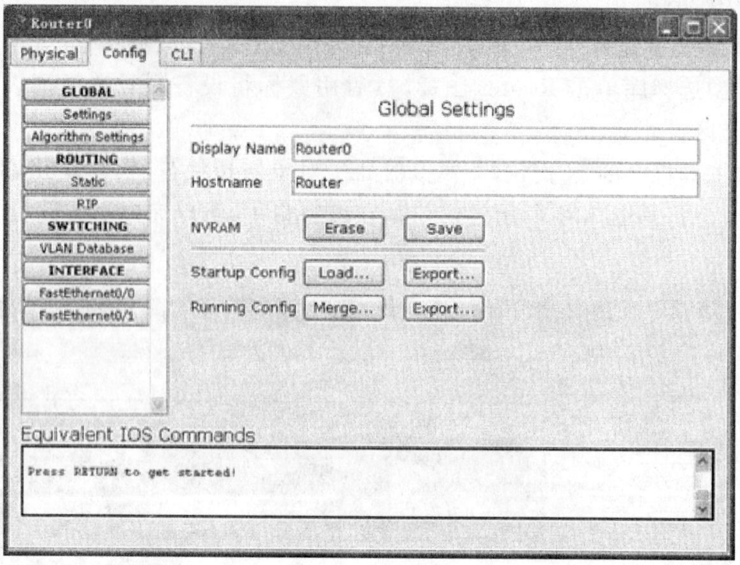

启动配置；单击 Export 按钮，可导出备份启动配置；单击 Erase 按钮，将删除设备中的启动配置；单击 Save 按钮，可保存当前配置，即将当前正在内存中运行的配置，保存到启动配置中。

"running-config"代表当前正在内存中运行的配置，该配置信息关机掉电后就会消失。单击 Merge 按钮，可将指定的配置文件中的配置信息合并到当前的 running-config 配置文件中。

（2）路由配置。路由配置有"Static（静态）"和"RIP（动态）"两种。

单击 Static 按钮，可添加或删除静态路由，其配置界面如图 A.8 所示。

图 A.8　配置管理静态路由界面

单击 RIP 按钮，可添加或删除基于 RIP 路由协议的动态路由，其配置界面如图 A.9 所示。

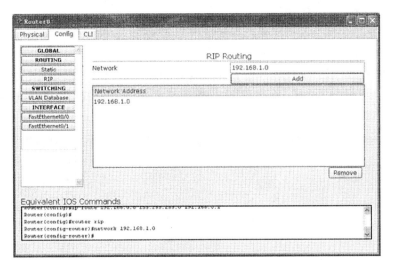

图 A.9 配置管理动态路由界面

（3）接口配置。选择 Interface 选项可展开显示该设备拥有的接口。当选中要配置的接口后，在右侧的界面中将显示对该接口的配置与管理界面。

对接口的配置主要包括端口的状态、通信速率、双工方式、IP 地址、子网掩码等。对于 MAC 地址，通常采用默认值，不用修改；若要修改，则应保证不要重复。

对交换机的配置，其配置项主要包括创建 VLAN、指派端口属于哪一个 VLAN、配置 Trunk 端口和配置路由等方面。

选择 VLAN Database 选项可实现对交换机 VLAN 的配置与管理。图 A.10 所示为 Cisco Catalyst 3560 交换机 VLAN 配置与管理界面。

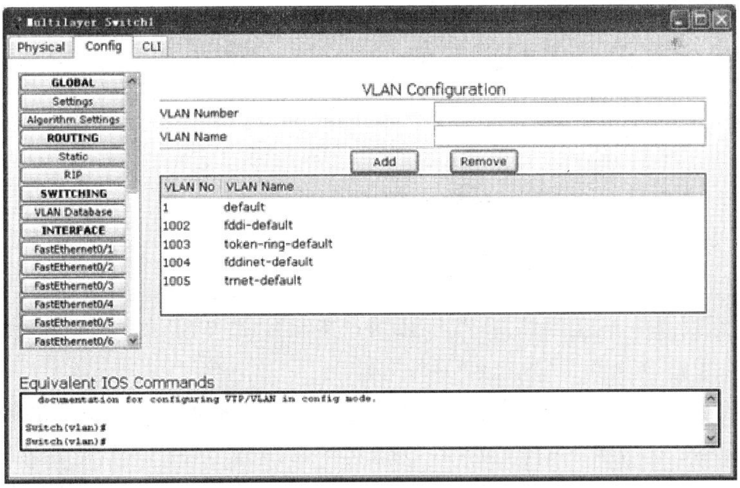

图 A.10 对交换机 VLAN 配置与管理界面

单击交换机的端口，如端口"FastEthernet 0/1"，还可以设置交换机端口的状态、通信速率、双工方式、端口的工作模式等。二层交换机端口的工作模式有 Access 和 Trunk 两种，可通过下拉框进行选择设置。

3. 通过命令行方式配置设备

命令行方式是配置交换机和路由器的主要方式,需要掌握相关的配置命令和用法。

选择 CLI 选项卡,可切换到命令行配置界面。在该配置界面中,通过输入交换机和路由器的命令来进行配置。交换机和路由器开机启动过程的画面也可在该界面中显示输出,如图 A.11 所示。执行 enable 命令,可进行特权模式,在该模式执行 show running 命令可显示当前的配置。

图 A.11　交换机的命令行配置界面

其他命令用法和在交换机上配置命令和用法是一样的。图形化配置方式只能进行一些简单的配置,较复杂的配置仍要通过命令行方式来实现,如对路由器的 NAT 配置、子接口划分、配置 Trunk 封装协议、访问控制列表等。

A.2.2　用户终端设备的配置方法

当网络设备配置正确后,就应对网络中的用户主机和服务器进行配置,并测试网络访问是否正确。

在设备类型选择库单击 End Devices(终端设备)图标,然后在“设备型号选择列表库”列表中选择用户终端,如“PC-PT”,拖动到工作区。

1. 配置用户主机

单击工作区的用户终端“PC-PT”,打开用户终端配置界面,如图 A.12 所示。在此主要设置网关地址、用户主机的 IP 地址和子网掩码。

选择 Config 选项卡,自动切换到对主机显示名、网关地址、DNS 服务器的配置界面。

选择 Interface 选项卡下的 FastEthernet 选项,可进入对网卡的 IP 地址的设置界面,包括端口的状态、通信速率、双工模式、IP 地址的获取方式以及对 IPv6 的设置。

2. 用户主机图形化桌面

选择 Desktop 选项卡,可切换到用户主机的图形化桌面,如图 A.13 所示。在该图形化界面中,常用图标的含义如下。

(1) IP Configuration:将以模拟窗口的方式显示当前主机的 IP 配置信息。

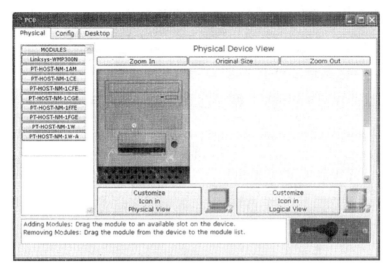

图 A.12　用户终端配置界面

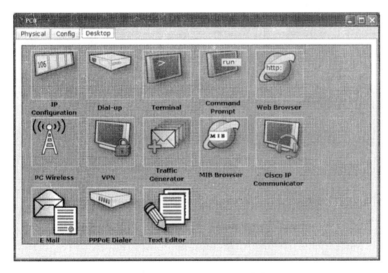

图 A.13　用户主机的图形化桌面

（2）Dial-up：实现拨号连接。

（3）Terminal：可打开虚拟超级终端。

（4）Command Prompt：可提供 MS-DOS 命令行环境,在该环境中可执行 arp、ping、ipconfig、telnet 和 tracert 等网络调试和诊断命令。

（5）Web Browser：将以图形化方式模拟一个浏览器,来访问虚拟实验环境中的 Web 服务器,以检查网络配置和 Web 服务器能否正常访问。

（6）PC Wireless：配置和管理无线网络。用户主机需要配置无线网络接入设备。

3. 配置服务器

在虚拟实验环境中,还提供了对 HTTP、DHCP、TFTP 和 DNS 服务器的模拟。在设备类型选择库单击 End Devices(终端设备)图标,然后在"设备型号选择列表库"列表中选择用户终端,如"Server-PT",拖动到工作区。单击工作区的用户终端"Server-PT",打开服务器配置界面。

(1) Conifg 选项卡,打开服务器全局配置界面,如图 A.14 所示。在此,可以对主机显示名进行更改,对网关地址、DNS 服务器的 IP 地址进行配置。

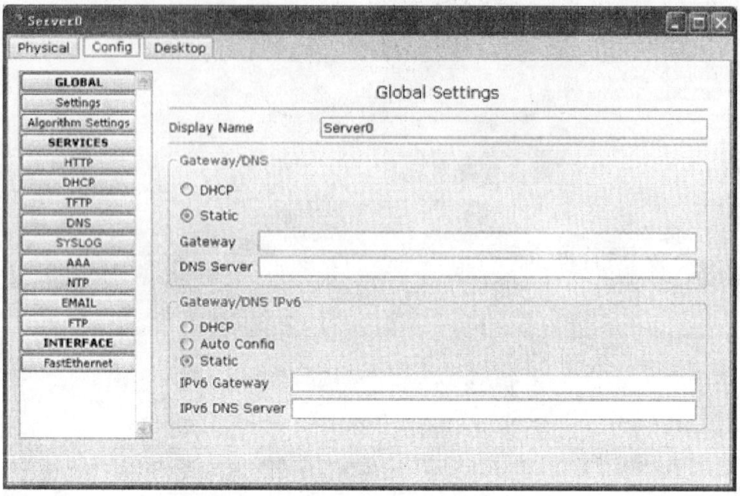

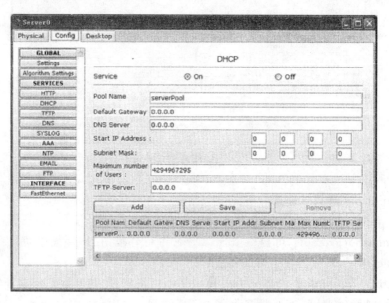

图 A.14　服务器全局配置界面

(2) Service 选项可展开或折叠主机所支持的服务。例如,DHCP 选项可进入对 DHCP 服务器的配置界面,如图 A.15 所示。

图 A.15　DHCP 服务器的配置界面

(3) 选择 Interface 选项卡下的 FastEthernet 选项,可实现对服务器主机 IP 地址的配置。

(4) 选择 Desktop 选项卡,可切换到服务器的图形化桌面,如图 A.16 所示。在该图形化界面中,常用图标的含义如下。

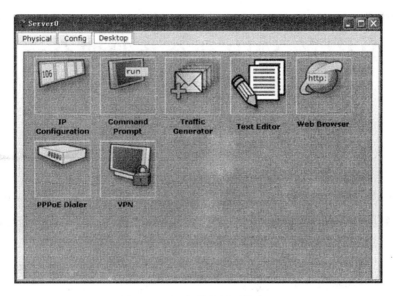

图 A.16　服务器的图形化桌面

① IP Configuration：将以模拟窗口的方式显示当前主机的 IP 配置信息。

② Command Prompt：可提供 MS-DOS 命令行环境，在该环境中可执行 arp、ping、ipconfig、telnet 和 tracert 等网络调试和诊断命令。

③ Web Browser：将以图形化方式模拟一个浏览器，来访问虚拟实验环境中的 Web 服务器，以检查网络配置和 Web 服务器能否正常访问。

A.2.3　模拟实验环境的使用

在模拟器中，模拟试验环境下进行实验的步骤一般如下：

(1) 在模拟器虚拟实验环境中，按照方案设计中的设备选型选择网络设备如交换机和路由器，然后添加用户主机和服务器。

(2) 选择合适的传输介质按照方案设计中的网络拓扑图把网络设备和用户主机连接起来。

(3) 配置网络设备。

(4) 配置用户主机和服务器。

(5) 在用户主机上通过 ping、tracert 等调试诊断命令来监测网络是否畅通，确认服务器能否正常访问。

H3C 的 VRP 命令及简要介绍

B.1　H3C 网络操作系统 VRP 简介

　　华为网络设备的操作系统称为 VRP(Versatile Routing Platform)，即通用路由平台。它是华为在通信领域多年的研究经验结晶，是华为所有基于 IP/ATM 构架的数据通信产品操作系统平台。运行 VRP 操作系统的华为产品包括路由器、局域网交换机、ATM 交换机、拨号访问服务器、IP 电话网关、电信级综合业务接入平台、智能业务选择网关以及专用硬件防火墙等。核心交换平台基于 IP 或 ATM。

　　H3C 是华为和 3COM 公司兼并重组的结晶，目前由美国惠普公司控股。H3C 是从华为演变而来的，因此 H3C 网络设备的操作系统和华为一样。

　　华为早期产品的配置命令与 Cisco IOS 相同，之后由于版权问题，华为对 VRP 的配置命令进行修改。目前，VRP 与 IOS 的配置命令有了较大的差异，但对网络设备的配置方法和配置策略基本上没变，只是命令的表达形式上有所不同。表 B.1 列出了两者的差异。

表 B.1　VRP 与 IOS 的差异

操　　作	IOS	VRP
查看当前配置	Show running	Display current-configuration
保存配置	Write	Save
执行命令的相反功能	No	Undo
设置主机名	Hostname	Sysname
退出	Exit	Quit
删除	Erase	Reset

B.2　H3C VRP 的命令行级别

B.2.1　H3C VRP 的命令行级别简介

　　H3C 系列以太网交换机的命令行采用分级保护方式，防止未授权用户的非法侵入。命令行划分为访问级(0 级，Visit)、监控级(1 级，Monitor)、系统级(2 级，System)、管理级(3 级，Manage)4 个级别，简介如下。

　　(1) 访问级：包含的命令用于网络诊断、用户界面的语言模式切换。该级别命令不能被保存到配置文件中，也就是不允许对配置进行修改和保存。例如，ping、tracert、language-mode、super 以及 quit 等命令。其命令提示符为＜switch＞。

　　(2) 监控级：包含的命令用于系统维护、业务故障诊断等。它包括 display、debugging

等命令,该级别命令不能被保存到配置文件中。其命令提示符为[switch]。

(3)系统级:包含的命令用于业务配置。它包括路由、各个网络层次的命令,用于向用户提供直接网络服务,也称系统视图(System View),相当于 Cisco IOS 的全局配置模式。

(4)管理级:包含的命令关系到系统的基本运行、系统支撑的模块,这些命令对业务提供支撑作用。它包括文件系统、FTP、TFTP、XModem 下载、用户管理命令、级别设置命令等,相当于 Cisco IOS 的特权模式。

登录交换机的用户也划分为 4 个级别,分别与命令级别相对应,即当不同级别的用户登录后,只能使用等于或低于自己级别的命令。

B.2.2　用户级别切换

登录交换机的用户的级别可以通过命令行进行切换,并且可以根据需要设置用户级别切换密码。

1. 设置用户级别切换密码

用户级别切换密码的设置,命令如下:

<switch>**system-view**　　　　　　　　　　　　　　　//进入系统视图
[switch]**super password** [**level** *level*]{**simple**|**cipher**} *password* //设置切换低级别用户到高级别用户的密码

2. 用户级别切换

使用用户从当前级别切换到 *level* 级别,命令如下:

<switch>**super** [*level*]

如果用户已经使用命令 super password 设置了切换口令,则切换时还需要输入正确的口令才行,否则仍保持原用户级别不变

说明:在设置用户级别切换及切换密码时,若不指定级别,则级别默认为 3。

B.2.3　配置指定视图中指定命令的级别

可以使用命令设置指定视图内指定命令的级别。命令级别共分为访问级、监控级、系统级、管理级 4 个级别,分别对应标识 0、1、2、3。管理员可以根据需要改变命令级别,命令如下:

<switch>**system-view**.　　　　　　　　　　　　　　　//进入系统视图
[switch]**command-privilege level** *level* **view** *view command*　　//设置指定视图中指定命令的级别

B.3　H3C 的交换机基本配置

B.3.1　H3C 设备的接口配置

1. 进入接口视图的方法

在系统视图下进行下列操作,进入指定接口的视图。

[switch]**interface** *type number*

如配置 H3C 交换机的 Ethernet 3/0/1(以下配置均以此接口为例),则接口视图为:

〔switch〕**interface** *Ethernet 3/0/1*
〔H3C-Ethernet 3/0/1〕

在接口视图下,执行 quit 命令,就可以退回到系统视图。

2. 设置接口描述

H3C 设备的物理接口都有一个接口描述配置项,接口描述主要用来帮助识别接口的用途。要求在接口视图下进行下列配置。

〔H3C-Ethernet 3/0/1〕**description** *interface-description* 　　　　//设置接口描述
〔H3C-Ethernet 3/0/1〕**undo description** 　　　　　　　　　　//恢复默认的接口描述

3. 设置 MTU

MTU(Maximum Transmission Unit,最大传输单元)参数影响 IP 报文的分片与重组。在以太网接口视图下,进行下列配置。

〔H3C-Ethernet 3/0/1〕**mtu** *size* 　　　　　　　　　　　　　//设置 MTU
〔H3C-Ethernet 3/0/1〕**undo mtu** 　　　　　　　　　　　　//恢复 MTU 的默认值

在默认情况下,采用 Ethernet_II 帧格式,size 的值为 46～1500bytes,默认的 MTU 为 1500。

4. 选择以太网接口的工作速率

以太网接口可以支持多种速率。FE 电接口支持 10Mbps、100Mbps 两种速率,FE 光接口只支持 100Mbps;GE 电接口支持 10Mbps、100Mbps、1000Mbps 这 3 种速率,而 GE 光只能选用 1000Mbps 速率。因此,只需对以太网电接口进行配置,而光接口不需要配置。在以太网接口视图下,进行下列配置。

〔H3C-Ethernet 3/0/1〕**speed** 〈*10*｜*100*｜*negotiation*〉
〔H3C-Ethernet 3/0/1〕**speed** 〈*10*｜*100*｜*1000*｜*negotiation*〉
〔H3C-Ethernet 3/0/1〕**undo speed**

默认速率选择 **negotiation**,即系统自动协商最佳的工作速率。

5. 选择以太网接口的工作方式

以太网接口可以工作在全双工和半双工两种工作方式下。当与 Hub 相连时,路由器以太网接口应选择工作在半双工方式下;当与交换式 LAN Switch 相连时,路由器以太网接口应选择工作在全双工方式下。FE 电接口和 GE 电接口对这两种模式都支持,而 FE 光接口和 GE 光接口只能工作在全双工模式。可以在以太网接口视图下进行下列配置,以选择工作方式。

〔H3C-Ethernet 3/0/1〕**duplex** 〈**negotiation**｜**full**｜**half**〉

6. 接口的显示和调试

〔H3C〕**display interface** 〔*type number*〕 　　　　　　　//显示接口当前运行状态和统计信息
〔H3C〕**display brief interface** 〔*type* 〔*number*〕〕〔｜〈**begin**｜**include**｜**exclude**〉*text*〕
　　　　　　　　　　　　　　　　　　　　　　　　　//显示接口概要信息
〔H3C〕**display ip interface** 〔*type number*〕 　　　　　　//显示接口的 IP 信息
〔H3C〕**display status interface** *interface-type interface-number* 　　//显示接口状态
〔H3C-Ethernet 3/0/1〕**shutdown** 　　　　　　　　//关闭接口

[H3C-Ethernet 3/0/1] **undo shutdown**　　　　　　　　　//重启接口

B.3.2　H3C 交换机 VLAN 配置

1. VLAN 的基本配置

<H3C>**system-view**
[H3C] **vlan** {*vlan-id1 to vlan-id2* | all}　　　　　//批量创建多个 VLAN
[H3C] **vlan** *vlan-id*　　　　　//创建 VLAN 并进入 VLAN 视图,如创建 VLAN 100
[H3C-vlan100] **name** *text*　　　　　//指定当前 VLAN 的名称
[H3C-vlan100] **description** *text*　　　　　//指定当前 VLAN 的描述字符串

2. VLAN 接口的基本配置

<H3C>**system-view**　　　　　　　　　//进入系统视图
[H3C] **interface Vlan-interface** *vlan-id*　　　　　//创建 VLAN 接口并进入 VLAN 接口视图
[H3C-Vlan-interface 100] **description** *text*　　　　　//指定当前 VLAN 接口的描述字符串
[H3C-Vlan-interface 100] **shutdown**　　　　　　　　　//将 VLAN 接口的管理状态设置为关闭
[H3C-Vlan-interface 100] **undo shutdown**　　　　　//将 VLAN 接口的管理状态设置为打开

3. 配置端口的链路类型

<H3C>**system-view**
//进入以太网端口视图
[H3C] **interface interface-type** *interface-number*
//配置端口的链路类型,在默认情况下,所有端口的链路类型均为 Access 类型
[H3C-Ethernet 3/0/1] **port link-type** {*access* | *hybrid* | *trunk*}

4. 将端口加入指定的 VLAN

<H3C>**system-view**
[H3C] **interface interface-type** *interface-number*　　　//进入以太网端口视图
//将当前端口加入到指定 VLAN, Access 端口
[H3C-Ethernet 3/0/1] **port access vlan** *vlan-id*
//将当前端口加入到指定 VLAN, Trunk 端口
[H3C-Ethernet 3/0/1] **port trunk permit vlan** {*vlan-id-list* | *all*}
//将当前端口加入到指定 VLAN, Hybrid 端口
[H3C-Ethernet 3/0/1] **port hybrid vlan** *vlan-id-list* {**tagged** | **untagged**}

5. 将 Access 端口加入指定的 VLAN(VLAN 视图下)

<H3C>**system-view**
[H3C] **vlan** *vlan-id*　　　　　//创建 VLAN 并进入 VLAN 视图,如创建 VLAN 100
[H3C-vlan 100] **port** *interface-list*　　　　　//将指定 Access 端口加入到当前 VLAN 中

6. 基于端口的 VLAN 配置显示

在任意视图下执行 display 命令,可以显示当前配置系统中存在的 Trunk 和 Hybrid 端口。

[H3C] **display port** {**hybrid** | **trunk**}　　　　　//显示当前存在的指定类型的端口

B.3.3　H3C 交换机端口汇聚

1. 配置手工汇聚组

用户可以通过下面的命令创建手工汇聚组。用户可以删除任何一个已经形成的手工汇聚组，且在删除该手工汇聚组后，该汇聚组内的所有端口将全部离开该汇聚组。

对于手工汇聚组，汇聚组的成员必须手工添加或删除。

```
<H3C> system-view
[H3C] link-aggregation group agg-id mode manual              //创建汇聚组
[H3C-Ethernet 3/0/1] interface interface-type interface-number   //进入以太网端口视图
[H3C-Ethernet 3/0/1] port link-aggregation group agg-id     //将以太网端口加入汇聚组
如将以太网端口 Ethernet 1/0/1 至 Ethernet 1/0/3 加入汇聚组 1.
[H3C] interface Ethernet 1/0/1
[H3C-Ethernet 1/0/1] port link-aggregation group 1
[H3C-Ethernet 1/0/1] quit
[H3C] interface Ethernet 1/0/2
[H3C-Ethernet 1/0/2] port link-aggregation group 1
[H3C-Ethernet 1/0/2] quit
[H3C] interface Ethernet 1/0/3
[H3C-Ethernet 1/0/3] port link-aggregation group 1
```

2. 配置静态 LACP 汇聚组

用户可以通过下面的命令创建静态 LACP 汇聚组。如果删除一个静态 LACP 汇聚组，则该汇聚组中的端口将形成一个或多个动态汇聚组。

对于静态汇聚组，汇聚组的成员必须手工添加和删除。

```
<H3C> system-view
[H3C] link-aggregation group agg-id mode static             //创建汇聚组
[H3C] interface interface-type interface-number             //进入以太网端口视图
[H3C-Ethernet 3/0/1] port link-aggregation group agg-id     //将以太网端口加入汇聚组
```

3. 端口汇聚配置显示

```
[H3C] display link-aggregation summary                      //显示所有汇聚组的摘要信息
[H3C] display link-aggregation verbose [agg-id]             //显示指定汇聚组的详细信息
[H3C] display link-aggregation interface interface-type interface-number [ to interface-type
interface-number ]                                          //显示端口的端口汇聚详细信息
[H3C] display lacp system-id                                //显示本端系统的设备 ID
```

B.3.4　H3C 静态路由和默认路由配置

1. 静态路由配置

```
<H3C> system-view
[H3C] ip route-static ip-address {mask | mask-length} {interface-type interface-number | next-hop}
[preference preference-value] [reject|blackhole] [detect-group group number] [description text]
[H3C] display ip routing-table verbose                      //显示静态路由表
[H3C] delete static-routes all                              //删除静态路由
```

2．默认路由配置

[H3C]**ip route-static** 0.0.0.0 {0.0.0.0|0} {*interface-type interface-number*|*nexthop-address*}
[**preference** *value*] [**tag** *tag-value*] [**description** *string*]

B.3.5　H3C 路由器的 RIP 配置

＜H3C＞**system-view**
[H3C] **rip**　　　　　　　　　　　　　　//启动 RIP 并进入 RIP 视图
[H3C-rip] **network** *network-address*　　//配置指定接口运行 RIP 进程
[H3C-rip]**summary**　　　　　　　　　　//配置 RIP 路由聚合功能
[H3C-rip]**undo host-route**　　　　　　　//禁止接收主机路由

B.3.6　H3C 路由器的 OSPF 配置

1．配置 Router ID
　　路由器的 ID 是一个 32bit 无符号整数,采用 IP 地址形式,是一台路由器在自治系统中的唯一标识。路由器的 ID 可以手工配置,如果没有配置 ID 号,则系统会从当前接口的 IP 地址中自动选一个较小的 IP 地址作为路由器的 ID 号。当手工配置路由器的 ID 时,必须保证自治系统中任意两台路由器的 ID 都不相同。通常的做法是将路由器的 ID 配置为与该路由器某个接口的 IP 地址一致。

[H3C] **router id** *router-id*　　　　　　//配置路由器的 ID 号
[H3C] **undo router id**　　　　　　　　//取消路由器的 ID 号

2．启动 OSPF
　　OSPF 支持多进程,一台路由器上启动的多个 OSPF 进程之间由不同的进程号区分。OSPF 进程号在启动 OSPF 时进行设置,它只在本地有效,不影响与其他路由器之间的报文交换。在系统视图下进行下列配置。

//启动 OSPF,进入 OSPF 视图
[H3C] **ospf** [*process-id* [[**router-id** *router-id*] **vpn-instance** *vpn-instance-name*]]
[H3C] **undo ospf** [*process-id*]　　　　//关闭 OSPF 路由协议进程

3．进入 OSPF 区域视图
　　OSPF 协议将自治系统划分成不同的区域(Area),在逻辑上将路由器分为不同的组。在区域视图下,可以进行区域相关配置。在 OSPF 视图下,进行下列配置。

[H3C-ospf-200] **area** *area-id*　　　　　//进入 OSPF 区域视图
[H3C-ospf-200]**undo area** *area-id*　　　//删除指定的 OSPF 区域

4．在指定网段使能 OSPF
　　在系统视图下使用 **ospf** 命令启动 OSPF 后,还必须指定在哪个网段上应用 OSPF。

[H3C-ospf-200] **network** *ip-address wildcard-mask*　//指定网段运行 OSPF 协议
[H3C-ospf-200]**undo network** *ip-address wildcard-mask*　//取消网段运行 OSPF 协议

5．配置 OSPF 网络类型
　　OSPF 以本路由器邻接网络的拓扑结构为基础计算路由。每台路由器将自己邻接的网

络拓扑描述出来,传递给所有其他的路由器。在接口视图下,进行下列配置。

//配置接口的网络类型
[H3C-Ethernet3/0/1]**ospf network-type** {**broadcast** | **nbma** | **p2mp** | **p2p**}

6. 在 OSPF 中生成默认路由

在默认情况下,普通的 OSPF 区域(骨干区域和非骨干区域)中是没有默认路由的,**import-route** 命令也无法向 OSPF 路由域中引入默认路由。

使用 **default-route-advertise** 命令可以在 OSPF 路由域中生成并发布默认路由。在 OSPF 视图下,进行下列配置。

[H3C-ospf-200]**default-route-advertise** [**always**] [**cost** *value*] [**type** *value*] [**route-policy** *route-policy-name*]
[H3C-ospf-200] **undo default-route-advertise** [**always**] [**cost**] [**type**] [**route-policy**]

7. 配置 OSPF 区域路由聚合

[H3C-ospf-200]**abr-summary** *ip-address mask* [**advertise** | **not-advertise**]
[H3C-ospf-200]**undo abr-summary** *ip-address mask*

B.3.7　H3C 访问控制列表配置

H3C 创建访问控制列表包括两步,第一步是定义访问控制列表的编号或名称,第二步是配置访问控制列表的规则。

按照访问控制列表的用途,可以分为以下 3 类。

(1) 基本访问控制列表(Basic acl)

(2) 高级访问控制列表(Advanced acl)

(3) 基于接口的访问控制列表(Interface-based acl)

访问控制列表的使用用途是依靠数字的范围来指定的,1000~1999 的访问控制列表是基于接口的访问控制列表,2000~2999 的访问控制列表是基本的访问控制列表,3000~3999 的访问控制列表是高级的访问控制列表。

1. 配置基本访问控制列表

(1) 在系统视图下,创建一个基本访问控制列表。

[H3C] **acl number** *acl-number* [**match-order**{**config** | **auto**}]

例如,创建编号为 2001 的基本访问控制列表。

[H3C] **acl number** *2001*
[H3C-acl-basic-2001]

(2) 在基本访问控制列表视图下,配置 ACL 规则。

[H3C-acl-basic-2001] **rule** [*rule-id*] {**permit** | **deny**} [**source** {*sour-addr sour-wildcard* | **any**}]
[**time-range** *time-name*] [**logging**] [**fragment**]
[H3C-acl-basic-2001]**undo rule** *rule-id* [**source**] [**time-range**] [**logging**] [**fragment**]
//删除基本访问控制列表

2．配置高级访问控制列表

（1）在系统视图下，创建一个基于接口的访问控制列表。

［H3C］**acl number** *acl-number* ［**match-order** {**config**|**auto**}］

例如，创建编号为3001的高级访问控制列表。

［H3C］**acl number** *3001*
［H3C-acl-adv-3001］

（2）在高级访问控制列表视图下，配置 ACL 规则。

［H3C-acl-adv-3001］**rule** ［*rule-id*］{**permit**|**deny**} *protocol* ［**source** {*sour-addr sour-wildcard*|**any**}］
［**destination** {*dest-addr dest-wildcard*|**any**}］［**source-port** *operator port1* ［*port2*]］［**destination-port**
operator port1 ［*port2*]］［**icmp-type** {*icmp-type icmp-code*|*icmp-message*}］［**precedence** *precedence*］
［**dscp** *dscp*］［**established**］［**tos** *tos*］［**time-range** *time-name*］［**logging**］［**fragment**］
［H3C-acl-adv-3001］**undo rule** *rule-id* ［**source**］ ［**destination**］ ［**source-port**］ ［**destination-port**］
［**icmp-type**］［**precedence**］［**dscp**］［**tos**］［**time-range**］［**logging**］［**fragment**］

3．在接口上应用访问控制列表

［H3C-Ethernet 1/0/3］**packet-filter** *acl-number* {inbound|outbound} ［match-fragments {normally|
exactly}］

4．删除访问控制列表

在系统视图下，进行下列配置。

［H3C］**undo acl** {**number** *acl-number*|**all**}

5．访问控制列表的显示

［H3C］**display acl** {**all**|*acl-number*}

B.3.8　H3C NAT 的配置

H3C 的 NAT 配置与 Cisco 路由器的 NAT 配置方法有很大区别，而且 H3C 不同档次、不同型号的路由器的 NAT 配置方法也有所不同。

1．配置地址端口转换

（1）配置地址池。

在系统视图下，进行下列配置。

［H3C］**nat address-group** *group-number start-addr end-addr*　//定义一个地址池
［H3C］**undo nat address-group** *group-number*　　　　　　　//删除一个地址池

（2）配置访问控制列表，指定允许进行 NAT 转换的内网地址段。

［H3C］**acl number** *acl-number*
［H3C-acl-basic-2001］**rule** ［*rule-id*］**permit source** *sour-addr sour-wildcard*

（3）在外网口，配置对匹配访问控制列表的主机进行 NAT 转换。

［H3C-Ethernet 3/0/1］**net outbound** *acl-number* **address-group** *address-group-number*

2．配置静态地址转换表

（1）配置一对一静态地址转换表，在系统视图下进行下列配置。

[H3C] **nat static** *ip-addr1 ip-addr2*　　　　　　//配置从内部地址到外部地址的一对一转换
[H3C] **undo nat static** *ip-addr1 ip-addr2*　　　　//删除已经配置得 NAT 一对一转换

（2）配置静态网段地址转换表。

当使用静态网段地址转换时，只进行网段地址的转换，而保持主机地址不变。在系统视图下，进行下列配置。

//配置从内部地址到外部地址的静态网段地址转换表
[H3C] **nat static net-to-net** *inside-start-address inside-end-address* **global** *global-address mask*
//删除已经配置的 NAT 网段地址转换表
[H3C] **undo nat static net-to-net** *inside-start-address inside-end-address* **global** *global-address mask*

（3）使静态转换表项在接口上生效。

在接口视图下，进行下列配置。

//使已经配置的 NAT 静态转换表项在接口上生效
[H3C-Ethernet 3/0/1] **nat outbound static**
//禁止在接口上配置的 NAT 静态转换表项生效
[H3C] **undo nat outbound static**

3．配置多对多地址转换

当将访问控制列表和地址池关联后，即可实现多对多地址转换。

在接口视图下，进行下列配置。

//配置访问控制列表和地址池关联
[H3C] **nat outbound** *acl-number* **address-group** *group-number* ［ **no-pat** ］
//删除访问控制列表和地址池关联
[H3C] **undo nat outbound** *acl-number* **address-group** *group-number* ［ **no-pat** ］

4．配置 NAPT

当将访问控制列表和 NAT 地址池关联时，如果选择 no-pat 参数，则表示只转换数据包的 IP 地址而不使用端口信息，即不使用 NAPT 功能；如果不选择 no-pat 参数，则启用 NAPT 功能。此时，默认情况是启用。在接口视图下，进行下列配置。

//配置访问控制列表和地址池关联
[H3C] **nat outbound** *acl-number* ［ **address-group** *group-number* ］
//删除访问控制列表和地址池关联
[H3C] **undo nat outbound** *acl-number* ［ **address-group** *group-number* ］

5．配置双向地址转换

在系统视图下，进行下面配置。

//配置重叠地址池到临时地址池的映射
[H3C] **nat overlapaddress** *number overlap pool-startaddress temp pool-startaddress* ｛ **pool-length** *pool-length* ｜ **address-mask** *mask* ｝
//删除重叠地址池到临时地址池的映射
[H3C] **undo nat overlapaddress** *number*

6．配置内部服务器

通过配置内部服务器，可将相应的外部地址、端口等映射到内部的服务器上，提供了外部网络可访问内部服务器的功能。内部服务器与外部网络的映射表是由 nat server 命令配置的。

用户需要提供的信息包括外部地址、外部端口、内部服务器地址、内部服务器端口以及服务协议类型。在接口视图下，进行下列配置。

//配置一个内部服务器
［H3C］**nat server** ［*acl-number*］ **protocol** *pro-type* **global** *global-addr* ［*global-port*］ **inside** *host-addr* ［*host-port*］
［H3C］**nat server** ［*acl-number*］ **protocol** *pro-type* **global** *global-addr* *global-port1* *global-port2* **inside** *host-addr1* *host-addr2* *host-port*
//删除一个内部服务器
［H3C］**undo nat server** ［*acl-number*］ **protocol** *pro-type* **global** *global-addr* ［*global-port*］ **inside** *host-addr* ［*host-port*］
［H3C］**undo nat server** ［*acl-number*］ **protocol** *pro-type* **global** *global-addr* *global-port1* *global-port2* **inside** *host-addr1* *host-addr2* *host-port*

B．4　组建 H3C 和 Cisco 设备共存的网络环境

在实际的网络工程中，所使用的网络设备可能包含了多个设备厂商的设备，如思科、H3C、锐捷、神码、北电等，这就要求网络工程师必须掌握主流的网络设备厂商的交换机或路由器的配置方法。同时，不同的厂商的协议之间互相不兼容，下面简要介绍一下 H3C 和 Cisco 设备对接时的一些问题。

B．4．1　二层协议对接问题

1．VLAN 自学习协议

在交换网络中，VLAN 的自学习功能在 H3C 交换机上是通过使用 RFC 中标准的 GVRP 来实现的，Cisco 本身在实现这个功能上，采用的私有协议 VTP。但是，VTP 和 GVRP 是无法实现互通的，而且由于 Cisco 对 GVRP 协议的支持也只是在少数 IOS 中才有，因此在实际的对接过程中，只能通过在交换机上静态的指定 VLAN 来实现。

2．端口汇聚

端口汇聚分为手工汇聚、动态 LACP 汇聚和静态 LACP 汇聚。在端口汇聚中，H3C 这些端口汇聚方式都可以与思科的 Port-channel 进行对接。

（1）手工汇聚

① H3C 交换机中的配置如下：

```
link-aggregation group 10 mode manual
interface GigabitEthernet 1/0/1
    port link-aggregation group 10
interface GigabitEthernet 1/0/2
    port link-aggregation group 10
```

② Cisco 交换机中的配置如下：

```
interface GigabitEthernet 1/0/1
    channel-group 10 mode on
interface GigabitEthernet 1/0/2
    channel-group 10 mode on
Interface port-channel 1
```

（2）静态 LACP 汇聚

① H3C 交换机中的配置如下：

```
link-aggregation group 10 mode static
interface GigabitEthernet 1/0/1
    port link-aggregation group 10
interface GigabitEthernet 1/0/2
    port link-aggregation group 10
```

② Cisco 交换机中的配置如下：

```
interface GigabitEthernet 1/0/1
    channel-group 10 mode active
interface GigabitEthernet 1/0/2
    channel-group 10 mode active
Interface port-channel 10
```

3. STP 协议——厂商支持情况

（1）H3C 交换机支持的生成树协议类型

H3C 交换机支持的生成树协议有 3 种类型，分别是 STP(IEEE 802.1D)、RSTP(IEEE 802.1W)和 MSTP(IEEE 802.1S)，这 3 种类型的生成树协议均按照标准协议的规定实现，采用标准的生成树协议报文格式，大多数交换机采用固定的 MAC 地址 00-E0-FC-09-BC-F9 作为生成树协议报文的源 MAC 地址，而目的 MAC 地址为 01-80-C2-00-00-00。

（2）Cisco 交换机支持的生成树协议类型

Cisco 交换机所支持的生成树协议类型分别有 PVST、PVST＋、Rapid-PVST＋、MISTP 和 MST。在使用 IOS 12.2 及之后版本的 Catalyst 系列交换机中，支持 PVST＋、Rapid-PVST 和 MST 这 3 种类型 STP 协议。同时，Cisco 所采用的 STP 协议的 BPDU 报文格式和标准 STP 协议的 BPDU 报文格式不一样，而且发送的目的地址也改成了 Cisco 自己的保留地址 01-00-0C-CC-CC-CD。

当 Cisco 设备使用 Trunk 端口与其他厂商设备的 Trunk 端口互联时，虽然可以做到 STP 的互通以及消除环路，但是无法做到 PVST 协议自身的负载，原因是在其他 VLAN 中 H3C 的设备会把 Cisco 的 BPDU 报文当作普通的多播报文进行转发，而不会处理这些报文。

Cisco 设备在非 VLAN1 中的 BPDU 报文不是标准的 STP 协议 BPDU 报文，而是其私有的 PVST 协议报文。

当 H3C 交换机与 Cisco 交换机使用 MSTP 协议互通时，必须要在全局配置 stp config-digest-snooping 命令，同时在与 Cisco 设备互联的端口上也要配置该命令，才能完成与 Cisco 的域内 MSTP 协议互通。表 B.2 总结了 H3C 交换机与 Cisco 交换机 STP 协议的对接情况。

表 B.2　H3C 交换机与 Cisco 交换机 STP 协议的对接情况

H3C 模式	Cisco 模式	能否对接	特殊配置命令或注意事项
STP 模式	PVST 模式	×	—
STP 模式	PVST＋模式	√	端口属于 VLAN 1
STP 模式	MISTP 模式	×	—
STP 模式	MISTP-PVST＋模式	×	—
STP 模式	MST 模式	√	switchport link-type access
MSTP 模式	PVST 模式	×	—
MSTP 模式	PVST＋模式	√	端口属于 VLAN 1
MSTP 模式	MISTP 模式	×	—
MSTP 模式	MISTP-PVST＋模式	×	—
MSTP 模式	MST 模式	√	stp config-digest-snooping

B.4.2　封装协议对接

1. PPP 协议对接

（1）当进行 PPP 协议对接时,在 H3C 设备上串口默认协议。PPPH3C 设备上的配置如下:

```
interface Serial 0/1
    clock DTECLK1
    link-protocol ppp
    ip address 15.102.1.1 255.255.255.0
```

（2）Cisco 设备配置如下:

```
interface Serial 0/1
    encapsulation ppp
    ip address 15.102.1.1 255.255.255.0
```

2. HDLC 协议对接

（1）当进行 HDLC 协议对接时,H3C 设备上的配置如下:

```
interface Serial 0/1
    clock DTECLK1
    link-protocol hdlc
    ip address 15.102.1.1 255.255.255.0
```

（2）对 Cisco 设备配置,HDLC 是思科接口默认的封装格式。

```
interface Serial 0/1
    encapsulation hdlc
    ip address 15.102.1.1 255.255.255.0
```

B.4.3　路由协议对接

（1）当进行 OSPF 协议对接时,H3C 设备上的配置如下:

```
Router id x.x.x.x
```

Ospf 10
  area 0.0.0.0
    network x.x.x.x 0.0.0.255

（2）Cisco 设备上的配置如下：

Router ospf 10
  router-id x.x.x.x
  network x.x.x.x 0.0.0.255 area 0

参 考 文 献

［1］褚建立,邵慧莹.路由器/交换机项目实训教程［M］.北京：电子工业出版社,2009.

［2］Wanyne Lewis,Ph. D.思科网络技术学院教程——LAN 交换和无线［M］.北京：人民邮电出版社,2009.

［3］Rick Graziani.思科网络技术学院教程——路由协议和概念［M］.北京：人民邮电出版社,2009.

［4］冯昊,黄治虎.交换机/路由器的配置与管理［M］.第 2 版.北京：清华大学出版社,2010.

［5］David Hucaby.CCNP Switch 认证考试指南［M］.北京：人民邮电出版社,2010.

［6］David Hucaby.CCNP BCMSN 认证考试指南［M］.第 4 版.北京：人民邮电出版社,2007.

［7］王达.中小型企业网络组建、配置与管理［M］.北京：中国水利水电出版社,2010.

［8］刘晓辉.网络设备规划、配置与管理［M］.北京：电子工业出版社,2009.

［9］郑华.多层交换技术实训教程［M］.北京：电子工业出版社,2009.